AF326684

FLORE POÉTIQUE ANCIENNE

OU

ÉTUDES SUR LES PLANTES

LES PLUS DIFFICILES A RECONNAÎTRE

DES POËTES ANCIENS, GRECS ET LATINS

OUVRAGE OÙ L'ON TROUVERA,

EN PARTICULIER,

L'EXPLICATION BOTANIQUE ET CRITIQUE DU VERS DE VIRGILE:

Alba Ligustra cadunt, Vaccinia nigra leguntur,

CELLE DES PLANTES DE LA IVe IDYLLE DE THÉOCRITE, —
ET DE PLUSIEURS AUTRES PLANTES OU FLEURS MAL CONNUES DE CES DEUX POËTES,
D'HOMÈRE, SOPHOCLE, NONNUS,
OVIDE, CLAUDIEN, MARTIAL, ET D'UN GRAND NOMBRE D'AUTRES;

Avec des Notes critiques et littéraires;

PAR

J.-B. DU MOLIN,

Ancien membre de la Société linnéenne de Paris et de celle de Bordeaux, ancien professeur,
et membre fondateur de la Société botanique de France.

. . . . *Non levitas mihi,*
Sed certa ratio causam scribendi dedit.
       — PHÈDRE.
In tenui labor: — VIRGILE. —

—◉—

PARIS,

J.-B. BAILLIÈRE,

LIBRAIRE DE L'ACADÉMIE IMPÉRIALE DE MÉDECINE,
Rue Hautefeuille, 19.

LONDRES,	NEW-YORK,
H. BAILLIÈRE, 219, REGENT-STREET.	H. BAILLIÈRE, 290, BROADWAY.

MADRID, C. BAILLY-BAILLIÈRE, 11, CALLE DEL PRINCIPE.

MDCCCLVI.

J.-B. BAILLIÈRE ET FILS, ÉDITEURS,

RUE HAUTEFEUILLE, 19, A PARIS.

FLORE

POÉTIQUE ANCIENNE,

PAR

J.-B. DUMOLIN,

ANCIEN MEMBRE DE LA SOCIÉTÉ LINNÉENNE DE PARIS ET DE CELLE DE BORDEAUX,

ANCIEN PROFESSEUR, ET MEMBRE FONDATEUR DE LA SOCIÉTÉ BOTANIQUE DE FRANCE.

Un livre plein de recherches et digne de quelque intérêt pour les amateurs de cette belle littérature ancienne qui a charmé leur jeunesse dans les colléges, a été annoncé il y a quelque temps dans les journaux ; mais, par l'effet des préoccupations politiques, cette annonce a passé presque inaperçue et n'a excité l'attention ou la curiosité que de peu de personnes. Cependant cet ouvrage mérite d'être connu, et il contient plus d'une vérité nouvelle. Il a pour auteur un homme de lettres qui, mettant de côté toute prétention personnelle, ne s'est proposé pour but que de se rendre utile au public, en lui offrant la solution d'une foule de questions obscures et de difficultés littéraires et botaniques, contre lesquelles la critique des savants avait jusqu'à présent échoué. Ce livre est intitulé : *Flore poétique ancienne*, ou *Études sur les Plantes les plus difficiles à reconnaître des Poètes anciens, grecs et latins ;* 1 vol. in-8°.

A l'appui du jugement que je viens d'en porter, je crois devoir ajouter celui des maîtres de la science, c'est-à-dire celui de nos deux premiers lexicographes dans la langue grecque et la langue latine, celui des plus habiles botanistes de France, et enfin celui de l'Institut. A ces autorités parfaitement compétentes viennent se joindre diverses appréciations de nos journaux de la capitale, toutes, sans exception, honorables et flatteuses.

Ainsi, M. ALEXANDRE, auteur du *Dictionnaire grec-français* de nos écoles, écrit à l'Auteur ce qui suit :

« MONSIEUR,

« Je vous remercie du cadeau très-agréable que vous m'avez fait en

« m'adressant un exemplaire de votre intéressant ouvrage sur la flore
« des poètes anciens. J'y ai été d'autant plus sensible que j'ai moi-même
« toujours eu pour la botanique une véritable passion, que malheureuse-
« ment mes occupations ne m'ont pas permis de satisfaire entièrement.
« J'ai beaucoup herborisé partout où mes inspections et mes autres
« voyages ont pu me porter. J'ai toujours attaché un grand intérêt à la
« signification des noms de fleurs ou de plantes dans les auteurs anciens ;
« et ce n'est pas, je crois, la partie la plus mauvaise de mon *Dictionnaire*
« *grec*, surtout dans les dernières éditions où j'ai fait beaucoup de chan-
« gements précisément sous ce rapport. Aussi, quoique je n'aie votre
« ouvrage que depuis hier, j'en ai déjà lu une grande partie, toute votre
« savante dissertation sur le *Ligustrum* et le *Vaccinium*. Je suis tout à
« fait de votre avis sur ces deux points, bien que j'aie longtemps flotté
« entre les opinions des savants, et je vais, pour Ὑάκινθος, corriger immé-
« diatement mon Dictionnaire. Non-seulement, Monsieur, vous vous
« montrez, dans toute cette dissertation, excellent botaniste, mais vous y
« joignez deux qualités que je vous envie aussi, celles de fort latiniste
« et d'helléniste consommé. Recevez donc, à tous ces titres, mes félicita-
« tions très-sincères, et, avec mes remerciements, l'assurance de ma plus
« parfaite considération. »

M. QUICHERAT, auteur du meilleur de nos *Dictionnaires latins-
français*, écrit :

MONSIEUR,

« Absent de Paris, je n'ai pu vous adresser plus tôt tous mes remer-
« ciements pour l'excellent volume que vous avez bien voulu m'adresser.
« Intéressant pour tous les littérateurs, il l'est surtout pour moi, qui
« me suis trouvé bien souvent en face des difficultés qu'il vient résou-
« dre. Il me sera utile non-seulement pour la révision de mes Diction-
« naires latins, mais encore pour la partie du Dictionnaire français-latin
« qui me reste à terminer.

« J'ai souvent désiré un pareil ouvrage. Si le vôtre était complet, mon
« vœu serait accompli. Vous le compléterez, sans doute, ainsi que vous
« nous en donnez l'espoir.

« Agréez, Monsieur, l'assurance de mes sentiments très-distingués. »

Lettre de M. DECAISNE, administrateur du Jardin-des-Plantes
de Paris :

« MONSIEUR,

« Je n'ai pas perdu de vue la promesse que je vous ai faite de présenter
« votre précieux ouvrage à l'Académie… Votre ouvrage n'est pas de ceux
« qui doivent passer inaperçus : c'est, à mes yeux, un modèle de pro-
« fonde érudition et de savante discussion qui laisse bien loin les travaux
« de vos prédécesseurs… »

Extrait du Rapport de M. Decaisne à l'Académie :

« Dans ce travail d'érudition à la fois littéraire et scientifique, l'auteur,
« M. J.-B. D***, s'est proposé de ramener à la nomenclature botanique
« les plantes, en assez grand nombre, qu'on trouve citées dans les poètes
« de l'antiquité, plus particulièrement dans Théocrite et dans Virgile. On
« sait que la plupart des commentateurs, s'ils ont été heureux dans quel-
« ques-unes de leurs interprétations des noms de plantes latins et grecs,
« ont souvent aussi laissé dans le doute la signification de ces noms, ou
« même en ont donné des explications erronées. M. D***, si je ne
« m'abuse, a marché plus droit au but que ses devanciers.

« Je n'insiste pas plus longuement sur les recherches de M. D..., bien
« qu'elles aient, à mes yeux, une double utilité, d'abord en aidant à
« l'interprétation plus parfaite des anciens auteurs, ensuite en ajoutant à
« ce que nous savons des mœurs, des arts et de l'industrie agricole des
« peuples de l'antiquité. Il serait à désirer que M. D..., qui possède des
« connaissances solides en botanique, qui est initié aux habitudes des
« populations rurales du Midi, en même temps qu'il est versé dans
« l'étude des classiques, entreprit un travail plus vaste dont le but serait
« de lever les doutes qui subsistent encore relativement à un grand nom-
« bre de plantes mentionnées dans les anciens écrivains. Il y aurait-là
« matière à un vaste travail, qui, je l'espère, sera exécuté un jour. »

M. *Charles* DES MOULINS, Président de la Société linnéenne de
Bordeaux, écrit à l'Auteur :

Monsieur et vénérable ami et très-honoré collègue,

« J'ai reçu votre livre avec un vif sentiment de gratitude pour celui
« qui a bien voulu se souvenir de moi et me donner part au profit que
« la science retirera de ses longs travaux et de sa vaste érudition.... Je
« vois avec bonheur que vous avez gardé votre affection pour la douce
« Botanique, puisque tant d'années de vos labeurs sont destinées à
« enrichir ses bibliothèques d'un monument élevé non moins à son
« profit qu'à la gloire des bonnes lettres.... Votre beau livre m'a fait
« faire le péché de jalousie. A la campagne on peut, à tout âge, continuer
« à travailler et à travailler à sa guise, comme vous l'avez fait pour votre
« savant *Hyacinthus*. En ville, au contraire, on n'est plus maître de
« soi, etc. »

M. le Comte DE MARCELLUS, ancien Ministre plénipotentiaire,
lui écrit :

« Ce n'est que depuis deux jours, Monsieur, que j'ai reçu ici, où je
« suis encore pour plusieurs semaines, votre aimable lettre et le livre
« savant et agréable que vous avez bien voulu y joindre. Je vais le lire
« très-sérieusement et avec un grand intérêt, car j'ai beaucoup aimé, de

« mon côté , à retrouver chez nos Maitres grecs et latins , les noms ou
« la description de ces belles fleurs qui font le plaisir de nos yeux.»

Extrait d'une lettre de M. Th. PUEL, *docteur en médecine et Vice-
Secrétaire de la Société botanique de France.*

« MONSIEUR ET TRÈS-HONORÉ CONFRÈRE ,

« La lettre que vous m'avez fait l'amitié de m'écrire est toute pleine de
« bonnes choses à mon adresse, et je crains vraiment de ne pas trouver
« sous ma plume des expressions qui puissent rendre exactement les
« sentiments dont je suis pénétré à votre égard. Aussi je vous demar.-
« derai la permission de vous parler non-seulement en mon nom per-
« personnel, mais au nom de tous mes amis botanistes, avec lesquels j'ai
« eu le plaisir de vous faire faire connaissance pendant votre séjour
« à Paris. Si vous avez conservé bon souvenir de MM. Maille, De
« Schanefeld, Decaisne, Duchartre, etc., je puis vous certifier qu'il n'est
« pas un d'entre eux qui ne témoigne, à l'occasion, de son admiration
« pour la science de votre livre et de son estime personnelle pour
« l'auteur.

« Je me hâte de vous dire que j'ai présenté, il y a quinze jours, à la
« Société botanique le livre dont vous avez bien voulu lui faire hom-
« mage : vous recevrez sans doute une lettre officielle de remercîments,
« mais je suis heureux de vous annoncer que l'accueil fait à votre livre a
« été des plus flatteurs, comme vous le verrez, du reste, par le procès-
« verbal de la séance. Après la présentation que j'avais faite en votre
« nom, M. Decaisne, présent à la séance, a pris la parole pour ajouter
« le poids de son opinion personnelle à l'appréciation que je venais de
« présenter moi-même. Le sens exact de ses paroles a été scrupuleuse-
« ment consigné au procès-verbal. Je suis allé remercier M. Ducaisne en
« votre nom, immédiatement après la séance, et il a ajouté qu'il était
« très-heureux d'avoir trouvé l'occasion d'exprimer publiquement son
« opinion personnelle sur la valeur de votre ouvrage. Il m'a dit aussi
« qu'il avait fait un rapport à l'Institut sur ce livre. »

Extrait d'un Procès-verbal de la Société botanique de France.

(Séance du 14 Novembre 1856.)

« M. Puel, vice-secrétaire, présente à la Société la *Flore poétique an-
« cienne* de M. J.-B. D***, ouvrage dédié par son auteur à la Société.

« M. Decaisne ajoute que ce livre lui a paru remarquable, non-seule-
« ment comme œuvre d'érudition et de philologie, mais encore comme
« travail scientifique.

« M. le Président charge MM. les Secrétaires de transmettre à M. D***
« les remercîments de la Société. »

Institut Impérial de France.

Académie des sciences.

Paris, le 24 Décembre 1856.

*Le Secrétaire perpétuel de l'Académie, à M. J.-B. D***.*

« Monsieur,

« L'Académie a reçu l'ouvrage que vous avez bien voulu lui adresser,
« intitulé : *Flore poétique ancienne, ou Études sur les plantes les plus*
« *difficiles à reconnaître des poètes anciens, grecs et latins, in-8°.*

« J'ai l'honneur de vous transmettre ses remercîments.

« Cet ouvrage a été déposé dans la Bibliothèque de l'Institut.

« Agréez, Monsieur, l'assurance de ma considération très-distinguée.

« **FLOURENS.** »

COMPTES-RENDUS DE QUELQUES JOURNAUX DE PARIS.

Bulletin de la Société botanique de France.

Tome IV, 1857, n° 3. — *Revue bibliogr.*, p. 250.

« Les noms des plantes qui ont fourni aux poètes anciens dés images
« ou des comparaisons sont généralement accompagnés de si peu de
« détails et si peu significatifs par eux-mêmes, qu'on ne doit nullement
« s'étonner de la difficulté qu'on éprouve pour les rapporter à des es-
« pèces botaniques nettement déterminées. Des commentateurs érudits,
« des botanistes ingénieux ont exercé à l'envi leur sagacité sur ces déli-
« cates déterminations, et cependant il reste encore bien des doutes à
« lever, même bien des lacunes à remplir. M. D*** vient d'appliquer à
« son tour à ce difficile sujet ses connaissances botaniques et sa vaste
« érudition littéraire. Son livre, dédié à la Société botanique de France,
« porte sur un grand nombre de plantes dont les noms employés par
« les poètes grecs et latins avaient déjà, presque tous, fourni la matière
« de savantes dissertations, et pour la plupart desquelles cependant
« aucun rapprochement satisfaisant n'avait encore été proposé. Grâce à
« l'étude attentive de nombreux passages des auteurs anciens, il a pu
« former une sorte de caractéristique vraisemblable, satisfaisante pour
« les plus obscures de ces espèces, et il est arrivé de la sorte à leur
« appliquer les noms botaniques en harmonie avec ces caractères. La
« méthode qu'il a suivie est de tous points rationnelle, logique ; peut-être
« même était-ce la seule qui pût donner des résultats précis dans une
« matière si vague et si dépourvue de données vraiment positives. »

Le Siècle. — 25 et 30 Septembre 1856.

« Un ouvrage plein d'érudition et d'élégance, portant le titre de *Flore
« poétique ancienne*, et ayant pour auteur M. J. B. D***, se publie en
« ce moment. Cet ouvrage a pour objet de faire connaître les plantes les
« plus remarquables des poètes anciens, grecs et latins, qui étaient restés
« jusqu'ici dans d'épaisses ténèbres. Jeter sur elles la lumière et les mon-
« trer aux regards dans tout leur éclat et leur fraîcheur, pour rendre
« aux beaux vers qui les célèbrent le charme de la vérité, et à l'imagina-
« tion des poètes qui les ont chantées tout son brillant coloris, telle était
« la tâche que l'auteur s'était imposée et dont il s'est, à notre avis,
« acquitté dignement. Citations poétiques variées, recherches profondes,
« discussion éclairée, remarques botaniques et littéraires propres à fixer
« l'attention, c'est ce qu'on trouvera dans ce volume, qui contient plu-
« sieurs vérités nouvelles dignes de tout l'intérêt des amateurs de la
« botanique et de la belle poésie ancienne. »

Signé : L. PLÉE.

L'Union. — 23 Novembre 1857.

« Voici un livre d'une érudition forte, d'une critique pleine de saga-
« cité, d'un style facile, correct et élégant. Tous ceux qui ont quelque
« peu vécu dans la familiarité des poètes grecs et latins, savent combien
« il est difficile de reconnaître les plantes qu'ont célébrées leurs vers.
« Qui a été pleinement satisfait de l'une ou de l'autre *Flore de Virgile*,
« ouvrages spéciaux pourtant, et qui ont coûté à leurs auteurs de longues
« et laborieuses recherches? Qui se croit tenu d'accepter toutes les
« indications de la *Flore de Théocrite?* Les traducteurs les plus estimés
« sont tombés, à cet égard, dans des fautes quelquefois grossières ; et
« les commentateurs ont désolé les lecteurs les plus patients par de cho-
« quantes contradictions. M. D*** en donne un exemple dans ce vers
« bien connu de la deuxième églogue de Virgile :

Alba Ligustra cadunt, Vaccinia nigra leguntur.

« Que faut-il entendre par *Ligustrum* et *Vaccinium?* On a fait du
« premier la fleur du Troène et du second la Hyacinthe, la Jacinthe, le
« Myrtille. Quelques-uns, moins confiants dans leurs interprétations, ont
« tout simplement emprunté à notre vieille langue française le mot
« *Vaciet ;* mais qu'est-ce que le *Vaciet?* M. D*** soutient que *Ligus-
« trum* doit être traduit par *Liseron*, *Vaccinium* par *Hyacinthus* écrit
« ou *Iris germanique ;* et il le prouve abondamment.
« Sa méthode est intelligente et sage. Aussi conduit-elle presque infail-
« liblement à des résultats certains. Elle consiste à consulter les synony-
« mes, les étymologies, les épithètes, les circonstances particulières dans
« lesquelles le poète s'est placé, les analogies ou ressemblances de forme

« et de couleur, la station ou l'*habitat* de la plante qui fait l'objet de son
« étude ; et à l'aide de toutes ces considérations, il s'efforce de pénétrer
« le sens intime du poëte qu'il veut traduire. On comprend que pour un
« pareil travail il ne suffit pas d'avoir une connaissance approfondie des
« auteurs grecs et latins ; il faut encore être initié à tous les secrets de la
« botanique.

« M. D*** est arrivé à formuler, sur l'emploi des noms des plantes dans
« les poëtes anciens, trois règles, qu'il appelle modestement des remar-
« ques. Les voici : « Lorsqu'il est question, etc. »

« Nous regrettons vivement que M. D*** n'ait pas donné à son travail
« plus d'étendue. Il n'a expliqué et rapporté aux noms techniques de
« Linné que les noms poétiques d'une centaine de plantes. C'est beau-
« coup sans doute ; ce n'est pas assez. Espérons que l'accueil empressé
« qui ne peut manquer d'être fait à son excellent livre, le décidera à le
« reproduire, à le compléter. Au moins, nous attendons prochainement
« une seconde édition très-augmentée. »

Signé : **MOREAU.**

Le Journal des Villes et des Campagnes.

12 Octobre 1867, p. 8.

« La *Flore poétique* est un ouvrage plein d'érudition et d'un style
« simple, élégant et facile. Elle a pour objet de faire connaître les plantes
« les plus remarquables dont il est fait mention dans les poëtes anciens,
« grecs et latins. Les tirer de l'obscurité où les traducteurs les avaient
« laissées enfouies, les montrer aux regards dans tout leur éclat et leur
« fraîcheur, rendre aux beaux vers qui les célébrèrent le charme de la
« vérité, et à l'imagination des poëtes Virgile, Théocrite, Homère, So-
« phocle, Nonnus, Ovide, Claudien, Martial et autres, qui les ont
« chantées, tout son brillant coloris, telle était la tâche que l'auteur
« s'était imposée, et dont il s'est, à notre avis, acquitté avec bonheur.
« Citations poétiques variées, recherches profondes, discussions éclai-
« rées, remarques botaniques et littéraires propres à fixer l'attention,
« c'est ce qu'on trouve dans ce volume, digne de tout l'intérêt des
« amateurs de la botanique et de la belle poésie de l'antiquité.

« M. D***, ancien professeur et membre fondateur de la Société bo-
« tanique de France, ancien membre de la Société linnéenne de Paris et
« de celle de Bordeaux, était du reste, par ses connaissances scientifiques
« et littéraires, plus qu'aucun autre capable de traiter le sujet qu'il a
« choisi. »

Signé : **A. HOURNON.**

L'Ami de la Religion. — 27 déc. 1856, n° 6095, p. 759.

« Nous signalons à tous les amis de la littérature et de l'histoire natu-
« relle, un ouvrage qui porte ce titre : *Flore poétique ancienne*,
« ou *Études sur les plantes les plus difficiles à reconnaître des poètes*
« *anciens, grecs et latins*, par M. J.-B. D***, membre fondateur de
« la Société botanique de France. L'auteur y fait preuve d'une grande
« érudition classique en même temps que d'un rare discernement. Les
« hommes versés dans la connaissance des langues anciennes et dans les
« secrets de la botanique, pourront seuls apprécier pleinement la valeur
« des résultats qui y sont offerts ; mais tous le liront avec intérêt et
« profit, et nous le recommandons spécialement aux professeurs chargés
« d'interpréter les ouvrages des anciens. L'extrait suivant de l'*Avant-*
« *Propos* donnera une idée plus complète du but que l'auteur a voulu
« atteindre, et permettra de juger de l'esprit qui l'a animé dans ce
« travail. »

Signé : **A. SISSON.**

« L'ouvrage, dit-il, qui se présente au public a pour objet d'expliquer
« la partie la plus importante et la moins connue des plantes et des
« fleurs mentionnées par les anciens poètes, etc. »

Le Journal des Débats. — 3 Octobre 1868.

Le *Journal des Débats* a publié en dernier lieu et tout récemment un
article extrêmement remarquable sur le même sujet. Cet article est
savamment raisonné, et a pour auteur M. *Ernest* BERSOT, membre de
l'Institut. Il est trop long pour pouvoir être inséré après coup.

N.-B. — On est prié de donner connaissance de ce Prospectus et de le communiquer. — Il ne reste plus qu'un petit nombre d'exemplaires de la *Flore*, chez le
Libraire-éditeur.

Agen, Imprimerie de Prosper Noubel.

FLORE

POÉTIQUE ANCIENNE.

Paris — Imprimerie de L. MARTINET, rue Mignon, 2.

FLORE
POÉTIQUE ANCIENNE

OU

ÉTUDES SUR LES PLANTES

LES PLUS DIFFICILES A RECONNAÎTRE

DES POËTES ANCIENS, GRECS ET LATINS

OUVRAGE OÙ L'ON TROUVERA,

EN PARTICULIER,

L'EXPLICATION BOTANIQUE ET CRITIQUE DU VERS DE VIRGILE :

Alba Ligustra cadunt, Vaccinia nigra leguntur,

CELLE DES PLANTES DE LA IVe IDYLLE DE THÉOCRITE,
ET DE PLUSIEURS AUTRES PLANTES OU FLEURS MAL CONNUES DE CES DEUX POËTES,
D'HOMÈRE, SOPHOCLE, NONNUS,
OVIDE, CLAUDIEN, MARTIAL, ET D'UN GRAND NOMBRE D'AUTRES ;

Avec des Notes critiques et littéraires ;

PAR

J.-B. DU MOLIN,

Ancien membre de la Société linnéenne de Paris et de celle de Bordeaux, ancien professeur.
et membre fondateur de la Société botanique de France.

. . . . *Non levitas mihi,*
Sed certa ratio causam scribendi dedit.
PHÈDRE.
In tenui labor. VIRGILE.

PARIS,

J.-B. BAILLIÈRE,

LIBRAIRE DE L'ACADÉMIE IMPÉRIALE DE MÉDECINE,
Rue Hautefeuille, 19.

<table>
<tr><td>LONDRES,</td><td>NEW-YORK,</td></tr>
<tr><td>H. BAILLIÈRE, 219, REGENT-STREET.</td><td>H. BAILLIÈRE, 290, BROADWAY.</td></tr>
</table>

MADRID, C. BAILLY-BAILLIÈRE, 11, CALLE DEL PRINCIPE.

MDCCCLVI.

A

LA SOCIÉTÉ BOTANIQUE

DE FRANCE,

Hommage de l'auteur,

J.-B. DU MOLIN.

A

MONSIEUR CAYX,

RECTEUR DE L'ACADÉMIE DE PARIS,
ANCIEN BIBLIOTHÉCAIRE A L'ARSENAL ET ANCIEN DÉPUTÉ.

MON CHER ET HONORABLE AMI,

L'ouvrage que vous me permettez d'orner de votre nom traite des questions qui captiveront, j'espère, votre esprit et intéresseront votre curiosité. La peinture des prés et des bois faite par les meilleurs poëtes anciens, avec celle des fleurs qui les embellissent, sera pour vous une distraction agréable de vos travaux sérieux consacrés au public. Puisse mon livre, que je vous offre comme un agréable délassement, vous rappeler le temps où nos yeux et nos pas se portaient avec tant de bonheur dans nos riants vallons et sur nos montagnes du midi ! Ces années, si vite écoulées, d'une jeunesse laborieuse, passées dans des études qui nous étaient communes, ne vous reviendront pas en mémoire sans douceur ; et ce souvenir rajeuni cimentera de plus en plus dans votre cœur une amitié dont je m'honore, et qui de part ni d'autre ne s'est jamais un seul jour démentie.

J.-B. DU MOLIN.

AVANT-PROPOS.

—

L'ouvrage que je présente au public a pour objet
d'expliquer la partie la plus importante et la moins
connue des plantes et des fleurs mentionnées par les
anciens poëtes grecs et latins, et de les rapporter aux
noms techniques de Linné. Elles m'ont paru être du
nombre de ces plantes remarquables qui ont particulièrement le droit d'exciter la curiosité et d'intéresser
tout le monde. Tout le monde, par exemple, connaît
le vers de Virgile que j'ai cité au titre ; tout le monde
connaît parfaitement les deux belles fleurs qui y sont

désignées, et jamais cependant personne parmi nous n'a bien compris ce vers et ne l'a bien traduit. Le premier tort en est à **Pline**, qui a négligé sur chacune de ces fleurs un éclaircissement nécessaire, et qui par là a jeté tous les interprètes et tous les commentateurs dans une fausse voie. Tous ont donné loin du but, égarés par l'autorité de ce naturaliste, sans paraître s'être aperçus que souvent son témoignage était insuffisant et fort douteux. J'en fournis en divers lieux des preuves qui vont presque jusqu'à l'évidence. J'ai sujet d'espérer qu'ainsi que les autres preuves de toute nature dont j'accompagne mes démonstrations, elles seront goûtées des gens éclairés, et que par les nouveaux efforts d'une noble émulation, la botanique des anciens sortira enfin peu à peu du chaos où elle a été si longtemps ensevelie. Les jouissances que nous procure la campagne en seront bien augmentées, et les beautés de la nature, mieux connues et mieux appréciées, y doubleront de grandeur et d'intérêt. Et pour ne parler ici que de deux belles fleurs fort communes partout, quel plaisir d'y revoir dans nos promenades cet antique *Ligustrum* de Virgile à la fois si célèbre et si méconnu, balancer sur l'Aubépine, à quelques pas de nous, sa clochette élégante! d'y retrouver, quelquefois à côté de lui, et d'y pouvoir étudier et bien reconnaître ce fameux *Hyacinthus* des poëtes grecs, qu'à commencer par Homère, ils ont chanté tous comme à l'envi! Quels doux souvenirs de jeunesse cette vue ne peut-elle pas réveiller! Et puis, n'est-ce donc rien que ce noble sentiment, que cet instinct qui nous porte, à l'aspect des belles fleurs, à admirer et à bénir cette Puissance infinie qui, de même qu'elle a jeté par milliers dans la vaste étendue des cieux les astres radieux qui nous éclairent, a semé sur toute la surface du globe, depuis la superficie des eaux jusqu'au sommet des plus hautes montagnes, ces fleurs toujours gracieuses et brillantes, et qu'un ancien auteur compare poétique- ment aux étoiles du ciel?

C'est là sans doute le but moral qu'on doit donner en particulier à l'étude de l'histoire naturelle, et surtout de la botanique. Les fleurs, en charmant nos regards, purifient nos pensées et élèvent notre cœur. Elles nous intéressent sous une infinité de rapports, et contribuent pour beaucoup à nous faire aimer le séjour et les mœurs de la campagne. La vertu n'a, certes, qu'à y gagner, et l'on est toujours louable d'inspirer ou de fortifier ce goût ; car, comme le dit Delille :

« Qui fait aimer les champs fait aimer la vertu (¹). »

Ayant à faire un choix entre un grand nombre de plantes en dehors de celles de Virgile et de Théocrite annoncées dans le titre, dont le sens doit être restreint ici dans ce qu'il peut présenter d'abord de trop général, j'ai pris de préférence, pour en former cet opuscule, parmi celles dont je regarde le nom comme purement poétique, c'est-à-dire parmi celles qui sont les moins connues et les plus difficiles. J'ai tâché de faire en sorte qu'elles eussent quelque intérêt pour tout le monde sous le rapport de la littérature ancienne ; et pour que cet intérêt reçût une pleine satisfaction, je me suis appliqué à ne faire paraître que des plantes poétiques de la synonymie des-

(¹) *L'Homme des champs*, 1, 26.

quelles je suis parfaitement sûr, et à l'égard desquelles j'ai acquis une entière conviction. J'ose
espérer que le lecteur, après avoir médité les
preuves qui appuient l'explication que j'en donne,
partagera avec moi cette conviction désirable.

Personne n'ignore que la plupart des sujets
d'Histoire naturelle offrent ordinairement par eux-
mêmes beaucoup d'intérêt et d'agrément. Il est donc
à propos pour l'écrivain, ce me semble, malgré les
exemples contraires, de ne pas leur refuser, en les
traitant, les ornements convenables du style, qui
peuvent seuls soutenir cet intérêt, et qui, comme le
dit Boileau, embellissent la laideur même. Si ces
secours sont nécessaires pour présenter à l'esprit les
objets *hideux* ou seulement indifférents, ils ne sont
point inutiles pour relever la beauté des autres et la
rendre encore plus attrayante. Ainsi Buffon a répandu
également sur tous ses écrits les trésors de son imagination noble et brillante. Essayer de marcher sur ses
traces n'est point un mal, et ne doit pas exposer dans
tous les cas à l'accusation banale d'*ambition*, que
pourrait faire craindre d'abord un passage bien connu

de l'*Art poétique* d'Horace. Le genre didactique n'exclut pas une certaine élégance et quelques beautés de détail. Il faut tenir sans cesse le lecteur en haleine par les charmes de la diction, pour l'engager à vous suivre et l'empêcher de se rebuter ; sans quoi, il vous laisse aller seul. Or, c'est là ce que produit infailliblement un style froid et décharné. La forme, qu'on ne l'oublie point, est le plus souvent pour l'écrivain presque aussi importante que le fond, et chacun doit choisir avec attention celle qui convient le mieux à son sujet. J'ai donc tâché, en vertu de ces principes, de donner quelquefois à mon style un peu de coloris et de chaleur, sans autre prétention, toutefois, que celle de plaire, s'il m'est possible, à ceux qui voudront bien me lire. Il m'a semblé naturel d'agir ainsi, en écrivant sur un sujet aussi riant et aussi beau que l'est celui des fleurs et de la grande et haute poésie.

Je crois devoir publier maintenant, sous forme d'*Introduction*, avec quelques changements, une préface destinée d'abord à une Flore générale et complète, qui peut-être plus tard verra le jour, mais dont toutes les promesses ne peuvent avoir ici leur entier accomplissement, parce que cette préface contient quelques vues nouvelles dans un sujet encore neuf, et une exposition développée du plan de mon travail et de la méthode que j'ai suivie, comme la seule qui m'ait paru bonne et capable, en pareille matière, de conduire à la vérité. J'ai pensé que la connaissance de cette marche pourrait être utile à ceux de mes lecteurs qui seraient portés, de leur côté, à faire des recherches.

INTRODUCTION.

Les érudits modernes ont porté un sérieux examen et le flambeau de la critique sur presque toutes les parties de la littérature ancienne. L'histoire, en particulier, leur doit beaucoup d'éclaircissement; ils ont jeté la lumière sur les faits mêmes les moins importants, et sur les noms de lieux ou de personnes les moins dignes de mémoire. Il s'en faut bien malheureusement qu'ils aient donné une attention semblable à l'histoire naturelle des anciens et notamment à la botanique. Aussi, la nomenclature des plantes des auteurs grecs et latins est encore plongée pour nous dans d'épaisses ténèbres; et quiconque voudrait fixer tous leurs noms et les rapporter aux noms techniques de nos méthodes modernes, s'imposerait une tâche au-dessus des forces d'un seul homme. Il faudra plusieurs siècles pour débrouiller tout ce qu'il y a de confusion à cet égard et de doubles emplois dans Dioscoride, Théophraste, Pline, Columelle, Palladius et autres, et pour rattacher tous ces noms à des noms fixés aujourd'hui d'une manière irrévocable. Tantôt la même plante porte plusieurs noms différents, tantôt le même nom désigne plusieurs plantes. Ici, c'est un nom adopté par les Naturalistes; ailleurs, c'est une dénomination vulgaire, négligée par eux , tirée d'une qualité sensible ou d'une propriété généralement connue. De là deux classes d'appellations, les unes fixées par la science, et les autres restées dans le vague et dans le caprice du langage. Les poëtes, plus que d'autres, se sont jetés dans cette confusion. Les noms les plus sonores ou qui entraient le mieux dans le vers, étaient ceux qu'ils employaient de préférence. Mais lorsque ces noms vulgaires et si souvent purement poétiques ont été omis ou dédaignés par les premiers botanistes, quelle lumière ceux-ci pourront-ils nous fournir? Si l'on ne cherche pas alors dans leurs ouvrages sous un nom différent la plante qu'on veut connaître, on est sûr de voir s'épaissir les ténèbres qui la couvrent et de s'éloigner de plus en plus du but.

Au reste, ce qui se passe parmi nous doit nous faire comprendre ce qui a eu lieu chez les anciens. Le peuple ignorant des campagnes et les hommes même instruits qui n'ont point étudié la botanique, appellent *Chardons* beaucoup de plantes qui n'appartiennent point au genre *Carduus* de Linné ; *Roses, Lis, Mauves, Soucis, Pois, Genêts, Joncs, Lauriers, Trèfles*, etc., des plantes tout à fait étrangères aux genres *Rosa, Lilium, Malva, Calendula, Pisum, Genista, Juncus, Laurus, Trifolium.* Ces noms, détournés de leur véritable signification et fondés uniquement sur une ressemblance plus ou moins éloignée de forme ou de couleur, ont même passé dans le langage ordinaire ; et nous disons *Chardon-bénit, Rose trémière, Lis jaune* ou *Lis asphodèle, Souci des marais, Pois carré, Jonc-fleuri, Laurier-tin, Laurier-rose* et *Laurier-cerise, Petit-chêne, Lierre terrestre, Vigne vierge*, etc., quoique ces plantes ou ces fleurs ne soient réellement, d'après nos méthodes botaniques, ni un Chardon, ni une Rose, ni un Lis, ni un Souci, ni un Pois, ni un Jonc, ni des Lauriers, ni un Chêne, ni un Lierre, ni une Vigne.

On voit, par ce que je viens de dire, combien on s'abuserait en croyant devoir toujours chercher une plante poétique dans un genre de Linné portant le même nom, ou en croyant la trouver toujours dans un nom pareil des anciens botanistes. Je n'ai pas tardé à revenir de cette erreur, où j'étais tombé moi-même, et à me convaincre de l'insuffisance du conseil que me donna à cet égard, il y a déjà longtemps, l'illustre Desfontaines, qui m'exhortait à étudier beaucoup Dioscoride. Linné, pas plus que tous ces auteurs, ne s'était point proposé d'expliquer ces noms poétiques, qui ont presque toujours une double signification, et, comme eux, il ne les a point adoptés pour types de ses genres. Ils sont donc, comme je l'ai dit, restés dans le vague, faute d'avoir été fixés sous ce double rapport, et faute pour les plantes qu'ils exprimaient d'avoir été décrites sous ces appellations. Vouloir s'en tenir toujours à une seule de ces significations, c'est à peu près comme si l'on voulait toujours entendre par le nom de *feuilles* chez les anciens, ce que nous entendons proprement par ce mot, tandis qu'il y signifiait très souvent *les pièces de la fleur*. Aussi est-ce ordinairement dans la famille plutôt que dans le genre qu'on doit chercher. Il faut donc reconnaître dans les noms de plantes des poëtes des noms *vulgaires* ou *populaires*, et des noms *techniques* ou *savants*. J'insiste sur ce point, car c'est là le nœud de la difficulté : *hoc opus, hic labor est*.

C'est faute d'avoir fait cette distinction que les scoliastes, les annotateurs et les lexicographes sont tombés dans un si grand nombre de méprises. Ils ont voulu obstinément trouver chaque plante poétique sous le même nom dans Pline , Dioscoride et Théophraste, et sans être presque jamais botanistes eux-mêmes , ils ont cru pouvoir résoudre des questions souvent fort difficiles. Aussi ont-ils fréquemment échoué. Je n'en donnerai pour exemple que ce vers si connu de Virgile :

Alba Ligustra cadunt, Vaccinia nigra leguntur (¹).

N'est-il pas étonnant que depuis que la langue latine n'est plus parlée, ce vers, si souvent expliqué, n'ait été bien compris de personne? Aucune traduction, au moins en français, ne l'a jamais rendu fidèlement ; et ni notes, ni commentaires, ni explications n'ont pu lever la difficulté. La raison en est facile à deviner. Tous les dictionnaires latins-français, qui, en général, se copient les uns les autres, traduisent *Ligustrum* par *Troëne* seulement, et *Vaccinium* par *Vaciet*. Mais d'abord *Ligustrum* ne signifie point ici le Troëne, quoique Pline ne lui donne nulle part d'autre signification ; et puis, en rendant *Vaccinium* par *Vaciet*, sans aucune explication, leurs auteurs ont traduit un mot obscur qu'ils ne comprenaient pas, par un autre aussi obscur et qui en diffère peu. Ils ont pu connaître le Troëne , mais, à coup sûr , ils n'ont pas connu le Vaciet. Car, qu'est-ce que le Vaciet? Et qui d'entre eux en a parlé comme d'une fleur

---

(¹) Egl. 2, v. 18.

remarquable? Comme ils n'ont trouvé aucun renseigne-
ment dans Pline, ce grand compilateur et *cet assembleur
de nuages* , ils se sont bornés à traduire littéralement le
mot latin en l'abrégeant. Ils en ont usé de même pour
le *Viburnum*, qu'ils ont rendu par *Viorne*. Mais si ce
dernier nom a été réellement donné autrefois à l'arbuste
que le mot latin représente et lui est même encore conservé, il est très certain que le nom de *Vaciet* n'est plus
appliqué en français depuis longtemps à la véritable
fleur exprimée par *Vacinium*, faute d'être connue. Ce
dernier mot est donc une appellation égarée, dont la
signification s'est perdue, ou plutôt est demeurée sans
application et sans objet. De là sont venues les méprises
successives des divers interprètes. Avec plus d'attention,
cependant, ils auraient vu que Dioscoride, et Servius
après lui, nous disent que le *Vacinium* des Latins est la
même plante que l'*Hyacinthus* des Grecs ; ce que , du
reste, Virgile lui-même nous avait appris en traduisant
littéralement un vers de Théocrite, où il rend le dernier
de ces deux noms par le premier ; et , par conséquent,
cette plante inconnue est l'*Iris germanica* de Linné,
comme on en trouvera la preuve dans cet ouvrage.

Trois Flores particulières sur les plantes des poëtes
anciens existent en France à ma connaissance : *deux
Flores de Virgile et une de Théocrite*. Ces ouvrages ont
le mérite d'avoir ouvert la carrière et sont dignes, sous
ce rapport, de reconnaissance et d'éloges. Mais ils portent le cachet d'une funeste précipitation. Ils manquent
de recherches suffisantes et de preuves solides ; ils sont
sans critique raisonnable , et tombent dans l'erreur pour

le plus grand nombre des plantes difficiles. Ils sont, par conséquent, dans bien des cas, des guides dangereux. S'il n'était pas facile à tout lecteur compétent de s'en assurer par lui-même, je pourrais citer à cet égard le témoignage du savant Desfontaines. Souvent leurs auteurs vont chercher bien loin, à grands frais d'imagination, des plantes communes qu'ils ont sous les pieds, faute de tenir compte des circonstances. Il est parfois imprudent de donner trop d'esprit aux auteurs qu'on explique. En se bornant à un seul poëte, ils se sont privés aussi des secours que les poëtes se prêtent les uns les autres : plus d'une fois, en effet, Ovide explique ou éclaircit singulièrement Virgile, et Virgile, Théocrite. Il en est de même des autres.

Je me suis donc dit, en travaillant à cet ouvrage : Si, avec les Flores dont je viens de parler, les plantes de Théocrite et de Virgile ne sont guère mieux connues, et si les nouveaux dictionnaires grecs ou latins n'ont pas eu tort de ne pas adopter aveuglément jusqu'ici toutes leurs interprétations, ne serais-je pas ridicule de marcher sur les traces de leurs auteurs, et de remplacer une explication incertaine par une autre d'une incertitude aussi grande? Le public me saurait-il gré de lui dire : *Je crois*, ou, *il est probable que cette plante est telle plante de Linné?* Le public n'a pas besoin de mon hésitation ni de mes conjectures : c'est un travail tout fait qu'il demande, une décision ferme, appuyée sur des preuves qu'il puisse examiner et juger. Il faut, par conséquent, trancher la question de prime abord, et le faire avec une pleine confiance et une certitude entière. C'est un procès jugé dont il veut qu'on lui mette le jugement sous les yeux avec les pièces à l'appui, afin qu'il puisse le casser ou le ratifier. J'ai donc redoublé d'attention et de soin, par respect pour ce public si clairvoyant et si juste, pour ne lui donner, à chaque plante, qu'une synonymie certaine, aussi certaine du moins qu'il est possible de l'obtenir en pareille matière, et qui doit parfaitement suffire. Pour arriver à ce satis-faisant résultat, j'ai employé les recherches les plus minu-tieuses et la persévérance la plus obstinée. Aussi (et je le dis sans prétention), je suis venu à bout de faire con-naître enfin une foule de belles fleurs ou de plantes inté-ressantes pour les anciens, sur lesquelles les modernes avaient pris successivement le change. Ce n'est point de ma part une illusion, je pense ; d'autres en jugeront. J'appelle donc toute la sévérité de la critique honnête sur mon œuvre pour tout ce qui regarde la vérité cherchée, à côté de laquelle je serai moi aussi sans doute passé plus d'une fois. Mais pour le reste, je demande une indulgence que je me suis efforcé de mériter par une application soutenue et par un labeur pénible et consciencieux.

Je vais maintenant donner un aperçu de mon travail, et rendre compte des moyens que j'ai mis en usage pour tâcher de faire mieux que mes devanciers et d'arriver toujours à la vérité. Les plantes difficiles dans les poëtes sont celles dont le nom, comme je l'ai dit, est purement poétique et a été négligé par la science ; les autres pré-sentent, en général, peu de difficulté. Pour les premières, voici les moyens d'investigation dont je me suis servi. Outre les ouvrages nécessaires, j'ai consulté et examiné très attentivement : 1° les synonymies, ou les différents noms vulgaires et autres, *nomina notha*, *spuria*, *ver-nacula;* 2° les étymologies ; 3° les épithètes ; 4° les cir-constances particulières ; 5° l'analogie, ou ressemblance de forme ou de couleur ; 6° la station ou l'*habitat;* 7° les vraisemblances et les convenances; 8° l'induction ; 9° enfin, le sens intime.

On comprend à la première réflexion que les *synony-mies* sont tout ou à peu près en pareille matière. En effet, si l'on pouvait avoir, rassemblées sous les yeux, toutes les synonymies qui existent sur un même végétal, en des-cendant de l'une à l'autre on arriverait bientôt au nom moderne consacré par la science, et, par conséquent, à la connaissance de la plante, de quelque obscurité qu'elle fût d'abord entourée. Mais les ressources qu'on trouve à cet égard dans les anciens botanistes sont peu de chose; et l'on court risque, si l'on s'en contente, de se fourvoyer et d'aller aboutir bien loin du but, à cause de la confu-sion des noms et des doubles emplois dont ils donnent trop souvent l'exemple. Les lumières qu'on tire des poëtes eux-mêmes par la comparaison de leurs divers passages, sont presque toujours un guide beaucoup plus sûr.

Les *étymologies* m'ont été d'un grand secours et m'ont souvent fourni des traits précieux de lumière. J'avoue que c'est à elles principalement que je dois mes plus belles découvertes. Elles révèlent presque toujours un ou plu-sieurs caractères intrinsèques qu'on ne trouverait point ailleurs et qui mettent sur la voie, comme on le verra aux articles des noms de cette Flore les plus obscurs et les plus controversés. L'étymologie, en effet, explique la chose signifiée ; elle est la raison du nom (¹). Les Floristes dont j'ai parlé ont eu donc bien tort de négliger les étymologies. Elles ont un double avantage : elles jettent toujours quelque clarté sur des plantes difficiles qui ne donnent aucune prise à l'intelligence, faute de renseignements, et elles fortifient et souvent complètent la conviction sur d'autres qui pouvaient laisser encore quelques doutes.

Le lecteur peu familiarisé avec la langue grecque et la langue latine, ou tout à fait étranger à cette science assez peu connue de la dérivation , sera sans doute tenté de regarder comme chimériques quelques-unes de mes explications, et pensera peut-être qu'elles sont forcées et tirées, comme on dit, par les cheveux. Je suis donc bien aise d'avertir qu'à cet égard, comme sous tous les autres rapports, j'ai usé de beaucoup de circonspection et de réserve, quoiqu'il soit permis ici plus que partout ailleurs de se donner carrière. Je me suis donc appliqué à ne rien avancer de hasardé sous une forme affirmative. La plupart de ces étymologies ont été vérifiées soigneusement sur de très bons ouvrages, et sont autorisées, en général, par les meilleurs dictionnaires grecs ou latins, y compris le *Grand Étymologique* grec. On peut donc y avoir confiance.

Les *épithètes* des plantes dans les poëtes sont des carac-

(¹) *Etymologia manu ducit ad res quæ vocum symbolis indicantur. Nulla est dictio quæ non de naturâ rei aliquid intimet. — Etymologice multas res scitu præclaras in historiâ et omni antiquitate, quæ alioqui tenebris mersæ laterent, detegit. — Etymologia τὰ ἔτυμα, hoc est, vera promittit ; et rerum et appellationum causas scire potissimum caput est sapientiæ.* (Martin. *Lexic. philol. et etymol.* ed. 1623, *Præf. pag.* 3 et 9.)

tères spécifiques dont ils les ont accompagnées et qui les peignent rapidement, mais malheureusement ce sont presque toujours les seuls. Cependant ces épithètes sont, en général, si bien choisies, si expressives ; ce sont des coups de pinceau si habiles, qu'on en voit ordinairement jaillir quelque pensée nouvelle, et qu'on peut en tirer fort souvent le plus grand parti. Si elles ne disent pas clairement quelles sont les plantes dont il s'agit, elles disent du moins ce qu'elles ne sont pas. Les épithètes sont, comme les étymologies, un moyen intrinsèque puissant et presque toujours très efficace.

L'étude approfondie des *circonstances* m'a été aussi de la plus grande utilité. Les principales se réduisent aux circonstances de personnes, de temps et de lieu. Il faut examiner soigneusement, par exemple, si le poëte parle en son nom personnel, ou s'il met ce qu'il dit dans la bouche d'un ignorant, comme un laboureur ou un berger. Il est évident que dans ce dernier cas il se servira, en citant une plante, du nom vulgaire, si elle en a un : les noms techniques n'étaient pas connus des ignorants. Il faut prendre garde aussi au temps et au lieu où se passe la scène, ainsi qu'au domicile naturel de chaque plante ; car ce serait faire un contre-sens énorme dans l'explication d'un poëte, que de transporter une plante aquatique sur une montagne, ou une plante de montagne dans un marais. Les circonstances, comme on voit, méritent donc la plus sérieuse attention ([1]).

______

([1]) On connaît le vers technique suivant sur les circonstances, qui est applicable ici comme ailleurs :

Quis, quid, ubi, quibus auxiliis, cur, quomodò, quandò.

Quant aux autres moyens, moyens plus éloignés, ils sont moins importants et moins efficaces. Ils n'ont pas laissé cependant, lorsqu'ils ont été appuyés sur les autres, d'amener plus d'une fois un heureux résultat.

Réunissant sous le titre de *Preuves* tous les traits de lumière que j'ai pu faire jaillir de ces divers secours, j'ai tâché d'en former un faisceau qui mît la vérité complétement à découvert et qui déterminât la conviction. Comme personne, et moi moins que tout autre, n'a le droit d'imposer une aveugle confiance, j'ai voulu exposer toutes les pièces sous les yeux du lecteur, et les soumettre à son jugement. Lorsque le mien a été assez éclairé et ma conviction entière, après avoir placé en tête de chaque article à la suite du nom poétique, la synonymie française et celle de Linné, destinées à constater l'identité de la plante, j'ai ajouté au nom Linnéen, pour signe de certitude, un grand (C) entre parenthèses signifiant *Certè*, et dans les cas contraires, pour signe de doute, un point d'interrogation (?).

Deux grandes divisions se trouvent donc ici : *plantes certaines, plantes incertaines*. Ces espèces douteuses ou inconnues, et restées pour moi dans une obscurité impénétrable, j'aurais regardé comme très imprudent d'en déterminer la synonymie d'une matière affirmative et de me prononcer en ce moment, puisque tout indice perceptible, tout élément indicateur manque à la sagacité de l'esprit, qui n'a prise sur rien, et que la signification des mots qui les expriment devient par là insaisissable. Comment, en effet, sans prémisses, tirer la conséquence? Il ne s'agit point ici de deviner. La gravité de la science dégénèrerait en jeu, et la certitude des décisions les plus incontestables en serait bientôt ébranlée. De nouvelles recherches et de plus profondes réflexions viendront peut-être plus tard faire descendre un peu de jour dans ce chaos. Du reste, le nombre de ces plantes inconnues n'est pas bien grand.

Ici j'ai besoin peut-être de dire pourquoi au titre des articles je mets d'abord et sans aucun accompagnement, à l'imitation des Flores ordinaires, le nom générique de la plante avant de donner le nom spécifique. C'est que ce nom, tantôt générique, tantôt spécifique dans les poëtes, se trouve souvent dans leurs vers dépourvu d'épithète ou de tout autre signe caractéristique qui puisse faire rapporter la plante dont ils parlent à l'espèce ou même au genre auxquels elle appartient. Il est facile alors de prendre le change et de tomber dans l'erreur. Il faut donc dans ce cas, comme lorsque l'espèce est sensiblement désignée, donner le nom français et le nom latin technique qui forment sa concordance botanique moderne. Sans cela, il arriverait presque toujours que, pour ces noms anciens, avec une épithète on reconnaîtrait la plante, et que sans épithète on ne la reconnaîtrait plus.

Tout le monde sait que nos méthodes botaniques sont fondées sur les caractères invariables des végétaux. A l'aide de ces caractères et de la classification, formée par des groupes qu'on appelle *Genres* et *Classes* ou *Familles*, on est parvenu à donner à chaque espèce une place déterminée, où il est facile de la retrouver. Par ce moyen, une plante fixée dans nos méthodes modernes est irrévocablement fixée et ne peut plus être confondue. Rappeler donc les plantes des anciens à des noms consacrés dans ces méthodes, c'est les faire parfaitement connaître ; car c'est indiquer où on les trouvera décrites avec la plus grande exactitude et tous les détails nécessaires.

Pour l'arrangement des noms, j'ai suivi de préférence l'ordre des lettres de l'alphabet latin, comme plus familier et plus conforme que le grec à celui de notre langue. Pour les citations, j'ai disposé les noms des poëtes suivant l'ordre des temps, les grecs d'abord et puis les latins. La langue grecque, comme plus ancienne, a dû obtenir le premier rang. En descendant ainsi d'un poëte plus ancien à un autre venu après, on pourra suivre la marche de chaque plante dans le domaine de la poésie ancienne, et voir les phases successives qu'elle aura pu éprouver. Mais comme souvent le nom de la même plante ne commence pas, dans les deux langues, par la même lettre, j'ai fait suivre l'ouvrage d'une table des noms grecs et d'une autre des noms latins, pour épargner au lecteur tout embarras et toute recherche.

J'aurais voulu éviter aussi la disparate qui pourra résulter pour les goûts difficiles de cette nomenclature ainsi mêlée de grec et de latin. C'est un inconvénient auquel il m'a été impossible d'échapper, et qui, au fond, est plus pour les yeux que pour l'esprit. Cependant, afin de l'atténuer autant que possible et de faciliter la lecture des noms grecs à ceux qui ne connaissent que le latin, j'ai écrit ces noms, lorsqu'ils forment le titre, en lettres latines équivalentes, sans les changer en rien par la traduction des diphthongues.

Par la combinaison de ces deux alphabets, j'ai été forcé

déplacer de leur rang plusieurs lettres grecques pour les coordonner avec les lettres latines. Ce déplacement n'a point d'inconvénient lorsque la lettre initiale reste la même ; mais comme l'esprit rude ou signe d'aspiration m'a fait transporter dans l'*H* latine tous les noms grecs qui étaient marqués de ce signe, on pourrait éprouver d'abord quelque embarras dans ses recherches. Je donne surtout cet avertissement pour l'*Eta* et l'*Upsilon*, qui, plus que les autres lettres, seraient capables de donner lieu à cet inconvénient. Du reste, la table grecque y portera remède.

J'ai cru devoir citer tous les passages des poëtes pour les plantes difficiles. Je les ai tous traduits, dans l'unique intention d'en bien faire saisir la pensée, nécessité indispensable pour plusieurs d'entre eux, puisqu'ils avaient été mal compris jusqu'à présent. Quant aux plantes faciles et bien connues, je me suis contenté de citer les endroits où il en était fait mention, après avoir rapporté quelques vers choisis, qui m'ont paru devoir suffire.

Lorsqu'un même nom a été employé pour désigner plusieurs plantes différentes, j'en ai fait autant d'articles séparés, désirant, avant tout, d'être clair et d'éviter la confusion.

Un ouvrage de la nature de celui-ci, tout de discussion et de critique, n'est guère susceptible d'ornement. J'ai cependant tâché d'en tempérer un peu la sécheresse, en y semant quelques citations des poëtes français, des traits d'histoire et quelques anecdotes.

Il sera peut-être utile d'avertir ceux qui voudront s'exercer à des recherches de ce genre, qu'il est néces-

saire, pour y réussir, d'avoir d'abord une connaissance
du grec et du latin assez approfondie pour pouvoir bien
saisir le sens des passages discutés ; et en second lieu, de
posséder la botanique pratique, c'est-à-dire qu'il faut
s'être longtemps livré aux herborisations dans la campagne, avoir exploré soigneusement toutes les parties
d'un pays, et avoir gravé dans sa mémoire le port, le
temps de la floraison et la station de chaque plante,
ainsi que la forme, la couleur et le degré de mérite de sa
fleur. Il serait sans doute bon d'étudier les plantes des
poëtes dans les contrées où ils les placent : mais l'exacte
connaissance des plantes de la France peut suppléer en
quelque sorte à cette étude pour les poëtes grecs et latins,
pourvu qu'on sache en gros quelles sont les espèces particulières aux contrées qu'ils ont habitées ou décrites. On
peut d'ailleurs consulter dans le besoin les ouvrages des
botanistes nationaux et les Flores qu'on a faites de ces
pays. On comprend donc qu'avoir étudié les plantes dans
un jardin botanique ne suffit pas. Outre ce que je viens
de dire, il faut connaître encore leurs principaux usages
chez les anciens et parmi nous, et leurs rapports poétiques avec la mythologie ; n'être point tout à fait étranger
à la science des étymologies, et mettre à profit enfin tous
les moyens d'investigation dont j'ai parlé plus haut. C'est
alors seulement qu'on pourra obtenir du succès, ou porter
un jugement raisonnable sur les plantes difficiles.

Ces conseils, fondés sur une expérience de quarante
années d'étude sur la littérature ancienne et l'aimable
science des fleurs, seront de quelque poids, je l'espère,
aux yeux de la jeunesse amie de l'instruction. Après les

avoir reçus moi-même de M. de Saint-Amans, pendant ma collaboration à sa *Flore Agenaise* avec M. Chaubard, je me fais un devoir de les communiquer à ceux qui, par un noble zèle pour la botanique et pour la poésie, seront bien aises d'en profiter.

Si quelque savant à qui ce genre d'étude pourrait plaire, faisait à cet égard quelque heureuse découverte et voulait bien m'en faire part, je lui en conserverais une vive reconnaissance. Citoyens, à des titres différents, de la même république des lettres et enfants d'un même père, il serait beau, ce semble, que chacun de nous apportât dans l'occasion sa pierre au constructeur, et fît servir sa pensée au perfectionnement des connaissances humaines, et à la gloire de celui qui, étant revêtu de noms si relevés, a voulu encore être appelé *le Dieu des sciences* (¹).

Pour remplir mon titre, j'ai dû passer en revue et consulter tous les poëtes de l'antiquité grecque et latine jusqu'à la chute de l'empire d'Occident, c'est-à-dire jusqu'à l'année 476 de J.-C. Si je cite quelque poëte moins ancien et un peu rapproché de nous, c'est ordinairement pour appuyer mon explication de son témoignage et la corroborer.

J'ai fait entrer dans cet ouvrage quelques plantes de la Bible qui, sous le rapport de la Poésie, tiennent à mon sujet. On sait, en effet, que plusieurs parties des Livres Saints sont écrites en vers dans le texte primitif : c'est ce que déclarent saint Jérôme et les plus savants orienta-

---

(¹) I Rois, II, 3.

listes. Si le rhythme et le mouvement en sont perdus pour nous, les pensées en sont presque partout de la plus haute poésie.

On comprend tout d'abord pourquoi j'ai choisi de préférence les poëtes. C'est que dans les temps primitifs les hommes ont jeté, pour ainsi dire, au moule, dans des vers mesurés, leurs plus précieuses connaissances, pour en prévenir l'oubli et la perte infaillible. La quantité, le rhythme et la cadence gravaient facilement ces vers dans la mémoire, et y gravaient en même temps les vérités qu'ils renfermaient. Médecine, morale, religion, commerce, politique, astronomie, agriculture, tout ce qu'il y a de plus important et de plus sacré pour l'homme, eut alors dans les poëtes des hérauts publics et ses oracles sous les noms de Προφῆται *(Prophêtai)* et de *Vates*. Toutes les vérités utiles connues alors furent donc fixées par eux dans un langage mesuré, et embellies de tous les charmes de l'imagination. Plus près que nous de l'origine du monde, ils semblaient puiser, dans la nouveauté du spectacle qu'il étalait à leurs yeux, toute la fraîcheur et tout le coloris de la jeunesse. Dans les grands tableaux de la nature comme dans ceux qui sont simplement gracieux, la Divinité leur apparaissait partout, et ils prenaient dans son commerce intellectuel les plus beaux ornements dont leurs pensées sont revêtues. Presque toujours, en effet, la poésie n'est autre chose pour nous, ce me semble, que peindre les choses de la terre avec les couleurs du ciel : *Ut pictura poesis.*

Quelques esprits légers demanderont peut-être de quelle utilité pourra être cet ouvrage. Il aura l'avantage, s'il est bien fait, de fournir aux traducteurs des poëtes et aux lexicographes le moyen de ne plus prendre et donner une plante pour une autre, ce qui est, quoi qu'on puisse en penser, une très grande faute et un grand mal. Il est très important, en effet, pour tout le monde de ne pas confondre une plante salutaire avec un poison (¹). Il aidera les premiers à faire une traduction exacte et fidèle dans toutes ses parties ; car, comment sentir et rendre la justesse et la beauté d'un passage, si l'on n'en saisit pas le sens ? Pourrait-il être indifférent pour eux de bien comprendre plusieurs endroits difficiles d'Homère, de Théocrite, de Virgile, d'Horace et autres excellents poëtes, dont la parfaite intelligence a coûté jusqu'ici tant de travaux aux savants ? Non, sans doute ; et l'on conviendra sans peine que les productions de la nature dans l'un de ses plus beaux règnes, méritent bien l'attention et l'intérêt que l'on accorde souvent aux coutumes bizarres ou aux institutions capricieuses des hommes. Les lexicographes grecs et latins trouveront dans cette Flore la facilité d'appliquer à chaque nom de plante employé par un poëte son véritable nom français, accompagné du nom latin qu'elle porte dans le système de Linné. Par là ils éviteront désormais de faire suivre aucun de ces noms des mots *Plante inconnue*, qui font si peu d'honneur à l'érudition française.

Ce livre pourra aussi être utile aux amateurs de la belle

(¹) On sait ce qui arriva à M. et Mᵐᵉ Dacier, qui, dans leur bel enthousiasme pour l'antiquité, voulurent composer un ragoût décrit par Athénée. Ignorant la botanique et s'étant mépris sans doute sur l'identité des ingrédients, ils faillirent s'empoisonner.

littérature qui auront peu exercé leur esprit aux difficultés de la botanique ancienne, et leur rappeler plus d'un souvenir agréable dans leurs promenades à la campagne, à la vue de quelques fleurs sauvages jusqu'alors fort peu remarquées ; mais il pourra l'être d'une manière particulière aux professeurs et aux élèves de nos colléges, pour qui l'explication des Poëtes forme une si belle partie de leurs études. Je serai trop heureux si j'ai pu, par mon travail, leur épargner un peu de peine et d'embarras.

Une Flore générale des poëtes anciens est un ouvrage sérieux, qui demande beaucoup de temps et de recherches ; heureusement celui qui l'entreprend trouve dans l'agrément et la nouveauté du sujet un doux dédommagement à sa peine. Ses veilles se passent parmi les fleurs : eh ! quelle imagination ne sourit à ce nom ?

> Fleurs des prés, fleurs des eaux, et vous, fleurs du bocage,
> D'un tranquille bonheur vous nous offrez l'image.

Ce ne sont plus ici les œuvres imposantes d'une puissance qui confond et humilie, c'est l'ouvrage délicat et plein de charmes d'une main qui s'abaisse à notre faiblesse, et qui attire à elle par ce qu'il y a de plus propre à nous séduire dans les objets les plus rapprochés de nous de ce côté, la bonté unie à la perfection et à la grâce. Aussi, les fleurs ont le don de charmer tous les cœurs ainsi que tous les yeux ; elles inspirent à l'esprit de tout le monde des pensées de pureté, de candeur et d'innocence, et lui rappellent toujours quelque touchant souvenir. Le botaniste surtout aime l'aspect des fleurs : en les voyant il croit revoir les bois, les vallons et les montagnes qu'il a, dans les beaux jours, si souvent explorées. Elles n'ont pas moins d'attraits pour les imaginations poétiques : aussi presque tous les poëtes anciens leur ont payé un juste tribut de louanges. Tantôt ils les font naître sous les pas de Vénus et des Grâces; tantôt ils en forment des couronnes pour leurs dieux et leurs héros. Ces couronnes honoraient aussi le noble front des poëtes. Columelle appelle les fleurs *les astres de la terre* (¹); un autre poëte les a appelées *les perles des prairies* (²). Chacun voulait leur témoigner en quelque chose son amour. Le langage de la religion elle-même a placé dans le séjour des bienheureux des *roses* et des *lis*. Encore aujourd'hui, par un charme secret toujours subsistant et toujours nouveau, elles plaisent d'une manière particulière à l'innocence du jeune âge, et elles possèdent l'heureux privilége d'orner de leurs tendres corolles et de leurs suaves couleurs les autels du vrai Dieu, comme les objets les plus gracieux et les plus chastes de la nature.

Si les fleurs nous intéressent sous tant de rapports, elles n'attirent pas moins notre admiration par leur infinie diversité de parfums, de formes, de grandeur. Combien n'en cultivons-nous pas qui enchantent à la fois la vue et l'odorat! Il y en a de si petites, que l'œil peut à peine les saisir ; on en trouve de si grandes, qu'on les prendrait pour de beaux vases d'azur, d'albâtre ou de vermeil. Dans l'ordre des végétaux utiles, Salomon avait placé aux deux bouts de l'échelle l'Hysope et le Cèdre du

______

(¹) *Terrestria sidera flores.* De Cult. Hort. v. 96.
(²) *Pratorum gemmas.* Fortunat, lib. III, *De gaud. et sp. vitæ ætern.* v. 31.

Liban : dans l'ordre des fleurs, on pourrait y mettre, d'un
côté, une de ces fleurs menues et déliées dont je viens de
parler, et qui semblent être écloses au printemps d'un
rayon de soleil et d'une goutte de rosée ; et de l'autre,
le *Rafflesia Titan* ou *Arnoldi*, dont la fleur, selon M. de
Humboldt (¹), a près de trois pieds de diamètre et pèse
quatorze livres (²). A tous les degrés de cette riante
échelle se montrent, comme partout ailleurs dans la
nature, une sagesse et une puissance qui ravissent l'observateur ; et, selon la belle expression de Théocrite, tout
y porte l'empreinte embaumée de la main de l'Ou-
vrier (³).

Je viens de parler des fleurs. Mais la belle, la grande
et noble Poésie a bien aussi le don de charmer l'esprit et
de remuer le cœur. En nous présentant les objets à travers le prisme brillant de l'imagination, elle étend un
voile lumineux sur les réalités tristes ou pénibles de la
vie et en adoucit ainsi le sentiment. La poésie chantée,
surtout, ou unie à la musique va faire vibrer au fond du
cœur humain des cordes inconnues, et y éveille des sentiments d'un autre monde à peine soupçonnés. Elle remplit l'âme d'une sorte d'enchantement et de séduisantes
illusions ; et ces illusions, loin d'être dangereuses pour

(¹) *Tableaux de la Nature*, tom. 2, p. 53 et 149, édit. 1828.

(²) Il serait difficile de comprendre comment une pareille fleur pourrait
être supportée par un pédoncule et soutenue convenablement par un
rameau, à quelque espèce d'arbre même qu'il appartînt ; mais le Créateur a
pourvu à cette difficulté. Le *Rafflesia* est une plante parasite, sans tige et sans
feuilles, qui repose à terre sur les racines d'un *Cissus*, dans les solitudes de
l'île de Sumatra.

(³) ..... γλυφάνω ποτόσδον Idylle I, v. 28.

elle, l'élèvent, au contraire. Elles la portent vers le beau idéal, cette intuition ravissante, qui ne l'émeut si puissamment, que parce qu'il n'est autre chose lui-même qu'un reflet affaibli de la beauté souveraine. C'est dans ce sens qu'un de nos poëtes a dit :

« Imagination ! de tes douces chimères
» Fais passer devant moi les figures légères (1). »

Tous les genres de mérite se trouvent réunis, sous ces divers rapports, chez les anciens : simplicité, goût exquis, grâce, noblesse, majesté. Ils excellent principalement dans la peinture des beautés et des sentiments de la nature : les tableaux qu'ils en ont faits sont pleins de charme et de vérité. Les scènes où figurent des fleurs y sont d'autant plus intéressantes, qu'elles sont permanentes comme la nature elle-même, et qu'elles peuvent se représenter chaque année à nos yeux, toujours fraîches et riantes comme elle. Celui qui peut en saisir d'un même coup d'œil tous les traits, y trouve des modèles achevés, à part leur morale païenne. Ce qui étonne encore chez les anciens, c'est leur talent d'observation et la justesse de leur coup d'œil. Un mot leur suffit souvent, une simple épithète, pour caractériser une plante ; et souvent ce seul mot suffit pour la faire reconnaître. Ils en usent de même pour tout autre objet. Homère surtout a de ces coups de pinceau de maître, et jamais son exactitude n'a été trouvée en défaut. C'est là un mérite précieux qu'il réunit avec presque tous les autres. Heureux ces grands poëtes si, avec une imagination si belle et un si beau lan-

(1) Delille, les *Trois Règnes*, ch. 1ᵉʳ, v. 677-8.

gage, ils eussent jeté en haut quelques-uns de ces élans
du cœur et fait entendre quelques-uns de ces accents qui
percent l'atmosphère de ce monde et vont retentir au
delà !

Je serai trop satisfait si j'ai pu répandre un nouveau jour sur les plantes de ces divins génies, dégager
leurs tendres corolles des ombres qui les enveloppaient,
et les faire briller aux yeux, dans leurs tableaux, de tout
leur éclat naturel. Ces fleurs, bien connues et présentées
à l'esprit avec tous leurs agréments, embelliront de nouvelles couleurs ces peintures immortelles ; et cette belle
Poésie, se montrant ainsi plus conforme à la vérité dans
tous ses détails, en sera plus belle encore et plus touch-
chante.

Fille du ciel, antique et noble poésie ! ton origine est
sainte et glorieuse et remonte au principe des temps.
Quand le monde naquit, tu naquis. Tu jaillis à grands
flots du sein enflammé de ces purs esprits qui, témoins
des merveilles de la création, jetaient à cette vue, pour
louer Dieu, des cris d'admiration et de joie (¹). Des-
cendue sur la terre, tu t'emparas de l'âme de quelques
hommes privilégiés qui se sentaient ravis par le spectacle de tout ce qu'il y a de grand et de beau dans ce
vaste univers : tu les nourris de tes inspirations et les
portas à chanter les charmes et le mérite de la vertu. Si
plus tard tu as été détournée trop souvent de ta sublime
destination pour ennoblir des affections terrestres, tu as
sans cesse tendu à te dégager, et, comme une flamme
légère, à t'élever en haut. Céleste compagne des grands

____

(¹) Job, ch. 38, v. 7.

cœurs, tu les échauffes, tu les touches, tu les élèves avec toi. Comme une amie fidèle, tu resteras jusqu'au dernier moment ici-bas au service de notre pensée ; et quand la vie humaine s'y éteindra, tu remonteras au ciel, pour y consacrer désormais tous tes chants à la gloire infinie de notre grand Créateur.

FLORE
POÉTIQUE ANCIENNE.

LIGUSTRUM.   LISERON.   CONVOLVULUS.
Nom poétique.   Nom français.   Nom Linnéen.

1. I. LIGUSTRUM *album*. — GRAND LISERON, LISERON DES HAIES. — *Convolvulus sepium*, Lin. (C).

VIRGILE :   Alba *Ligustra* cadunt, Vaccinia nigra leguntur.
(*Égl.* II, v. 18) (¹).

« *Bel enfant, ne sois pas trop fier de ton teint :* on laisse tomber de leur tige les *Liserons*, qui sont si blancs, tandis que l'on récolte les Iris, qui tirent sur le noir. »

OVIDE :   Candidior nivei folio, Galatea, *Ligustri*. (*Métam.* XIII, v. 789.)

« O Galatée, plus blanche que la fleur de neige du *Liseron*. »

MARTIAL :   Loto candidior puella cycno,
Argento, nive, Lilio, *Ligustro*. (*Épig.* I, 116, v. 2 et 3.)

« Une jeune fille plus blanche que le cygne sans taches, que l'argent, que la neige, que le Lis, que le *Liseron*. »

Lilia tu vincis nec adhuc delapsa *Ligustra*. (*Id.*, VIII, 28, v. 11.)

« Tu surpasses en blancheur le Lis et la fleur du *Liseron* qui n'est pas encore tombée de sa tige. »

Pæstano Violas et cana *Ligustra* colono,
Hyblæis apibus Corsica mella dabit. (*Id.*, IX, 27, v. 3 et 4.)

« *Oser adresser des vers à l'éloquent Nerva,* c'est comme si

(¹) J'écris tous les noms de plantes dans cet ouvrage avec une majuscule initiale, afin de mieux fixer sur elles l'attention du lecteur.

l'on donnait des Violettes et des blancs *Liserons* aux laboureurs de Pestum, et du miel de Corse aux abeilles de l'Hybla. »

Arborius :   Alba *Ligustra* tuæ nequeunt accedere laudi.
(*Ad nymph. nimis cult.*, v. 45.)

« La blancheur du *Liseron* n'approche point de celle de ton teint. »

Claudien :   . . . . . . Veluti nigrantibus alis
Audiretur olor, corvo certante *Ligustris*.
(In Eutrop. lib. I, v. 349.)

« C'est comme si l'on eût dit que le plumage du cygne était devenu noir, et que le corbeau disputait de blancheur avec le *Liseron*. »

Hæc graditur stellata Rosis, hæc alba *Ligustris*.
(*De rapt. Pros.*, lib. II, v. 130.)

« Celle-ci s'avance ornée d'une couronne de Roses, celle-là couverte d'une neige de *Liserons*. »

. . . . Pallere *Ligustra*
. . . . Vidi. (*Ibid.*, lib. III, v. 240 et 241.)

« J'ai vu les *Liserons* jaunir. »

Sidoine Apollinaire :   Gerat orbis atque Lauris
Viridantibus tegatur,
Casias, *Ligustra*, Calthas
Redolentibusque sertis.
(*Epist.*, lib. IX, 13, v. 81-84.)

« Que la terre produise, et qu'elle se couvre de Lauriers verdoyants et de guirlandes de fleurs qui sentent la Lavande, le *Ligustrum*, le Souci. »

Fragrat odor Violam, Cytisum, Serpylla, *Ligustrum*.
(*Panegyr. Anthem.*, v. 443.)

« On sent l'odeur de la Violette, du Cytise, du Serpolet, du *Ligustrum*. »

. . . . . . Inter Violas, Thymum, *Ligustrum*.
(*Propempt. ad libell.*, v. 59.)

« Parmi les Violettes, le Thym, le *Ligustrum*. »

Le vers de Virgile cité plus haut et que nous allons examiner, est célèbre et fort connu. Mais que sont ces *Ligustra*, que sont ces *Vaccinia*, mis ici en opposition pour
dire que les choses utiles sont préférées à celles qui n'ont
que le mérite de la beauté ? S'il ne s'agissait là que d'un
fait peu important, d'une allusion à une coutume perdue
ou à une croyance mythologique peu capable de nous
intéresser, ce vers aurait peu mérité la peine qu'on s'est
donnée et les efforts qu'on a faits pour l'expliquer. Mais
on a compris qu'il y était question de deux productions de
la nature, de deux charmantes fleurs, ce semble ; et l'on
s'est dit que, s'il en était ainsi, il n'était pas impossible
d'arriver à leur connaissance. Chacun donc a voulu trouver
le mot de l'énigme, traducteurs, scoliastes, commentateurs, dissertateurs, floristes. Malheureusement ils ont
presque tous pris pour unique guide dans leurs recherches
Pline le naturaliste, qui parle, en effet, du *Ligustrum* et
du *Vacinium*. Ils ont donc déclaré unanimement, sur
son autorité, que le *Ligustrum* était le *Troëne*, quoique
la fleur de cet arbrisseau ne soit digne d'être citée en
poésie ni par sa forme, ni par sa blancheur. Le *Vacinium*
les a embarrassés davantage ; et, chose remarquable,
après avoir accordé à leur guide, pour ce premier nom,
une confiance aveugle contre toute vraisemblance, et être
tombés dans l'excès qu'Horace appelle *jurare in verba
magistri*, ils l'abandonnent tout à coup pour l'explication
du *Vacinium* : aussi ce nom assez rare et nullement
compris les a jetés encore plus loin de la vérité que le
premier. On a été jusqu'à s'imaginer que *Vaccinia* désignait les *baies du Troëne*, qui sont noires à leur matu-

rité : d'où il résulterait , s'il était possible d'admettre une pareille explication , que Virgile aurait opposé *les fruits* du Troëne *à ses fleurs.* Cette pensée , outre le défaut d'être peu délicate , a le grave tort de choquer la raison, et elle est de tout point inadmissible. J'espère prouver plus bas, d'une manière satisfaisante, que Virgile avait plus de goût et de jugement, et qu'il a mis en opposition, non deux fleurs à peine apparentes, ou une petite fleur et une baie, mais deux grandes fleurs très belles et très remarquables.

Avant d'entrer dans la discussion, je dois faire ici une observation qui me paraît très importante.

Les deux fleurs dont il s'agit sont-elles des fleurs d'*arbres* ou des fleurs de *plantes herbacées ?* Résoudre d'une manière raisonnable cette question et établir à ce sujet une règle générale, serait obtenir beaucoup, ce me semble, et ouvrir une voie commode et facile pour arriver à la vérité dans bien des cas embarrassants. Pour tâcher d'y parvenir, je ferai donc les remarques suivantes :

REMARQUE PREMIÈRE. — Les poëtes anciens ont dû diviser dans leur esprit les plantes qui frappaient leurs regards en *Arbres* et en *Herbes,* comme l'a fait plus tard le botaniste Tournefort. Je crois qu'il est vrai de dire qu'en général, pour les herbes à fleur , le nom de la plante exprimait à volonté ou la fleur seulement, ou la tige entière avec la fleur, ou la plante sans fleur. Lorsqu'il est question de plantes herbacées qui portent de belles fleurs, comme le Lis, il est évident que le nom de la plante désigne la fleur seulement ; mais lorsqu'il s'agit d'une plante à fleur peu apparente ou peu remarquable, qui se distingue uniquement par son odeur agréable ou une autre qualité sensible, le nom exprime la plante tout entière, avec ou sans la fleur. C'est ainsi que nous disons : *de beaux OEillets, de beaux Lis, de belles Tulipes*, pour exprimer la fleur seulement ; et : *les plates-bandes de mon jardin sont remplies d'OEillets et de Tulipes*, pour exprimer la plante avec ou sans la fleur. Si l'on dit : *les rues étaient jonchées de Marjolaine et de Fenouil*, il est sûr que l'on ne veut parler que de la plante.

REMARQUE DEUXIÈME. — Lorsqu'il s'agit de la fleur d'un arbre, on ne la trouve pas exprimée dans les poëtes par le nom de l'arbre seulement : en d'autres termes, le nom de la plante, pour les Arbres, n'exprime point la plante et sa fleur tout ensemble, comme pour les Herbes. Ainsi, par exemple, si l'on dit : *des guirlandes de Lierre et de Laurier*, le nom de cet arbre et de cet arbrisseau n'implique point par lui-même la présence de leurs fleurs. Pour faire entendre les fleurs d'un arbre, il faut donc les exprimer. Virgile dit : *le Cytise fleuri*, Egl. 1, 79 ; *la fleur du Saule*, Egl. 1, 55 ; *la fleur du Poirier*, Géorg., 11, 72; *du Pommier*, Géorg., IV, 142, etc. Nous parlons de la même manière en français. Cela vient sans doute de ce qu'une herbe sans fleur se fait peu remarquer et n'est rien, pour ainsi dire, tandis qu'un arbre attire toujours l'attention.

On pourrait m'objecter le nom de *Rosa*, qui en latin signifie *Rose* et *Rosier* tout à la fois. Mais qu'on y fasse attention, les poëtes n'ont employé ce mot que pour exprimer *la Rose*, c'est-à-dire la fleur ; et pour exprimer l'arbrisseau qui la porte ou *le Rosier*, ils se servent des mots de *Rosetum* et *Rosarium*. La même distinction existe entre l'arbrisseau et sa fleur dans le nom grec.

Il résulte de ce qui précède que si , dans l'énonciation poétique du nom d'une plante il s'agit évidemment d'une fleur, cette fleur appartiendra à une herbe toutes les fois qu'elle sera simplement exprimée par le nom de la plante. En regardant ce principe comme vrai, et en l'appliquant au *Ligustrum* et au *Vaccinium*, j'en vois sortir un trait de lumière, et je conclus que ces deux fleurs appartiennent à des plantes herbacées. Le Troëne , qui est un arbrisseau, doit donc être, pour le premier de ces noms, absolument élagué, quand même il n'y aurait pas d'autre raison.

RÉMARQUE TROISIÈME. — Pour les plantes à tige herbacée , il est possible, je crois, de déterminer encore, par l'inspection du *singulier* ou du *pluriel* employé par le poëte, si telle ou telle plante qu'on cherche à reconnaître est *uniflore* ou *multiflore*. Ce serait là un nouveau jalon bien précieux pour guider notre marche.

En général, lorsque le nom est employé pour exprimer les herbes à fleurs dans le sens des fleurs elles-mêmes, le *singulier* annonce une *plante uniflore*, comme le Pavot, le Narcisse, l'Anémone, le Safran ; le *pluriel* annonce, au contraire, une *plante à tige multiflore*, comme le Lis, le *Liseron*, l'Asphodèle, l'Iris, pourvu toutefois qu'il ne s'agisse point d'un ensemble d'individus de même espèce à tige uniflore, comme serait un bouquet, ce qui alors nécessite l'emploi du pluriel. Cependant cette règle sur le nombre n'est pas toujours rigoureusement observée en poésie : elle ne peut l'être que dans les cas où elle n'est point contrariée par le besoin du vers.

D'après cela, *Ligustra* et *Vaccinia* appartiennent non-seulement à des plantes herbacées, mais encore à des plantes à tige multiflore ; caractères qui, du reste, conviennent parfaitement au *Liseron des haies*, ainsi qu'à l'*Iris germanique*, comme nous le verrons bientôt.

PREUVES.

Synonymes. *Convolvulus*, Pline, liv. XXI, ch. 11, 2 (édit. Dubochet, 1848-50). — *Iasione*, XXI, 65 ; XXII, 39. — *Concilium*, ibid. — *Smilax*, XXIV, 49, 2. Les Grecs l'appelaient communément Σμίλαξ λεία, *Liseron lisse*, et lui donnaient aussi, selon le Glossaire de Philoxène et le Lexique de Cyrille, le nom de *Violette blanche*, ἴον λευκόν (1). Il portait encore celui de Μαλακόκισσος, *Lierre tendre*. Un vieux Glossaire lui donne même celui de Λευκόρροδον, *Rose blanche*, suivant Martinius (2). Je ne crains pas de lui rapporter enfin le λευκόν Κρίνον, *Lis blanc*, de Théocrite, *Idyl.* XXIII, v. 30.

Étymologie. Le mot de *Ligustrum* vient du verbe *ligare*, *lier*, et non de *Liguria*, comme on l'a dit plusieurs fois sans raison. Il dérive de *ligare*, comme *claustrum* dérive de *claudere*, *plaustrum* de *plaudere*, *rastrum* de

(1) Ce nom de *Violette*, ἴον en grec et *Viola* en latin, était chez les anciens un terme assez général qui s'appliquait non-seulement d'une manière spéciale à notre Violette ordinaire, mais encore à plusieurs grandes et belles fleurs de formes plus ou moins diverses, comme on peut en juger par les noms français de *Violette* et *Violier*, et comme nous le verrons en son lieu.

(2) *Lexic. philolog. et etymol.*, au mot SALIUNCA.

radere, etc. *Ligustrum*, appliqué à un végétal, signifie donc proprement *Plante qui lie, qui attache*. Son synonyme *Convolvulus* revient à peu près au même sens, de *convolvere (se), se rouler autour, s'entortiller*. Le nom patois du *Liseron*, usité dans nos campagnes du midi, exprime la même idée que le latin *Ligustrum* : on l'y appelle *Courréjado, longue courrroie* (¹).

Épithètes. *Album, niveum, candidum, canum, delabens, redolens :* « blanc, éclatant de blancheur, blanc comme la neige, qui se détache de sa tige, qui tombe à terre, *qui sent bon.* »

Circonstances. Dans Virgile, c'est un berger qui chaque jour conduisait son troupeau dans les champs, et qui cherche par ses reproches et ses plaintes à toucher le cœur d'Alexis, qui habitait la ville, et à l'attirer auprès de lui à la campagne. C'est dans la bouche de ce berger que le poëte met le nom des deux fleurs qu'il cite, et non

---

(¹) Le nom français de *Liseron* vient-il aussi du verbe *lier*, ou est-il un diminutif de *Lis* et signifie-t-il *Petit Lis?* Il paraît certain que ce n'est ni l'un ni l'autre. Mais avant d'expliquer *Liseron*, il est nécessaire de donner l'étymologie du mot de *Lis*, car ces deux noms se ressemblent et ont même signification et même origine.

Lis est pour *lisse*, adjectif du mot *fleur* sous-entendu, et dont on a retranché dans l'écriture la dernière syllabe, venant du grec λεῖος ou λίος, qui signifie *lisse, poli, brillant*, et par extension, *beau, agréable, charmant.* Ainsi, *fleur brillante* ou *magnifique*, telle est la signification littérale de *Lis*.

De l'adjectif grec dont je viens de parler, se forma, par l'insertion du ρ, celui de λειρός, qui a la même signification, et qui semble être mis pour λειρορός ou λιορός. C'est de ce dernier mot pris au neutre qu'on a tiré celui de *Liseron*, qui se décompose ainsi, *Lisse-ron* ou *Lis-ron*. Ce dernier, en prononçant fortement l's, fait parfaitement entendre l'e muet de *Liseron*. C'est là, je n'en saurais douter, la véritable étymologie de ce nom, qui, comme je viens de le dire, ne signifie pas autre chose que celui de *Lis*.

dans la sienne propre. Ceci est important à remarquer.

Il faut se souvenir aussi que c'est en gardant son troupeau dans un bois et au milieu de l'été que le berger Corydon parle des deux fleurs dont il s'agit. Rien n'empêche de penser qu'il avait en ce moment sous les yeux la première de ces fleurs : les vraisemblances et l'*habitat* portent à le croire.

Reprenant les divers caractères poétiques et autres que nous venons de voir, et m'appuyant sur les moyens que j'ai choisis pour arriver à la vérité, je les applique, non au *Troëne*, comme on a fait jusqu'ici, mais au *Liseron des haies* ou *grand Liseron*, et je dis :

1° Le caractère fourni par l'étymologie du mot *Ligustrum* se trouve dans le *Liseron*, car le *Liseron* est une plante herbacée à tige faible et menue, et qui, pour se soutenir, a besoin de l'appui des arbustes ou arbrisseaux environnants, autour desquels elle grimpe et se roule, en les *reliant* les uns aux autres. De là son autre nom de *Volubilis*, qu'il porte en français, et celui de *corde des arbres, funis arborum*, qui dans le moyen âge lui a été donné.

2° Le caractère de la *blancheur de ses fleurs* s'y trouve aussi à un degré éminent ; car rien de plus blanc, d'un blanc plus pur et plus éclatant, que la gracieuse clochette du *grand Liseron*. Et c'est bien d'une blancheur pareille que les Poëtes ont entendu parler pour leur *Ligustrum*. Remarquez, en effet, les épithètes dont, sous ce rapport, ils l'accompagnent : toutes ces épithètes sont purement emphatiques, comme lorsqu'ils donnent au lait ou à la neige ces mêmes qualificatifs de *album, canum, candi-*

dum, qui alors signifient uniquement *à la blancheur écla-
tante*, et ne sont nullement destinés à distinguer ou à
différencier l'objet. Il en est de même ici. Remarquez
encore la gradation employée par Martial, et dans laquelle
le *Ligustrum* occupe le dernier échelon, et l'emporte, par
conséquent, pour la blancheur, sur l'*argent poli*, sur la
neige, sur le *Lis*. Cela convient parfaitement au *Liseron*,
et ne peut pas s'appliquer avec vérité à la fleur du Troëne.

Quant au verbe *cadunt*, il est d'une justesse rigoureuse, car les fleurs du *Liseron* ne se dessèchent pas sur
leur tige ; mais après avoir brillé quelques jours, elles se
flétrissent, se referment en se tordant et tombent. C'est
cette idée qu'exprime aussi l'adjectif *delapsa*. Il est assez
ordinaire de voir quelques-unes de ces fleurs passées re-
posant sur les branches ou les feuilles des plantes envi-
ronnantes, où elles s'arrêtent en tombant ; et il n'est pas
douteux que Virgile, lorsqu'il habitait la campagne, n'ait
pris souvent la nature sur le fait à cet égard (¹).

(¹) Théocrite, qui peint si bien la nature, et que Virgile s'est plu à imiter
si souvent, n'aurait-il pas parlé du *Liseron*, qui est si commun partout ? Je
crois bien que dans l'Idylle XXIII⁰, vers 30, il le désigne sous le nom de
Lis blanc, λευκὸν Κρίνον. Qu'on remarque que là c'est un berger qui parle,
et que le *Liseron* lui était plus présent à l'esprit que le Lis, comme moins
rare dans les champs. D'ailleurs Κρίνον signifiait autre chose que *Lis*, ainsi
qu'on le verra à son article. Virgile a imité cette Idylle dans son *Églogue*
d'*Alexis*. Il met *Ligustrum* où Théocrite met Κρίνον, et lui donne la même
épithète. Qu'on fasse attention aussi au mot *cadunt*, imité du poëte grec,
qui emploie le verbe πίπτω, *tomber*, en parlant l'un et l'autre sans doute
de la même plante.

Cette conjecture a d'autant plus l'air d'être une vérité, que Suidas tire
l'étymologie du mot Κρίνον *de la promptitude de la fleur du Lis à se flétrir et
à tomber* : Κρίνον τὸ ἄνθος, ἀπὸ τῆς διακρίσεως· διὸ λέγεται Κρίνον, εὐμάραντον
καὶ ταχὺ διάπιπτον. Cela convient beaucoup plus au *Liseron* qu'au Lis pro-

Appliqué aux fleurs du Troëne le verbe *cadunt* n'a point de sens. Il serait difficile, je pense, de voir tomber ses petites fleurs quand elles sont flétries ou entièrement sèches, ou d'en apercevoir nulle part quelques restes ; tandis qu'ici il s'agit d'un fait accessible à tous les regards, et intelligible pour tous les esprits, même pour celui d'un berger.

Le Poëte veut encore nous faire entendre par ce verbe qu'on ne faisait point de cas de la fleur dont il parle, quelque charmante qu'elle soit, pour les couronnes ou les guirlandes, ou pour tout autre usage : la fleur du *Liseron* est, en effet, si délicate, qu'elle se flétrit presque aussitôt qu'elle a été cueillie. Elle n'a point d'odeur, et l'on ne s'en sert pour rien : elle n'a donc d'autre mérite que celui de plaire aux yeux par sa grâce et sa blancheur.

Dans le dernier vers que j'ai cité de Claudien, on lit : *hæc alba Ligustris*. Je ne sais comment on traduira exactement ces mots, si l'on ne suppose pas que la jeune fille dont il s'agit là s'était entourée le corps de tiges de *Liseron* en fleur, en guise de légères guirlandes. *Alba* fait entendre qu'elle était *toute blanche*, c'est-à-dire *toute couverte* de ces fleurs. Cet effet eût été difficile à obtenir avec des fleurs de Troëne.

---

prement dit. Remarquez encore ici le verbe *tomber* (διάπιπτον), comme dans Théocrite et dans Virgile.

Ces considérations me font donc croire que le λευκὸν Κρίνον de Théocrite n'est là autre chose que l'*album Ligustrum* de Virgile. Il me paraît bien difficile d'en douter.

Il est de la dernière évidence que ce λευκὸν Κρίνον est une autre plante que celle dont Théocrite parle sous le même nom dans l'Idylle du *Cyclope*, vers 56, et qui fleurit *en hiver*. La fleur de celle-ci *ne tombe point*.

Par les mots *redolentibus* et *fragrat odor*, Sidoine Apollinaire attribue une bonne odeur au *Ligustrum*. C'est une erreur : car, s'il veut parler du *Liseron*, cette fleur n'a point d'odeur, tout le monde le sait ; s'il parle du Troëne, on peut en dire autant, à peu de chose près. Ce n'est point sous ce rapport que les premiers Poëtes ont chanté leur *Ligustrum*. La connaissance de cette fleur s'est donc perdue parmi leurs successeurs après Claudien, c'est-à-dire dans le ve siècle. On en trouve des preuves assez fréquentes dans les Poëtes postérieurs à ce temps : dans Sannazar, par exemple, qui en fait des *bouquets* et des *guirlandes* (Eleg. lib. II, *in Mor. cand.* v. 36. — Epigr. lib. I, *Calend. Maii*, v. 3); dans Rapin, qui décrit sous ce nom le *lilas commun* dans son *Poëme des jardins* (lib. II, v. 589-593); etc. Cependant je trouve dans les *Odes* de Sarbiewski un trait fort significatif qui semble prouver qu'il a connu la véritable signification de *Ligustrum*. Ce poëte, après avoir célébré en plusieurs endroits la blancheur de cette fleur, comme Virgile et autres, dit au liv. IV, *Od.* XXI, v. 39-40 : « Ici tu cueilleras aussi des Violettes de tous côtés, partout sous *ton ongle* tomberont les blanches fleurs du *Ligustrum :* »

> Hìc etiam vulgò Violas, albentia vulgò
> Ungue *Ligustra* leges.

Dans ces vers, qui s'adressent à une femme, il paraît assimiler le *Ligustrum* à la Violette, c'est-à-dire en faire une herbe, puisqu'il dit que les fleurs de l'une et de l'autre plante *tomberont sous son ongle, ungue leges.* Ces expressions conviennent parfaitement au *Liseron*, mais elles ne peuvent point s'appliquer à la fleur du Troëne, dont le support est ligneux.

3° Les circonstances de personne, de temps et de lieu jettent aussi le plus grand jour sur cette fleur. C'est un berger qui la cite, et en la nommant il s'inquiète peu du nom que les savants lui ont imposé. Il lui donne celui des ignorants, celui qui sans doute a cours parmi ses égaux à la campagne, en un mot, un nom *trivial* ou *populaire*. Il la cite comme une fleur bien connue et qui sans doute est commune. C'est au moins ce que fait entendre Servius dans sa note sur ce passage de Virgile, où il dit : *Ligustrum flos est candidissimus, sed vilissimus* : « Le *Ligustrum* est une fleur (^{1}) d'une blancheur extrême, mais elle est tout à fait dédaignée. » C'est aussi ce qui résulte évidemment des deux derniers vers cités de Martial, où il s'agit d'un laboureur de Pestum qui vit au milieu des Roses, et à qui l'on irait offrir des Violettes et des *Liserons*. Elle doit encore être assez grande pour attirer les regards et être remarquée de tout le monde ; on sait, en effet, que les paysans ne donnent un nom et leur attention, parmi les fleurs sauvages, qu'à celles qui sont d'une certaine grandeur et un peu remarquables. Il était d'ailleurs convenable que cette fleur possédât ces qualités, pour pouvoir être dignement opposée à celle de l'Iris, qui est elle-même une très grande et fort belle fleur.

(^{1}) Remarquez qu'en disant : le *Ligustrum est une fleur*, Servius déclare manifestement que c'est une *herbe* et non un *arbre*. Le nom de *fleur*, employé pour exprimer à la fois la plante et sa fleur, ne s'applique généralement qu'aux *plantes herbacées*. C'est ce que nous entendons ordinairement par ces mots, *la culture des fleurs*.

Or, tout cela peut s'appliquer très justement au *Liseron*. Il est connu de tout le monde à la campagne, et tous les paysans lui donnent un nom. Il est commun presque partout dans les champs, principalement dans les lieux que fréquentent les bergers en été, c'est-à-dire les haies et les buissons des lieux frais, les bords ombragés des ruisseaux, la lisière des bois. On le trouve dans toute l'Europe. De la grosseur à peu près d'un œuf, il attire forcément les regards par l'éclat de sa blancheur et par la orme élégante de sa corolle campanulée, qui se balance doucement au gré d'un vent léger.

Analogie. S'il restait encore quelques doutes dans l'esprit du lecteur, une dernière preuve, qui me paraît concluante, viendrait les dissiper. Ovide, dans le vers que j'ai rapporté, dit à Galatée : « ô Galatée, plus blanche que la *feuille* de neige du *Ligustrum*. » On sait que les anciens donnaient le nom de *feuilles* aux pièces de la corolle ou de la fleur que nous nommons *pétales*. C'est ainsi que Virgile, décrivant la fleur de l'*Amellus*, dit :

> Aureus ipse ; sed in foliis, quæ plurima circum
> Funduntur, Violæ sublucet purpura nigræ. (*Géorg.*, IV, v. 74 et 75.)

« Son disque est jaune ; mais sur ses *feuilles* (ses pétales ou ses rayons), qui l'entourent en grand nombre, brille le pourpre de la sombre Violette (¹). » C'est ainsi encore que nous disons une *feuille* de Rose, pour une pièce de la fleur ou un pétale. Je demanderai donc pourquoi Ovide n'a pas écrit *foliis* au pluriel, au lieu du sin-

___

(¹) Voyez aussi Ovide, *Métam.*, liv. X, v. 215, et liv. XIII, v. 97 et 98.

gulier *folio* : le vers, pour la mesure ou l'harmonie, n'en aurait point souffert. C'est évidemment parce que la pensée en aurait été fausse ; c'est parce que, si le *Ligustrum* est le *grand Liseron*, ainsi que cela n'est point douteux, Ovide, pour exprimer une fleur d'une seule pièce, une corolle campanulée et par conséquent *monopétale*, comme disent les botanistes, devait employer le singulier. Cette preuve me paraît sans réplique.

Elle est encore fortifiée par le singulier employé par Pline en décrivant la forme de cette fleur. Il dit, liv. xxi, ch. 65 : « le *Liseron* (*Iasione*) n'a qu'un pétale, mais tellement plissé, qu'il paraît en avoir plusieurs » : *Iasione unum folium habet, sed ita implicatum, ut plura videantur* (¹). Cette phrase n'est qu'une traduction de celle de Théophraste où celui-ci parle des fleurs monopétales et de l'*Iasione* (²). Voici les paroles du botaniste grec : « Quelques fleurs aussi sont monopétales, et avec un seul pétale elles présentent la même forme, la même ordonnance que si elles en avaient plusieurs ; telle est la fleur du *Liseron* (*Iasione*) : « Ἔνια δὲ καὶ μονόφυλλα φύεται, διαγραφὴν ἔχοντα μόνον τῶν πλειόνων· ὥσπερ τὸ τῆς Ἰασιώνης (³). » Il y a donc accord sur ce point entre Ovide et ces deux

______

(¹) Le *Liseron*, quand il est ouvert, pas plus que les autres fleurs d'une seule pièce, *ne paraît point avoir plusieurs pétales*. Théophraste ne dit pas cela. Il fait entendre seulement que les corolles composées d'un seul pétale ou d'une seule pièce, sont aussi régulières, aussi complètes que celles qui en ont plusieurs. Pline, en traduisant comme il le fait, ne saisit point la pensée de son devancier et donne une fausse indication. Nouvelle preuve, entre mille, de son inexactitude habituelle.

(²) Il serait mieux d'écrire *Jasione* en latin et en français.

(³) *Hist. Plant.* lib. I, c. 21.

naturalistes, et sans doute aussi, par conséquent, sur l'identité de la plante.

Une autre preuve vient compléter la conviction. Columelle, dans son petit *Poëme des Jardins*, mentionne un *Ligustrum noir*, c'est-à-dire d'un violet foncé, qu'on y cultive. Je vais expliquer ce nouveau *Ligustrum* dans l'article suivant. Je dirai seulement ici que parmi les *Liserons* (*Convolvulus* et *Ipomœa*), il y a plusieurs espèces cultivées dans les jardins dont les fleurs sont ou rouges ou bleues, ou plus ou moins violettes. Mais pour un Troëne *noir* ou violet, il n'en existe point.

En résumé, d'après tous les caractères que nous venons de voir, la plante que nous cherchons doit être : 1° une herbe ; 2° une plante sauvage, grimpante et volubile ; 3° à tige multiflore ; 4° sa corolle ou sa fleur doit être d'une extrême blancheur ; 5° assez commune pour être connue des bergers et des laboureurs ; 6° négligée de tout le monde ; 7° monopétale, c'est-à-dire formée d'une seule pièce ; 8° assez grande pour se faire remarquer de tous ceux qui habitent la campagne, soit dans son état de fraîcheur, soit lorsqu'elle se flétrit et qu'elle tombe ; 9° enfin, assez belle pour mériter d'être choisie par les Poëtes comme symbole de la blancheur du teint et de la beauté.

Il est impossible de ne pas reconnaître là *le grand Liseron*.

Si l'on pouvait encore incliner si peu que ce soit pour le Troëne, par la seule raison que Pline a écrit que le *Ligustrum* était un arbre, je demanderai à ceux de mes lecteurs qui connaissent cet arbrisseau, s'ils pensent que les caractères que nous venons de voir puissent lui convenir. Pour moi, je déclare qu'il n'y en a aucun qui lui soit applicable. Le Troëne est un petit arbre et non une herbe grimpante et volubile ; sa fleur est fort petite et peu apparente, en bouquet, à la vérité, mais néanmoins peu remarquée ; aussi elle est à peu près inconnue des habitants de la campagne, des ignorants surtout , qui généralement ne lui donnent point de nom. Elle est même fendue profondément sur le limbe en quatre parties, ce qui fait paraître la corolle composée de quatre pétales, circonstance qui met en défaut le singulier *folio* si expressif d'Ovide. Et puis , connaît-on un Troëne *noir* ou d'un violet foncé cultivé dans les jardins? Non, assurément. Le *Ligustrum* des Poëtes latins ne saurait donc être le Troëne.

Je dirai plus, la fleur du Troëne n'est pas bien blanche : elle est d'un blanc sale, assez semblable sous ce rapport, comme sous celui de la forme, à la fleur du *Cornouiller sanguin*, qui pourtant a les quatre pétales de sa corolle plus allongés, et avec lequel le Troëne croît et fleurit pêle-mêle dans les haies vers la fin de mai. Ce blanc terne, si peu digne d'être cité par personne, est encore gâté par la couleur jaunâtre des anthères des deux étamines. Une foule de fleurs plus belles et plus blanches brillent dans les champs. Pour apprécier la blancheur de celle du Troëne, on n'a qu'à l'approcher des rayons de la *grande Marguerite* (¹), par exemple, qui fleurit en même temps ; on en verra la différence. Il

(¹) *Chrysanthemum leucanthemum*, Lin.

est donc impossible, et par cette raison et par plusieurs autres, que ce soit là *le Ligustrum* si célèbre de Virgile. Que ce mot latin signifie le *Troëne*, je ne le nie pas ; mais je nie que sa signification ne s'étende point au delà. Tout prouve le contraire ; et ici, à l'appui des preuves apportées, plus ou moins concluantes pour ceux qui connaissent le *Troëne* et le *Liseron*, j'invoquerai encore les vraisemblances et le sens intime.

Ainsi, tout concourt à nous convaincre que la fleur en question est celle du *Liseron*. C'est le sentiment de Servius, qui dit que« le *Ligustrum* est un *Lis blanc :* » *Ligustrum Lilium est album* (*Comment. in Virg. Ecl.* 2) ; de Dodoëns (*Pempt.*, III, liv. 3 , ch. 2) ; de Bodæus de Stapel (*Comment. sur Théophr.*, liv. 1 , ch. 21), et autres botanistes. Ruel , tout en combattant la décision de Servius, dans son ouvrage *De la nature des végétaux*, fournit, sans s'en douter, de bonnes preuves à l'appui. Voici ce qu'on y lit (liv. 1, ch. 94) : « L'erreur de Servius est évidente, car la fleur du *Liseron* est très grande et celle du *Troëne* fort petite. C'est donc une illusion de la part de beaucoup de savants (*plerique*), de croire que cette fleur du *Liseron* soit le *Ligustrum*. Je pense que ce qui les a jetés dans cette erreur, c'est que quelques personnes appellent communément, en langage vulgaire, cette fleur *Ligustrum* , bien à tort cependant. En s'appuyant ainsi sur l'autorité du peuple, ils sont trompés , et ils méritent de l'être ; car la langue du peuple ne correspond pas toujours à la langue latine. « *Evidentior error..... quum Convolvuli flos prægrandis sit..... flos Ligustri perquam exilis est..... Sic hallucinantur litte-*

*ratores plerique hunc Convolvuli florem Ligustrum intelli-
gentes, falsi, ut arbitror, quòd apud quosdam suo verna-
culo sermone flos ille vulgò, licet perperam, dicitur Ligustrum. Sic vulgi autoritate freti non immeritò decipiuntur :
non semper latinæ linguæ sermo respondet vernaculus. »*

On voit ici : 1° qu'un grand nombre de savants ont
cru que le *Ligustrum* des Poëtes était le grand *Liseron* ;
2° que le peuple donnait communément (*vulgò*) ce nom
latin à cette fleur. Ce dernier trait est précieux. En effet,
ce nom, dans Virgile, c'est un homme du peuple, un
berger qui le prononce ; dans Ovide, c'est aussi un
berger.

Matthiole dit dans ses *Commentaires sur Dioscoride*
(liv. I, ch. 107) : Quelques personnes prétendent que le
Ligustrum est cette espèce de *Liseron* qui s'entortille
dans les haies autour des arbrisseaux et des arbustes, et
souvent aussi dans les vignes autour des échalas (¹), et
qui a une fleur d'un blanc brillant de la forme d'un **Lis**
ou d'une coupe : de ce nombre a été le grammairien
Servius, commentateur de Virgile : *Quidam Ligustrum
eam Convolvuli speciem esse autumant, quæ sepibus,
fruticibus et arbustis se circumvolvit, ac etiam sæpius
vitium palis in vinetis, flore candido, Lilii seu calathi
effigie....: è quorum numero fuit Servius grammaticus,
Virgilii commentator.* Après ces paroles, Matthiole
combat aussi le sentiment de Servius et cherche à l'in-
firmer. Mais son opinion, non plus que celle de Ruel,

____

(¹) Matthiole paraît confondre ici le petit *Liseron* (*Convolvulus arvensis,*
Lin.) avec le grand. Le grand *Liseron* demande un terrain plus humide que
ne l'est, en général, celui des vignes.

ne saurait prévaloir contre une assertion positive de Servius, que Macrobe appelle « le plus savant sans contredit de tout les grammairiens » : *litteratorum omnium longè maximus* (¹).

On pourra dire cependant : D'où vient que tous nos dictionnaires latins-français expliquent le mot *Ligustrum* par *Troëne* seulement et jamais par *Liseron?* La réponse est facile. Pline, qui a entassé tous les noms des plantes des anciens sans critique et sans en expliquer beaucoup, a mentionné le *Liseron* sous les noms de *Convolvulus*, d'*Iasione* et de *Smilax*, mais il n'a parlé que peu du *Ligustrum*, et encore d'une manière fort confuse, ainsi que nous allons le voir. Et comme il a oublié ou négligé de dire que ce dernier nom, outre l'arbrisseau qu'il désignait ordinairement, était aussi donné par les Poëtes au *Convolvulus* (²), le mot de *Ligustrum* est resté après lui consacré uniquement à cette première signification. De là une confusion qui s'est perpétuée jusqu'à présent et qui s'est répandue dans tous nos dictionnaires latins (³); et ceux-ci, comme on le sait, pour toutes les choses obscures ou inconnues, ne font, en général, que se répéter.

(¹) Macrob., *Saturn.*, liv. I, ch. dern.

(²) Le mot de *Ligustrum* n'est pas le seul qui désigne à la fois un *arbre* et une *herbe* : on peut citer encore *Acanthus, Sambucus, Juncus*, etc. Σμῖλαξ (*Smilax*) signifie également en grec *If* et *Liseron*, et Λωτὸς (*Lotos*), un arbre et une herbe. On peut y ajouter Σχῖνος (*Skhinos*), *Lentisque* et *Scille*.

(³) Robert Estienne avait cependant pressenti la vérité. Voici ce qu'il dit dans son *Dictionnaire* ou *Trésor de la langue latine* : au mot Ligustrum, après avoir donné sa signification ordinaire d'*arbre* ou *Troëne*, il ajoute : « espèce d'*herbe*, qui grimpe sur les haies et sur les murs de clôture. » *Ligustrum, genus herbæ, per sepes et macerias serpens.* Voilà donc le *Ligustrum* signalé comme une *herbe*.

Supposez que Pline eût ajouté à ce qu'il dit du *Convol-vulus* : *Virgile et autres Poëtes lui donnent aussi le nom de Ligustrum*, personne eût-il jamais douté de cette vé-rité? C'est une preuve manifeste que tous les caractères qu'on tire des Poëtes anciens conviennent parfaitement au *Liseron*.

Voici donc ce que dit Pline du *Ligustrum* : « Le Cy-pros est un arbre d'Égypte..... Quelques-uns disent que c'est l'arbre appelé en Italie *Ligustrum* » (*Traduct. de M. Littré*) : *Quidam hanc esse dicunt arborem quæ in Italiâ Ligustrum vocetur* (¹). Ici il n'affirme rien ; il rap-porte seulement l'opinion des autres. Plus loin, il ajoute : « Le *Ligustrum* est le même arbre qu'on appelle *Cypros* en Orient : » *Ligustrum eadem arbor est quæ in Oriente Cypros* (²). Par ces paroles, il affirme ce qu'il avait donné d'abord comme douteux ; à moins cependant qu'il n'y ait faute dans le texte, et qu'il ne faille lire, comme porte l'édition Dubochet, *Ligustrum si eadem arbor est*, etc., ce qui serait plus raisonnable. On voit que dans ces deux phrases il s'agit uniquement d'un arbre étran-ger, que Pline rapporte fort légèrement au *Ligustrum* ordinaire, c'est-à-dire au Troëne.

Enfin, au liv. XVI, ch. 31, il embrouille la question de plus en plus. Il avance « qu'il faut des lieux humides au *Ligustrum*, comme au Saule, à l'Aune, au Peuplier. » Il va plus loin, il dit « qu'il en faut de même au *Vaci-nium* : » *Non nisi in aquosis proveniunt Salices, Alni, Populi....., Ligustra : item Vacinia.* Il y a ici plusieurs

(¹) Liv. XII, ch. 51.
(²) Liv. XXIV, ch. 45.

choses à remarquer : D'abord, l'auteur y range le *Li-gustrum* parmi les arbres ; 2° la station qu'il lui donne conviendrait au *Liseron*, mais ne convient pas au Troëne ; 3° elle n'est point du tout propre non plus au *Vacinium*, car il lui en faut une opposée.

Ce que nous trouvons de plus clair dans ces passages, c'est qu'il y avait en Italie un arbre qui portait, du temps de Pline, le nom de *Ligustrum*. Cet arbre était probablement notre *Troëne*, qui est commun en Italie et dans presque toute l'Europe. La première phrase citée fait entendre qu'il était connu de tout le monde, et qu'en le nommant Pline n'avait pas besoin de donner d'explication. C'est ce que signifie implicitement le subjonctif *vocetur*, car le mode subjonctif exprime souvent *la coutume*. Je crois donc qu'il faudrait ajouter le mot *communément* après *appelé* dans la traduction du passage dont je parle, ou traduire : « Quelques-uns disent que c'est l'arbre *généralement* connu sous le nom de *Ligustrum*. » Ainsi, que le *Ligustrum* de Pline soit bien notre *Troëne*, c'est un fait maintenant acquis à la science et par le témoignage de ce naturaliste, qui ne parle nulle autre part du Troëne, et par l'autorité de ses devanciers, qu'il a suivis. Ce fait a reçu, depuis, la double consécration de l'usage et du temps.

Il ne serait pas raisonnable cependant de tirer de là cette conséquence forcée, que les Poëtes ont dû prendre leur *Ligustrum* dans le même sens que les prosateurs. Tout porte à croire, au contraire, qu'ils ont créé ce mot pour exprimer la propriété qu'a le *Liseron* de s'enrouler autour des corps voisins.

Maintenant, que Pline ait eu tort de rapporter le *Cypros* de Dioscoride au *Ligustrum*, c'est une nouvelle question, étrangère à mon sujet et que je dois laisser de côté. Il me suffira de dire ici que cette assimilation, où Pline a été entraîné peut-être par l'autorité du savant médecin Celse [1], a été fortement combattue par d'habiles critiques, et qu'elle est bien reconnue aujourd'hui pour une erreur.

Pour confirmer ce que j'ai dit jusqu'ici de Pline, et pour montrer à ceux qui ne le connaissent que de nom, combien son autorité est souvent douteuse et de peu de valeur, et combien il était capable de l'oubli ou de la négligence dont je l'ai accusé au sujet de la signification poétique du mot *Ligustrum*, je vais rapporter ce qu'il dit de ses travaux, et ce que Pline le jeune, son neveu, nous raconte de sa manière de travailler.

Il prétend « avoir recueilli dans son *Histoire naturelle* vingt mille faits dignes de mémoire, extraits de la lecture d'environ deux mille volumes d'une centaine d'auteurs [2]. » Mais peut-on bien compter sur la vérité des faits qu'il tire de tous ces ouvrages ? Saumaise l'accuse d'avoir consulté de mauvais garants, et d'avoir souvent mal entendu les auteurs qu'il lisait, ou plutôt qu'il se faisait lire. Pline le jeune, après avoir donné la liste de ses nombreux ouvrages, ajoute : « Vous êtes surpris comment un homme dont le temps était si rempli a pu écrire tant de volumes, et y traiter tant de différents sujets, la plupart si épineux et si difficiles. Vous serez bien plus

[1] *Médec.*, liv. VI, ch. 15.
[2] *Hist. natur.*, Préface.

étonné quand vous saurez qu'il a plaidé pendant quelque temps, et qu'il n'avait que cinquante-six ans quand il est mort. On sait qu'il en a passé la moitié dans les embarras que les plus importants emplois et la bienveillance des princes lui ont attirés. Mais c'était une pénétration, une application, une vigilance incroyable. Il se mettait à l'étude, en été, dès que la nuit était tout à fait venue, en hiver à une heure du matin, au plus tard à deux, souvent à minuit.... Après le dîner, on lui lisait quelque livre; il en faisait ses remarques et ses extraits, car jamais il n'a rien lu sans extraire.... Pendant qu'il soupait, nouvelle lecture, nouveaux extraits, mais en courant.... Pendant qu'il sortait du bain et qu'il se faisait essuyer, il ne manquait point ou de lire, ou de dicter. Dans ses voyages, c'était sa seule application ;... il avait toujours à ses côtés son livre, ses tablettes et son copiste. C'est par cette prodigieuse assiduité qu'il a su achever tant de volumes, et qu'il m'a laissé cent soixante tomes remplis de ses remarques ([1]). »

On conçoit que dans cette contention d'esprit perpétuelle et dans une aussi grande diversité d'objets, Pline a dû nécessairement tomber, par irréflexion et par défaut de soin, dans beaucoup d'inexactitudes, d'erreurs et d'omissions. C'est, du reste, ce qu'il avoue lui-même dans sa Préface, lorsqu'il dit : « Sans doute j'ai commis, moi aussi, bien des omissions ; je suis homme, mon temps est pris par des fonctions publiques, et je m'occupe de ce travail à mes moments de loisir, c'est-à-dire pendant

---

([1]) Liv. III, lettre 5, traduction de Sacy.

la nuit et en m'amusant (¹). » On trouve dans le commentaire de Saumaise plusieurs exemples de ses méprises. Ce n'en est pas entre autres une petite d'avoir dit (²) que Virgile avait pris pour une herbe le Sandyx (³), qui est une couleur; ni celle d'avoir écrit qu'on adoucit la férocité des éléphants avec du suc d'orge (⁴). Selon Dioscoride, « l'ivoire devient plus maniable quand il est trempé dans du suc d'orge : » εὐεργὴς δὲ καὶ ὁ ἔλεφας γίνεται βρεχόμενος αὐτῷ (ζύθῳ) (⁵). Le mot grec ἔλεφας (*éléphas*), signifiant tout à la fois *éléphant* et *ivoire*, a fait dire à Pline que *le suc d'orge rend les éléphants plus traitables*, au lieu de dire *qu'il servait à travailler plus facilement l'ivoire.* Ailleurs il prend un adjectif grec appliqué au Platane dans Théophraste pour le nom de *l'Espagne;* une *Sauge* pour une espèce de *Lentille*, un *fromage* pour une *plante*, etc., etc. Ainsi, preuves fréquentes d'inattention, d'oubli, de distraction et de fatigue sans doute, et par suite, de contre-sens et d'erreur, voilà ce qu'on trouve dans presque tous les livres de son *Histoire.* Du reste, si nous voulons bien songer à sa mort prématurée et imprévue, qui l'a empêché de mettre la dernière main à son ouvrage, nous n'aurons pas de peine à comprendre que ce vaste recueil nous soit parvenu sous une forme très imparfaite.

Il faut conclure sans hésiter de tout ce qui précède, nonobstant le silence de Pline, que le *Ligustrum* des

(¹) Traduct. de M. Littré, p. 3.
(²) *Hist. natur.*, liv. XXXV, ch. 23.
(³) *Eglog.*, IV, v. 45.
(⁴) *Hist. natur.*, liv. VIII, ch. 7.
(⁵) *Mat. médic.*, liv. II, ch. 109. Édit. de Sprengel, Leipsick, 1829.

anciens Poëtes latins est bien le *Liseron*, auquel tous les caractères que nous fournissent leurs vers s'appliquent naturellement et sans effort. A la signification ordinaire que donnent les Dictionnaires du mot *Ligustrum*, « Troëne, arbrisseau, » ils devraient donc ajouter : || *Poét. Liseron, herbe et fleur*, CONVOLVULUS. *Lin.*

Le grand Liseron est une des plus jolies et des plus gracieuses fleurs de l'été. Pline dit élégamment « qu'il semble être un essai de la nature s'étudiant à faire un Lis ([1]). » Il est, comme le Lis et la Rose, éminemment poétique, et il a été chanté depuis Virgile dans plusieurs langues. Comme il vient sur le bord des ruisseaux et dans les haies le long des chemins détournés, où il ne semble s'élever au-dessus des plantes voisines que pour attirer les regards, il frappe toujours agréablement les yeux du promeneur. C'est ce que j'ai voulu exprimer dans une pièce d'un Recueil inédit, où il est question d'un ruisseau ombragé par de grands arbres, en disant : « J'aime à y » voir pour la centième fois et les longs épis de pourpre » de la Salicaire en fleur embellir ses bords verdoyants, » et l'éclatant Liseron, cet antique *Ligustrum* des Poëtes, » y balancer gracieusement sa corolle d'albâtre. Sa tige » débile y court, en se roulant, d'un arbrisseau à l'autre » et s'y élève; et sa fleur, légèrement inclinée, comme » une coupe élégante destinée à recevoir la plus précieuse » liqueur, se remplit des plus vifs rayons du soleil et » brille au loin aux regards. » Castel, dans son *Poëme des Plantes*, a dit bien mieux que moi du même *Liseron* :

([1]) *Veluti naturæ rudimentum Lilia facere condiscentis*, liv. XXI, ch. 11.

« Et le Convolvulus, éclatant de blancheur,
» Sur les buissons voisins entrelaçant sa fleur,
» De ses nombreux festons couvrant leurs intervalles,
» Semble le nœud charmant des grâces végétales. »

Après ces vers, je ne crains pas d'ajouter ceux qui suivent sur le *Liseron*, ici nommé *Volubilis*, et qui sont dus à la plume délicate d'une jeune demoiselle aussi modeste qu'heureusement inspirée.

Frêle Volubilis, que l'aile de la mouche
Qui te frôle en son vol, balance doucement,
Comme un enfant placé dans un hamac que touche
La grande aile du vent ;

Ton urne est un palais de gaze et de lumière
Où le moucheron d'or abrite son berceau ;
Et plus tard, à la fin de sa vie éphémère,
Il revient dans ton sein demander un tombeau.

Lorsque je passe auprès de ton toit de verdure,
On dirait que ton front s'incline pour me voir.
Laisse-moi t'admirer, bijou de la nature ;
En vain, pour te chercher, je reviendrais ce soir.

Je crois, quand m'apparaît ta corolle légère,
Qu'un souffle du zéphyr l'a formée en jouant,
Comme ces bulles d'eau, de vent et de lumière
Que l'on voit s'échapper des lèvres d'un enfant.

. . . .

Dans chaque herbe des champs je cherche une parole
Pour nous, pauvres humains, écrite par le ciel.
Mon âme est une abeille ; au fond de ta corolle
Elle voudrait trouver cette goutte de miel.   (Mlle A. M***.)

Me pardonnera-t-on si, après un chapitre aussi long et une discussion aussi aride, j'ajoute, à propos du *Liseron*, pour égayer le sujet et en finir, le récit d'un fait puéril en lui-même, mais qui m'a paru assez plaisant.

J'étais assis un jour d'été au fond d'un petit bois qui descend d'une colline, plongé dans une de ces molles méditations qui portent le nom de rêveries. Un ruisseau coulait à quatre pas au-dessous de moi, et mes regards incertains se promenaient au hasard sur les diverses fleurs qui dessinaient ses bords, parmi lesquelles se distinguaient les longs épis rouges de la Salicaire et les bouquets purpurins de l'Eupatoire. Ils s'étaient arrêtés de préférence sur des fleurs de *Liseron*, qui couvraient en grand nombre les hautes herbes et les arbrisseaux voisins, et dont quelques festons, en courant d'une branche à l'autre, venaient retomber à mes pieds. Je considérais l'éclat et la délicatesse de ces fleurs, et j'admirais la pureté du goût de Virgile, qui le premier a pris leur tendre corolle pour symbole de la blancheur, lorsqu'un jeune rat, agitant légèrement les feuilles sèches à côté de moi, attira mon attention et vint se montrer assez étourdiment à mes yeux. Museau pointu, poil lisse, petits yeux brillants, tout annonçait en lui la jeunesse et la santé. Son allure, quoique timide, paraissait décidée, et je jugeai que la prudence ne formait pas encore le fond de son caractère. Je ne tardai pas longtemps à m'en convaincre. Voilà, me dis-je à moi-même, le rat des champs de la Fontaine : que veut-il donc de moi? Il descendit à petit bruit à mes pieds, et s'arrêta un moment à flairer un de mes souliers ; puis, voyant tout près de là une fleur de *Liseron* couchée sur la terre, il s'en approcha, et la prenant sans doute pour une coupe remplie de friandise, il y introduisit sa tête en allongeant le cou. Il ne se doutait pas qu'une abeille était là au fond de cette clochette, butinant du pollen sur ses blanches étamines. Elle usa contre le rat de son arme ordinaire. Aussitôt celui-ci fit un bond en arrière, secoua deux fois son museau endolori, et fuyant rapidement le danger, disparut dans les feuilles sèches et les cavités du bois. A cet accident de mon jeune rat et à sa retraite précipitée, je ne pus m'empêcher de rire, et l'ode charmante d'Anacréon intitulée l'*Amour piqué par une abeille*, me revint aussitôt en mémoire.

Le lecteur me dira peut-être : « C'est là un conte fait à plaisir que vous nous débitez. » A quoi me servirait-il d'affirmer une chose d'une aussi mince importance ? Je me contenterai de répondre : Si vous êtes observateur et si vous aimez la nature ; si ce puissant travail de vie, de propagation et d'entretien qui l'agite mystérieusement jusqu'au fond de ses entrailles a de quoi vous intéresser et vous attacher, soyez attentif, et dans les objets les plus petits ou les plus négligés du règne animal ou végétal, vous trouverez une foule de faits ou agréables, ou curieux, ou touchants, toujours dignes de votre examen et de votre admiration.

---

2. II. Ligustrum *nigrum*. — Liseron violet. — *Convolvulus Nil.*, Lin. (?).

Columelle :   Fer calathis Violam, et nigro permista *Ligustro*
Balsama cum Casiâ nectens croceosque corymbos,
Sparge mero Bacchi : nam Bacchus condit odores.
(Lib. X, v. 300-302.)

« *Et vous, belle Naïade*, portez des Violettes dans vos corbeilles, faites des bouquets mêlés de Baume et de Lavande et enlacés de *Liseron violet*, ajoutez-y des houppes de Safran, et arrosez ces fleurs avec la liqueur pure de Bacchus ; car Bacchus assaisonne les odeurs. »

PREUVES.

Épithète. *Nigrum*, « d'un bleu foncé, » comme la Violette. C'est Virgile qui nous apprend, après Théocrite, cette signification, comme nous le verrons à l'article du *Vacinium*. Il n'y a point dans la nature de fleur *noire* proprement dite.

J'observe d'abord que le même nom exprimant la tige et la fleur à la fois dans les quatre plantes mentionnées dans ces vers, nous annonce des plantes herbacées : première indication fort importante.

Circonstances. Un examen attentif des diverses circonstances nous fait voir encore que ce sont des plantes d'été et de jardin. Il est convenable que toutes soient fleuries en même temps, puisqu'elles doivent être portées ensemble dans des corbeilles : elles doivent même se distinguer ou par leurs belles fleurs, ou par leur odeur agréable, puisqu'en invitant la Naïade à les cueillir, le Poëte ajoute : *Si vous voulez qu'Alexis ne dédaigne pas les richesses de Corydon*. Aussi, je ne doute pas que par le mot de *Violam*, Columelle ne désigne ici une belle fleur d'une odeur très suave, la *Violette* par excellence des anciens, cultivée de temps immémorial dans tous les jardins ruraux, c'est-à-dire la *Julienne* ou *Cassolette* (*Hesperis matronalis*, Lin.).

En suivant l'opinion de Dodoëns sur le *Ligustrum* de Columelle, ainsi que je l'ai suivie sur celui de Virgile, je dirai à peu près comme lui : Si le *Ligustrum* de ce dernier Poëte est notre grand Liseron sauvage, comme je crois l'avoir établi autant, ce me semble, qu'il est possible de le faire, il est naturel de penser que celui du premier est pareillement un *Liseron*, mais un *Liseron* cultivé. Aussi, j'avertis que le doute exprimé par le point d'interrogation qui termine le titre ne porte point sur le genre, mais sur l'espèce seulement.

Cette espèce, il me l'a fallu chercher entre celles du *Convolvulus* ou de l'*Ipomœa* qui ont les caractères suivants : 1° tige grimpante et volubile, pour me conformer à l'étymologie du nom ; 2° fleur bleue ou violette ; 3° plante d'ornement cultivée dans les jardins ; 4° enfin, plante originaire d'une des parties du monde connues des Romains. J'avoue que le *Convolvulus purpureus* de Linné (*Ipomœa purpurea*, Lam.), dont la variété à belles fleurs violettes est cultivée sous le nom de *Volubilis* dans beaucoup de jardins ruraux, où il couvre des cabinets et des tonnelles, aurait de préférence fixé mon choix s'il avait rempli la dernière condition. Mais j'ai dû l'exclure, puisqu'il nous vient de l'Amérique. Cependant, ne se trouve-t-il pas ailleurs ?

Parmi les autres espèces qui remplissent toutes les conditions et dont quelques-unes sont très belles, je suis forcé, pour ne pas m'égarer dans le pays des conjectures, de m'en tenir à celle qui a été mentionnée par les anciens sous le nom de *Nil*, et qui est cultivée en Europe depuis très longtemps. Elle est voisine de celle dont je viens de parler ; ses fleurs sont nombreuses et d'un beau bleu d'azur. Le *Liseron Nil* ou le *Nil des Arabes* se trouve en Asie aussi bien qu'en Amérique.

Je dois déclarer ici, puisque l'occasion s'en présente,

qu'à mes yeux l'erreur qui ne tombe, dans un ouvrage
comme celui qui m'occupe, que sur l'espèce ou sur la
variété, est souvent fort peu de chose. Il serait même
ridicule dans bien des cas d'exiger sous ce rapport une
exactitude rigoureuse, qui, du reste, est à peu près impossible lorsqu'il n'y a rien de précis dans les termes du
poëte, et que le nom du végétal est simplement générique.
Peu nous importe, par exemple, de savoir au juste si c'est
sur le rameau d'un Peuplier *blanc* ou d'un Peuplier *noir*
que le rossignol de Virgile gémissait et pleurait ses
petits. Mais lorsque l'erreur porte sur le genre, et que
d'une herbe, par exemple, l'interprète fait un arbre, la
faute est grave, capitale, parce qu'elle altère le sens et
dénature la pensée.

On pourra m'objecter que le mot *odores* annonce qu'il
s'agit ici de plantes ou de fleurs odorantes, et que le
Ligustrum doit être par conséquent une fleur de ce genre.
Je réponds que le Baume, la Lavande, le Safran et la
Violette ou Julienne sont, en effet, des plantes odorantes,
mais que Columelle a bien pu y mêler en forme de lien
une herbe à belles fleurs, sans qu'il soit de rigueur pour
cela qu'elle soit à odeur comme les autres. Les paroles du
poëte n'impliquent point cette induction.

Ce qui vient à l'appui de cette explication, c'est la
phrase elle-même de Columelle bien comprise. En effet,
c'est avec le *Ligustrum* que les autres plantes sont atta-
chées (*nectens*), et l'on sait que les *Liserons* volubiles ont
une tige déliée et flexible comme une ficelle. D'après
cela, il faut construire, ce me semble, *Ligustro* avec
nectens, dont il serait le régime indirect, et non avec *per-*

mista. Ce dernier mot s'emploie ordinairement avec la préposition *cum*, qui ne peut jamais se placer après le verbe *nectere* pour marquer l'instrument. La construction de la phrase est donc : *Fer calathis Violam, et nectens Ligustro nigro Balsama permista cum Casiâ et corymbos croceos, sparge mero,* etc. On s'en convaincra si, en lisant ces deux vers, au lieu de laisser le mot *permista* devant *Ligustro*, on le fait passer après. Alors le sens se présente assez facilement. Cette phrase est un peu louche, à la vérité, mais on en rencontre dans tous les Poëtes et dans Virgile lui-même quelques-unes qui ne sont guère moins embarrassées, témoin, entre autres, celles des *Églogues* III, v. 39 et 45, et V, v. 83.

Si l'on donne au mot de *Ligustrum* la signification de *Troëne*, on se met dans la peine; car, où trouver un Troëne à fleurs bleues, puisqu'il n'en existe qu'une espèce dans la nature, qui a les fleurs blanches et qui est le Troëne commun ([1])? Quoi qu'il en soit, comme certains interprètes ne doivent rencontrer aucune difficulté qui les arrête, et celle-ci leur paraissant sérieuse, ils ont imaginé de dénaturer le texte sous prétexte de le corriger, et ont changé l'épithète de *nigro*, qui les gênait, en celle de *niveo*. Par ce changement, qui a été fort approuvé de plusieurs, ils ont tout bonnement substitué une fleur sauvage à une fleur cultivée, c'est-à-dire le Liseron des haies au Liseron des jardins. Et voilà comme on corrige parfois le texte des poëtes anciens !

____

([1]) Il faut pourtant dire qu'on en a découvert depuis peu une ou deux espèces nouvelles dans l'Inde ou le Japon. Mais elles ont aussi les fleurs blanches et n'ont pu être connues des anciens.

VACINIUM.   IRIS.   IRIS, Lin.

3. Vacinium *nigrum.* — Iris Germanique, Flambe. —
Iris germanica, Lin. (C).

Virgile :   Alba Ligustra cadunt, *Vaccinia* nigra leguntur. (*Égl.* II, v. 18.)

« *Bel enfant, ne sois pas trop fier de ton teint :* on laisse tomber de leur tige les Liserons, qui sont si blancs, tandis que l'on récolte les *Iris*, qui tirent sur le noir. »

Mollia luteolâ pingit *Vaccinia* Calthâ. (*Ibid.*, v. 50.)

« Elle (la Naïade) relève la couleur des tendres *Iris* par l'éclat du Souci doré. »

Et nigræ Violæ sunt, et *Vaccinia* nigra. (*Égl.* X, v. 39.)

« *Et qu'importe qu'Amyntas eût le teint hâlé ?* Les Violettes ont bien la couleur sombre et les *Iris* aussi. »

Ovide :   Nec te purpureo (¹) velent *Vaccinia* succo. (*Trist.* I, ı, v. 5.)

« *Petit livre,* que l'*Iris* ne te farde point de sa teinture de pourpre. »

Claudien :   Sanguineo splendore Rosas, *Vaccinia* nigro
Induit, et dulci Violas ferrugine pingit.
(L'*Enlèv. de Proserp.*, liv. II, v. 92, sq.)

« *Zéphyre* revêt la Rose d'une belle couleur de sang, l'*Iris* d'une teinte noirâtre, et donne une douce nuance de pourpre foncé à la Violette. »

(¹) Dans cette épithète, fort employée par les Poëtes, il faut voir une couleur d'*un bleu intense tirant sur le noir*. Les Latins, en effet, donnaient beaucoup d'extension à la signification du mot *purpureus*, et l'employaient pour désigner une couleur variant depuis l'*écarlate* jusqu'au *violet foncé* ou *noirâtre*, en passant par les diverses nuances du rouge, du rose, du vermeil, du roux, de l'azur, du brun, du sombre, du foncé, etc. Dans ce dernier sens, il avait pour synonyme l'adjectif *ferrugineus*. Le πορφύρεος des Grecs avait aussi une signification très étendue, comme nous le verrons plus loin.

PREUVES.

Synonymes. *Vacinium*, Pline, liv. XVI, ch. 31 ; Vitruve, *De l'Architect.*, liv. VII, ch. 14. — *Hyacinthus*, Plin., XXI, 17, 38 et 97 ; Columelle , *De l'Agricult.*, liv. IX, § 4 ; Palladius, *De l'Agricult.*, liv. 1, § 37. — *Iris*, Plin., XXI, 83 ; Pallad., I, 37. On le nommait en vieux français *Vaciet*. Le nom vulgaire de *Glaïeul (Gladiolus*, « petit glaive, petite épée ») lui a aussi été donné autrefois, à cause de la forme de ses feuilles. Les Grecs l'appelaient *Hyacinthos*, d'après Virgile , Dioscoride, Servius, etc., et selon le Glossaire de Philoxène, qui rend *Vacinium* par Ὑάκινθος, *Hyacinthe*, et celui de Cyrille, qui rend également le même mot par Ὑάκινθος, ἄνθος, *Hyacinthe, fleur*. Philoxène dit encore qu'il portait aussi en grec le nom de ἴον, ἄνθος, *Violette, fleur*, ou ἰόν μέλαν, *Violette noire*.

Le mot d'*Hyacinthus* est absolument le même, à la terminaison près, et a la même signification que celui de *Vacinium*. Le premier est grec, et celui-ci latin. C'est ce que Dioscoride nous apprend, en disant de l'*Hyacinthus* : « Les Romains l'appellent *Vacinium* » : Ὑάκινθος.. Ῥωμαῖοι Βακκονίον (1), *Romani Vacinium vocant*. Dioscor. *Notha*, c. 53. Néophyte dit aussi : Ὑωκινθος ῥωμαῖοι Βακκινίουμ. (1). Virgile, traduisant mot pour mot un vers de Théocrite, rend en latin l'un de ces noms par l'autre, de la manière suivante :

Καὶ τὸ ἴον μέλαν ἐντὶ, καὶ ἁ γραπτὰ Ὑάκινθος. (Théoc., *Idyl.* X, v. 28.)

(1) C'est le nom latin grécisé.

« La Violette a bien la couleur sombre, ainsi que l'*Hya-cinthe* écrite : »

Et nigræ Violæ sunt, et Vaccinia nigra. (Virgile, Égl. X, v. 39.)

Après l'autorité de Virgile et de Dioscoride (si toutefois les mots que j'ai cités comme de celui-ci lui appartiennent), il semble assez inutile d'ajouter que Servius dit sur le vers de Virgile de la 2ᵉ églogue : « Le *Vacinium* est une fleur d'une couleur noirâtre ; on l'appelle en grec *Hyacinthus* » : *Vacinium flos est nigri coloris, qui græcè Hyacinthus dicitur.* Il y dit aussi : « Les *Vacinia* sont de Violettes qui sont évidemment d'une couleur foncée » : *Vacinia sunt Violæ quas purpurei coloris esse manifestum est.* Il me serait facile de citer plusieurs autres autorités ; mais les témoignages qui précèdent sont plus que suffisants pour établir une concordance parfaite, que les étymologies viennent d'ailleurs pleinement confirmer.

Remarquons cependant que quoique les deux mots *Vacinium* et *Hyacinthus* soient synonymes, tous les *Hyacinthus* (et les anciens en connaissaient plusieurs espèces) n'étaient pas pour eux des *Vacinium*. L'autorité de Virgile nous oblige à ne faire concorder avec son *Vacinium* que l'*Hyacinthus écrit*, et non point l'*Hyacinthus* pris en général. La signification du premier mot doit donc se restreindre à une espèce particulière du second.

Étymologie. *Vacinium* signifie à la lettre *Violette* [1] *qui porte des* u *et des* a, absolument comme le mot *Hya-*

------

[1] Nous avons déjà vu, page 31, que le mot de *Violette* ne signifiait souvent pas autre chose chez les anciens que *fleur*, et même *grande fleur*.

cinthus, qui n'en diffère au fond que par la terminaison, et qui signifie aussi littéralement *Fleur qui porte des* u *et des* a. *Vacinium*, qu'on écrivait autrefois *Uacinium* (l'*u* étant tantôt consonne, tantôt voyelle, et servant pour les deux), est formé de la voyelle *u* changée ensuite en consonne ; de la voyelle *a*; de *cin*, première syllabe du verbe *cieo, cio*, primitivement *cino* (comme le verbe grec κινέω-κινῶ, semblable en tout), signifiant *pousser*, *produire, porter ;* et de *ion*, avec une terminaison latine, et signifiant *Violette*. Ce mot peut donc s'écrire à syllabes séparées, pour marquer ses composants, de la manière suivante, *U-a-cin-ium*, et doit, pris au rebours, se décomposer ainsi : *ium* (pour *ion*), Violette, *cin* (pour *cinens* ou κινοῦν), portant, *u* et des *u*, *a* et des *a*. Il ne faudrait pas intervertir, en suivant toujours dans le même sens, l'ordre des deux voyelles *u*, *a*, et dire *a, u ;* ce serait aller contre l'intime signification du mot et contre la vérité du fait, comme on en peut voir la preuve à l'article *Hyacinthus*. Cette étymologie nouvelle des deux mots *Vacinium* et *Hyacinthus* n'est pas du tout chimérique et vaine, ainsi qu'elle pourrait le paraître d'abord à quelques esprits légers : elle est, au contraire, d'autant plus certaine et d'autant plus importante, qu'elle fait parfaitement connaître la fleur dont il s'agit, qui était restée cachée jusqu'ici sous un double voile impénétrable.

Mais, me dira-t-on peut-être, vous n'écrivez *Vacinium* qu'avec un seul *c*, tandis que dans tous les poëtes il en a deux : qu'est devenu le second *c* dans votre étymologie ? Je réponds que cette objection n'offre pas une difficulté réelle. Tous les prosateurs, Pline, Vitruve et autres, dans les éditions les plus correctes, et les meilleurs dictionnaires latins, entre autres celui de Robert Estienne, écrivent *Vacinium* avec un seul *c*; orthographe, qui, du reste, s'est conservée en français dans le vieux mot *Vaciet*. Aussi est-il bien sûr que c'est ainsi qu'on doit l'écrire en prose. Si les poëtes mettent deux *cc*, c'est par une raison de quantité. On sait, en effet, que les poëtes redoublent souvent dans les mots la consonne qui suit la première voyelle lorsqu'elle est brève, et que par là ils rendent longue par position cette voyelle brève. C'est ainsi qu'ils écrivent *relligio, relliquiæ, repperit, rettulit, quattuor, quottidiè, redducit, reffugisse, reccido, succerda*, etc., pour *religio, reliquiæ, reperit, retulit, quatuor, quotidiè, reducit, refugisse, recido, sucerda*. C'est ainsi encore qu'on lit dans Homère πελεκκάω et πέλεκκον avec deux κκ au lieu d'un seul, comme venant de πέλεκυς. L'a de *Vacinium* avec un seul *c* serait bref. La preuve en est dans le mot *Hyacinthus*, qui a les mêmes racines que le premier, sauf la dernière syllabe, et dont les deux premières voyelles sont brèves en latin et en grec.

Pour que cette démonstration soit complète et ne laisse dans l'esprit aucun doute, il est nécessaire que l'ι soit long dans le verbe κινῶ, puisqu'il est long dans la syllabe *ci* de *Vacinium*. Or, c'est ce qui est évident, comme on peut s'en assurer dans Homère, *Il.* x, 158, xvi, 264, xvii, 200, etc. I est long aussi partout dans le verbe latin *cio*, pourvu qu'il ne soit pas suivi d'une voyelle.

Enfin, si l'on veut se convaincre pleinement que *Vacinium* et *Hyacinthus*, dont le premier s'est formé en latin sur le second, qui est purement grec, sont absolument le même mot, à la terminaison près, écrit différemment, on n'a qu'à écrire également l'un et l'autre en lettres latines et en lettres grecques, ou lettres équivalentes. Ainsi, pour représenter *Vacinium* en lettres grecques, il faut changer le *v* consonne en *u* voyelle, et rétablir ainsi l'*upsilon* grec avec son aspiration : en écrivant cet *upsilon* par la majuscule, ainsi formée Υ, et en le faisant précéder de l'H, qui remplace en latin l'esprit rude, signe d'aspiration, on a pour les deux premières syllabes, en ajoutant à celle-ci l'*a* suivant, *Hy-a*, et pour le mot entier, *Hy-a-cin-ium*, comme *Hy-a-cin-thus,* sauf la désinence.

Pour écrire, au contraire, *Hyacinthus* en lettres latines, il faut agir en sens inverse de ce que je viens de faire pour *Vacinium*, c'est-à-dire changer l'Υ et l'H, qui est son aspiration, en V (qui, du reste, est la même lettre que l'Υ grec sans son prolongement inférieur), et l'on aura *Va-cin-thus*, absolument comme *Va-cin-ium*. La seule différence donc qu'il y ait entre ces deux noms consiste dans leur terminaison, dont la première, abrégée du grec ἄνθος, signifie *fleur*, et la seconde *Violette*. Leur identité est bien certaine, et leur signification est la même, puisqu'ils expriment également l'un et l'autre une *fleur* ou une *Violette qui porte des* u *et des* a.

J'ai insisté un peu minutieusement sur l'étymologie de ces deux noms, pour faire comprendre toute l'importance des étymologies en général, qui, comme dit un savant (¹), *expliquent la chose signifiée et y mènent par*

(¹) Martinius, *Lexic. phil. et etym. præf.,* p. 3.

la main. J'ai eu aussi le dessein d'éclaircir un point de critique fort difficile, qui a donné lieu à bien des controverses et qui était resté jusqu'à ce jour indécis.

Mais quelle est donc cette Violette ou cette Fleur qui porte des *u* et des *a* écrits sur ses pétales? Je dis à l'article *Hyacinthus* que c'est notre *Iris germanique* (*Iris germanica*, Lin.); j'y prouve que cet *Iris* est bien la fleur qui porte des *noms de rois*, et que les interprètes qui ont cru que c'était le *Delphinium Ajacis* de Linné se sont évidemment trompés. J'y fais encore la remarque essentielle que ce ne sont pas des lettres minuscules qu'il faut chercher sur les pétales de l'*Iris*, mais les deux majuscules grecques ϒ, ᴀ, à peu près ainsi figurées, quoique moins régulièrement, et entremêlées de petits *iota* sous la forme de points allongés. Mais, puisque dans les vers que nous examinons, il n'est point parlé de lettres ni de noms de rois; puisque, d'un autre côté, il est bien reconnu maintenant que le *Vacinium* et l'*Hyacinthus* sont la même plante sous deux noms différents, et que ce que je pourrais dire ici du premier rentre nécessairement dans la discussion du second, je renvoie pour ces détails à l'article suivant, où on les trouvera tous rapportés et assez longuement expliqués.

Épithètes : *nigrum, molle :* « noirâtre, délicat. »

La signification de l'adjectif *niger*, appliqué à la couleur des fleurs, ne doit pas former ici une difficulté, puisque Virgile dit, au vers 39 de l'Églogue X, que le *Vacinium* est *noir* de la même manière que la Violette. Le mot *niger* signifie donc toujours, dans les cas semblables, *noirâtre*, d'un *violet foncé*, comme je l'ai expliqué à l'article *Ligustrum*, n° II ; car la Nature a voulu nous épargner la vue d'une fleur véritablement *noire*. La Scabieuse que nous appelons *Fleur de veuve* (*Scabiosa atropurpurea*, Lin.), et qui est une des fleurs communes les plus *noires*, n'a que la teinte d'un violet fortement chargé. Cette épithète convient donc parfaitement à *l'Iris germanique*.

Dans ce passage de l'Écriture : *Nigra sum, sed formosa* (¹), le mot *nigra* (dans le grec μέλαινα) ne veut pas non plus dire *noire* rigoureusement parlant, mais *brune* seulement, tels que sont les visages hâlés par le soleil. C'est, du reste, ce que dit l'Épouse du Cantique dans le verset suivant : ..... *Fusca sum, quia decoloravit me sol :* « Je suis *brune*, parce que le soleil m'a terni le teint. »

Pour conserver l'antithèse, il m'a fallu opposer, dans ma traduction, le *noir* au *blanc*, comme Virgile. Le poëte a exagéré sans doute à dessein l'expression de la couleur, pour mieux relever le mérite de cette fleur, qui, quoique *noire*, est préférée au Liseron, symbole de la blancheur.

Quant à l'épithète de *molle* (*mollia*), les traducteurs qui l'ont appliquée à la couleur du *Vacinium* se sont trompés ; c'est à la délicatesse de cette fleur qu'elle se rapporte. Elle est, en effet, si délicate, qu'il est difficile de toucher ses pétales sans les flétrir. Servius exprime cette pensée par un mot charmant et aussi d'une manière très délicate : *mollia autem*, dit-il, *tactûs plumei scilicet*, *d'un toucher de plume*, c'est-à-dire à ne pouvoir être touchés que bien légèrement.

(¹) Cant. I, 4.

Circonstances. Il s'agit d'une fleur que le berger Corydon met en opposition avec le Liseron. Elle doit être, comme le Liseron, grande, belle, commune et connue de tout le monde, pour qu'elle mérite d'entrer en comparaison avec lui, et que ce berger la connaisse. Or, l'*Iris germanique* croît assez communément entre les rochers sur les montagnes, dans les lieux où les bergers conduisent leurs troupeaux. Ses fleurs sont très grandes, très belles, et parfaitement connues de tous les habitants des campagnes. Nos paysans donnent à cet *Iris* le nom patois de *Liré fol* ou *Liré blu*, *Lis sauvage* ou *Lis bleu*, et le cultivent assez souvent dans leurs jardins. Outre le nom de *Violette*, Servius lui donne aussi, après les Grecs, celui de *Lis* ([1]). Au rapport de Stapel, un ancien lexique grec dit que l'*Hyacinthe* portait le nom de *Lis bleu*.

Le *Ligustrum* s'appelait communément, chez les Grecs, *Violette blanche*, et le *Vacinium Violette noire*. Remarquez l'opposition : elle est dans les termes comme dans les choses. Le contraste est parfait et de la plus grande exactitude dans le vers de Virgile. Il en est de même entre le Liseron et l'*Iris*.

Virgile dit dans le même vers qu'on recueillait les fleurs du *Vacinium*, *leguntur*. Il s'agit là de la récolte des fleurs

---

([1]) Ce nom de *Lis* a été donné par les anciens, comme celui de *Violette*, à plusieurs grandes et belles fleurs. C'était, comme l'autre, un terme assez général, qu'ils ont appliqué à la fleur même de la Calebasse, si l'on en croit Suidas, ainsi qu'à quelques petites fleurs blanches à racine bulbeuse : nous en verrons à l'article du *Lis* un exemple frappant tiré de Théocrite. Ils en usaient ainsi par analogie ou par une simple ressemblance de couleur, d'odeur, de forme, de grandeur, etc.

de cet *Iris*, qui était cultivé en grand pour la teinture.
Pline nous apprend, en effet, qu'on cultivait le *Vacinium* en Italie et dans les Gaules pour en extraire une
couleur de pourpre ou bleu foncé, dont on se servait principalement pour teindre les habits des esclaves. Vitruve
enseigne à faire cette couleur. « En traitant, dit-il, le
Vacinium de la même manière (que la Violette, dont il
vient de parler), et en versant du lait dans le mélange, on en obtient une pourpre élégante : » *Eâdem
ratione Vacinium temperantes et lac miscentes, purpu-
ram faciunt elegantem* (¹). Cela explique le *purpureo
succo* du vers d'Ovide. Voici le passage de Pline : « Il
faut de même des *lieux humides au Vacinium*, cultivé
en Italie, où il est employé par les marchands d'esclaves, et dans les Gaules, où l'on en fait une pourpre servant à la teinture des vêtements des esclaves: » *Item
Vacinia, Italiæ mancupiis sata, Galliæ verò etiam purpuræ tingendæ causâ ad servitiorum vestes* (²). Plus loin,
il dit : « L'*Hyacinthe* croît surtout dans la Gaule, où elle
est employée pour la teinture écarlate nommée *hysgine* (³). La racine est bulbeuse et fort connue des mar-

(¹) *De Architect.*, lib. VII, ch. 14.

(²) *Hist. nat.*, liv. XVI, ch. 31 (édit. Dubochet).

(³) La couleur *hysgine* est un *violet foncé* ou un *bleu noirâtre*. Elle paraît
être ce que Pline appelle *mixtura purpuræ cœruleique*, « un mélange de
pourpre et de bleu. » Cette couleur était extrêmement aimée des anciens :
rubens color, dit Pline, *nigrante deterior*. Elle était si recherchée, qu'il raconte que pour l'obtenir dans les étoffes, on chargeait d'une teinture de
pourpre de Tyr celles qui étaient déjà teintes avec l'écarlate.

La couleur *hysgine* et la couleur *améthyste* devaient être voisines. L'éclat
violacé, plus vif dans la dernière, en faisait sans doute la différence. Selon
Pline, une variété de celle-ci approche de la couleur de l'hyacinthe (pierre).
(Liv. XXXVII, ch. 40.)

chands d'esclaves : appliquée avec du vin doux, elle
arrête la marche et retarde les signes de la puberté
(*Traduct. de M. Littré*). » *Hyacinthus in Galliâ maximè
provenit. Hoc ibi fuco hysginum tingunt. Radix est bulbacea, mangonicis venalitiis pulchrè nota : quæ è vino
dulci illita, pubertatem coercet, et non patitur erumpere* (¹). La première de ces deux phrases, qui lui appartient en propre, rentre et se fond, comme on le voit,
dans la seconde, qui n'est qu'une copie de Dioscoride,
qu'il ne cite jamais.

Pluche me fournit un passage précieux qui éclaircit
singulièrement la question. Après avoir parlé de la teinture en pourpre qu'on tirait autrefois de plusieurs coquillages, il ajoute : « On employait les mêmes matières pro-
» venues des coquillages, pour teindre le Lin en *violet*,
» de différentes manières..... Tout ce qu'on travaillait
» de cette sorte était toujours fort cher. Pour épargner
» l'achat et les apprêts des coquillages, on apprit à teindre
» le Lin en *bleu* et en *violet* avec le suc d'*Hyacinthe*. La
» pierre précieuse de ce nom n'y était d'aucun usage,
» non plus que la confection où l'on fait entrer cette
» pierre, après l'avoir exactement broyée.

» L'Hyacinthe que nous appelons *Jacinthe*, et que nous
» cultivons comme une des belles fleurs du printemps, n'y
» entrait non plus pour rien. L'*Hyacinthe* véritable qu'on
» employait pour teindre la toile, était la fleur de notre
» *Glaïeul* ou *Iris*, que les Grecs nommaient *Hyacinthos*,
» et que les Latins nommaient *Vacinium* (²). Le suc de

____

(¹) *Hist. nat.*, liv. XXI, ch. 97.
(²) Voy. Salmas. *in Solin.*, 1222.

» ses grandes fleurs est abondant, et teint en un *bleu*
» *noirâtre*, qui acquiert ensuite celui de la Violette. Les
» enfants se sont toujours fait un jeu de cette épreuve.
» Le Lin en a pris chez les Grecs le nom d'*hyacin-*
» *the* (¹). »

On voit donc qu'on peut tirer en grand des pétales de
l'*Iris germanique* une teinture semblable à celle qui est
attribuée par les anciens au *Vacinium* et à l'*Hyacinthe*.
Pour qu'il ne reste dans l'esprit du lecteur aucun doute,
je citerai encore la *Revue encyclopédique* (juillet 1823,
p. 207), où il est dit : « Le professeur Ormstead, de
» l'Université de la Caroline du Nord, a reconnu que les
» pétales de l'*Iris* de jardin ou *Lis bleu* donnent une
» teinture supérieure à *tous les bleus connus*. On la rougit,
» comme le Tournesol, en y faisant circuler un courant
» de gaz acide carbonique. Cette plante est plus conve-
» nable pour la teinture que la Violette, par la quantité
» de suc colorant que fournit chacune de ses fleurs ; et
» l'on assure que la couleur qu'elle produit est plus
» belle (²). »

Si cette concordance de propriété entre le *Vacinium*,
l'*Hyacinthus* et l'*Iris germanique* n'est pas pour ces trois
noms une preuve concluante de l'identité de sens, on doit
reconnaître au moins qu'en l'absence de plus grandes
preuves, elle serait une très forte présomption. Or, comme
il n'est plus possible de douter que ces trois noms ne
désignent une seule et même plante, une seule et même

(¹) *Concorde de la géogr. des diff. âges*, liv. II, ch. 10, p. 261.
(²) **Voy.** *Nouveau Dictionn. des origines*, par Noël et Carpentier, au mot
Iris.

fleur, on ne doit pas s'étonner qu'à propos de teinture, il s'agisse toujours pour tous de la même couleur.

Je reviens maintenant à Pline, dont la première phrase citée plus haut fait bien peu connaître le *Vacinium*, et, de plus, donne une fausse indication pour l'*habitat*, comme je l'ai remarqué au sujet du *Ligustrum*. Il faut aussi l'admirer d'y avoir rangé cette plante herbacée parmi les grands arbres ; *ineptè*, dit le savant botaniste Stapel. Il est sûr que si Pline avait connu la plupart des plantes dont il parle, il les aurait décrites différemment. Du reste, il s'agit ici d'autre chose. En lisant les deux citations de lui que j'ai données, il se présente naturellement à l'esprit une réflexion très importante. Ce naturaliste, en parlant de l'*Hyacinthus*, répète à peu près sur cette plante ce qu'il avait déjà dit du *Vacinium*, pour ce qui regarde son lieu natal, la teinture qu'il fournissait, et les marchands d'esclaves, qui l'employaient. Il donne, en un mot, à ces deux plantes les mêmes caractères et les mêmes propriétés, et semble de ces deux noms n'en faire qu'une seule. Pourquoi donc Pline, qui a compilé de tous côtés tant de noms et qui a dit tant de choses, n'a-t-il pas dit que le *Vacinium* était la même plante que l'*Hya-cinthus?* Il aurait épargné à ses successeurs bien des embarras et des recherches. Est-ce ignorance de sa part, ou plutôt distraction et oubli ? Ce qu'il y a de sûr, c'est qu'on peut induire avec beaucoup de raison de cette négligence, qui est manifeste et incontestable, qu'il en a été de même du *Ligustrum*. Ce n'est donc pas sans sujet que j'ai appliqué à Pline une célèbre épithète d'Homère, et que je l'ai appelé, dans ma Préface, *un assembleur de nuages.*

Il me reste à citer un passage de Palladius qui concourt pour beaucoup à établir l'identité de signification entre l'*Hyacinthus* et l'*Iris*. En parlant des plantes à fleurs qui doivent être placées dans le voisinage des abeilles, il dit : « Il y aura, en fait d'herbes, de l'Origan, du Thym, du Serpolet..... de cette *Hyacinthe* que l'on appelle *Iris* ou *Glaïeul*, à cause de la ressemblance de ses feuilles avec un petit glaive, du Narcisse, du Safran, etc. » : *Herbas nutriat Origanum, Thymum, Serpyllum....... Hyacinthum* (¹) *qui Iris vel Gladiolus dicitur similitudine foliorum, Narcissum, Crocum,* etc. (²). Ces paroles sont bien claires.

On peut ajouter à cela le témoignage de Nicandre : « L'*Iris* à grosses racines, dit-il, n'offre aucune différence de ressemblance (³) avec l'*Hyacinthe née du sang d'Ajax* (⁴). »

Ἴρις δ'ἐν ῥίζῃσι ἀγαλλιάσῃ δ'Ὑακίνθῳ
Αἰαστῇ προσέοικε (⁵).

(¹) Le texte que j'ai sous les yeux porte après le mot *Hyacinthum* une virgule, qui en généralise le sens. C'est à tort évidemment : car, de même que le *Vacinium* ne doit se rapporter qu'à une seule espèce d'*Hyacinthus*, de même cet *Hyacinthus* ne doit se rapporter ici qu'à une seule espèce d'*Iris*. On a pu néanmoins dans la suite en étendre le sens à plusieurs.

(²) *De Agricult.*, lib. 1, § 37.

(³) On pourrait traduire à la rigueur : « L'*Iris n'est pas différent de l'Hyacinthe,* » car *être semblable en tout,* c'est ordinairement *être la même chose,* quant à la nature et à la forme. C'est dans ce sens que nous disons qu'une goutte d'eau est *parfaitement semblable* à une autre goutte d'eau, ou qu'elle est *une seule et même chose avec elle,* quoique, au fond, l'une ne soit pas l'autre.

(⁴) Dans Athénée, liv. XV, p. 683 ; et Nicand., *Fragm.* II, v. 31, sq. (éd. Didot).

(⁵) Des éditeurs modernes ont changé le texte dans cet endroit sous prétexte de le corriger, de telle manière qu'ils font dire à Nicandre que l'*Iris*

Ici le sens des mots se particularise. C'est l'*Iris à grosses racines* qui est mis en rapport avec l'Hyacinthe *née du sang d'Ajax*, c'est-à-dire avec l'*Hyacinthe écrite* du poëte de Syracuse. Or cet *Iris à grosses racines* désigne une espèce bien voisine de l'*Iris germanique*, qui, tout le monde le sait, a les siennes fort grosses.

Stapel rapporte qu'un ancien Lexique grec dit que l'*Hyacinthe* portait le nom de *Lis bleu* : Ὑάκινθοι, τὰ Κρίνα μέλανα. D'un autre côté, le *Lis bleu* était appelé *Iris*, suivant Néophyte : τὸ πορφυροῦν Κρίνον, ὅ καὶ Ἶρις λέγεται, « le *Lis bleu*, auquel on donne aussi le nom d'*Iris*. »

Si on consulte les dictionnaires latins et les lexiques grecs modernes, quelques-uns seulement, parmi les meilleurs, donnent un commencement de vérité. On y lit, au mot *Vacinium* : « Fleur qui est autrement appelée *Hyacinthe* ; — *Fleur d'Hyacinthe*, plante ; — Jacinthe, fleur ; — *Vaciet*, ou *Hyacinthe*, fleur ; etc. » Tous rendent ce mot latin par le grec Ὑάκινθος. Pour la signification de ce dernier nom, on trouve : « *Hyacinthe*, ou Jacinthe, fleur autre que celle qui porte ce nom parmi nous et sur laquelle les anciens lisaient les lettres ΥΑ ou ΑΙ ; et puis, avec un point de doute, *Glaïeul*, *Iris* ou Pied-d'alouette ; — *Hyacinthe*, probablement le *Lis bleu gladié*, *Iris*, *Glaïeul* (*Iris germanica* de Linn.), ou la Spéronelle (Pied-d'alouette). Cette fleur n'a rien de commun avec notre

---

ressemble parfaitement à l'*Hyacinthe* par ses *racines*, tandis que ce poëte veut dire que c'est par ses *fleurs*, indépendamment du reste. C'est comme cela que l'on corrige les passages qu'on ne comprend pas. Le savant Casaubon s'était abstenu de toucher à celui-ci.

*Hyacintheo*u Jacinthe ; etc. » C'est approcher bien près de la vérité.

Madame Dacier , en parlant de la couleur des cheveux d'Ulysse, qu'Homère compare à celle de la fleur d'*Hyacinthe*, donne cette explication : « C'est-à-dire d'un *noir ardent*, comme l'*Hyacinthe* des Grecs, qui est le *Vacinium* des Latins, et *notre Glaïeul*, dont la couleur est d'un pourpre enfumé ; c'est pourquoi Théocrite l'appelle *noir* (¹). » Puis elle cite le vers de Théocrite, et celui de Virgile qui en est la traduction, en y mêlant quelques réflexions fort justes. On est toujours étonné de la science de cette femme.

Que le *Vacinium* des Latins soit donc un *Hyacinthus* des Grecs, c'est une vérité surabondamment prouvée par le témoignage de Virgile, de Dioscoride, de Servius, de Pline lui-même, de Ruel, de Pluche, de Stapel, de Saumaise, et autres, sans parler de l'étymologie ; et que cet *Hyacinthus* soit, de son côté, un *Iris bleu à grandes fleurs et à grosses racines*, c'est ce que démontrent clairement aussi les citations de Nicandre, de Palladius, de Pluche, etc., que j'ai mises sous les yeux du lecteur.

Il me reste maintenant à prouver que cet *Iris* est bien notre grand *Iris* ou *Iris germanique*, et que cette plante remplit à tous égards les conditions exigées par les caractères qui nous sont présentés par les poëtes en parlant du *Vacinium* : fleur belle, grande, à haute tige, commune et bien connue, croissant naturellement sur les rochers et dans les pâturages élevés où les bergers condui-

---

(¹) Remarques sur l'Odyss., liv. VI, p. 114.— Voy. aussi ses remarques sur l'Ode XXVIIIᵉ d'Anacréon.

sent leurs brebis, d'une couleur noirâtre ou bleu foncé, donnant une teinture, et pouvant être noblement opposée, sous un rapport contraire quant à sa couleur, au brillant Liseron.

Comme l'*Hyacinthus* auquel répond cet *Iris* portait des caractères d'écriture, suivant les poëtes grecs et latins, il faudra que je montre aussi qu'il porte les mêmes caractères et qu'il peut satisfaire à tout. D'après ce qui précède, il n'en est pas moins démontré dès à présent, je pense, pour le lecteur, que le *Ligustrum* des poëtes latins est notre *Liseron des haies*, et leur *Vacinium* notre *Iris germanique*. Il serait maintenant bien difficile d'en douter. Et comme il n'est nulle part question de ces caractères d'écriture au sujet du *Vacinium*, ici pourrait se terminer ma tâche sur ce qui regarde le vers si justement célèbre de Virgile que nous venons d'examiner (¹).

Quant aux diverses opinions qui ont été émises sur le *Vacinium*, peu de paroles seront nécessaires pour réfuter les plus reçues. Il suffira de dire que les plantes auxquelles on l'a rapporté doivent présenter les caractères suivants, qui nous sont fournis par les poëtes : 1° avoir une fleur *assez grande* et *assez commune* pour être remarquée et connue de tout le monde, et par conséquent des bergers ; 2° *assez belle* pour pouvoir être mise en regard

---

(¹) On peut remarquer, en passant, que le savant Érasme, ni aucun autre compilateur d'adages latins n'ont voulu insérer ce vers parmi leurs *Proverbes*, probablement pour n'avoir pas à dire ce que c'est que le *Ligustrum* et le *Vacinium*. Cependant, ces deux belles fleurs, mises en opposition avec leurs couleurs contraires et un sort si différent, forment pour la beauté humaine un très noble sens allégorique, et sont, par conséquent, bien plus dignes de figurer dans ce vers comme proverbe, qu'une foule d'autres pensées qu'ils ont admises facilement.

avec le grand Liseron ; 3° d'une couleur *noirâtre* ou *bleu foncé*, donnant une belle *teinture en grand*, suivant Vitruve et Pline ; j'ajoute, et 4° *croître sur les montagnes*, d'après Théocrite , qui le dit textuellement dans son *Idylle du Cyclope*, comme nous le verrons bientôt.

Or, ni la petite Jacinthe à grappe appelée par Linné *Hyacinthus racemosus*, et qui est commune dans les terres cultivées, petite fleur globuleuse si peu digne d'attention et si méprisée ; ni le Myrtille (*Vaccinium Myrtillus*, Lin.), petit arbrisseau, dont les fleurs sont très petites aussi, d'un rouge clair, et fort peu remarquables, rare d'ailleurs partout et ne venant bien que dans les bois des hautes montagnes ; on peut ajouter, ni aucune autre espèce de ces deux genres *Hyacinthus* et *Vaccinium* de Linné, ne peuvent remplir les conditions que je viens d'exposer. Peut-on retrouver là l'*Hyacinthe écrite* du poëte grec que Virgile a traduite par *Vacinium ?* Où sont ces caractères d'écriture dont les anciens ont tant parlé ? Quant à la couleur, si l'on prétend qu'il s'agit, pour le Myrtille, de sa *baie* et non de sa fleur, ou que *Vacinium* exprime la *baie* du Troëne, je dirai seulement que cette idée-là est bien peu poétique, bien peu digne de Virgile, et je laisserai répondre pour moi Stapel : *C'est plaisanter*, dit-il, *que d'avancer une pareille chose. Le poëte unit toujours le Va*cinium *à des fleurs* (¹). Servius dit aussi : « Le poëte fait une comparaison tirée des fleurs, à la manière des bergers et des amants » : *Et rusticè et amatoriè ex floribus facit comparationem.* Serv. *l. c.* Voyez HUAKINTHOS.

(¹) *Nugantur, qui pro* Vacinio *habent baccas Ligustri…. Poeta semper floribus jungit* Vacinium. (Théophr., *Hist. plant.* liv. VI, Notes, p. 712.)

ΎΆΚΙΝΘΟΣ [HUAKINTHOS (¹)]. HYACINTHE, IRIS. IRIS, Lin.

4. ΎΆΚΙΝΘΟΣ μέλαινα. — Iris germanique, Flambe. —
Iris germanica, Lin. (C).

Homère : Τοῖσι δ' ὑπὸ Χθὼν δῖα φύεν νεοθηλέα ποίην,
Λωτόν θ' ἐρσήεντα, ἰδὲ Κρόκον, ἠδ' Ὑάκινθον
Πυκνὸν καὶ μαλακόν, ὃς ἀπὸ χθονὸς ὑψόσ' ἔεργε.
(*Iliad.*, ch. XIV, v. 347 et suiv.) (²).

(¹) Si j'écris Huakinthos avec un *U* et non un *Y*, c'est pour éviter un changement de lettres qui diffèrent essentiellement et pour la forme et pour le son. Voulant reproduire les noms grecs en caractères français similaires, je ne puis remplacer dans celui-ci l'*Y* des Grecs par notre *Y*, car cette voyelle était un *U* chez les Grecs, tandis que chez nous elle est un *I*. Cette substitution d'une lettre à une autre, d'un son tout différent, est pourtant autorisée en français par l'usage, qui a prévalu en pareil cas depuis longtemps ; mais il est facile de voir qu'elle n'en est pas moins très illogique. On change, en effet, par là, dans tous les mots grecs où entre l'*upsilon*, la forme et la prononciation tout à la fois, c'est-à-dire que ces mots ne sont plus les mêmes en français ni pour l'oreille ni pour les yeux.

Si c'en était ici le lieu, je dirais que tout semble annoncer que la faute en est d'abord aux Latins, et puis à la corruption de la langue grecque. Les Latins, voulant faire passer dans leur langue le son de l'*upsilon*, qu'ils n'avaient pas et qu'ils trouvaient extrêmement doux, suivant Quintilien, écrivaient d'abord les mots tirés du grec avec cet *upsilon* ainsi formé *Y* ou *y*, ne pouvant le faire avec leur *u*, qui se prononçait *ou*. Mais cet *y* ne tarda pas à éprouver diverses transformations. Il devint successivement un *v* voyelle par la suppression de sa tige (et même un *v* consonne, témoin le mot ΔΑΥΙΔ, *David*, et autres), et enfin un *u*, avec lequel ce *v* voyelle est resté longtemps confondu. C'est ainsi qu'on trouve quelques mots latinisés écrits de trois manières différentes, par exemple, *Syria*, *Svria* et *Suria* : et comme le *v* servait à la fois de voyelle et de consonne, il en fut de même de l'*u*, qui n'en différait que par la forme ; ainsi l'on écrivait *uultus*, *seruus*, *sylua*, pour *vultus*, *servus*, *sylva*. Puis le vice de prononciation qu'on appelle *iotacisme* vint augmenter encore cette confusion, en donnant le son de l'*I* à plusieurs voyelles et diphthongues qui avaient eu jusque-là un son tout différent. Alors se perdit la véritable prononciation de l'*u* grec, qui est exactement la même que celle du nôtre.

(²) En rappelant ce passage dans une lettre à sa femme, Philostrate dit :

« Aussitôt, sous ces divinités, la Terre bienfaisante produit une herbe nouvelle couronnée de fleurs, le délicat Mélilot, le Safran et une couche épaisse de tendres *Iris*, qui les soutient et les sépare du sol. »

. . . . Κὰδ δὲ κάρητος
Οὔλας ἧκε κόμας, Ὑακινθίνῳ ἄνθει ὁμοίας (¹).
(*Odyss.*, ch. VI, 230 et s., et XXIII, 158 et s.)

« La chevelure du héros descend de sa tête en boucles ondoyantes d'une couleur semblable à la fleur de l'*Iris*. »

Παίζομεν, ἠδ' ἄνθεα δρέπομεν χείρεσσ' ἐρόεντα,
Μίγδα Κρόκον τ' ἀγανὸν, καὶ Ἀγαλλίδας ἠδ' Ὑάκινθον,
Καὶ Ῥοδέας κάλυκας καὶ Λείρια, θαῦμα ἰδέσθαι,
Νάρκισσόν θ', ὃν ἔφυσ', ὥσπερ Κρόκον, εὐρεῖα χθών.
(*Hymn. à Cérès*, IV, v. 425 et s.).

«Nos mains cueillaient pêle-mêle, en se jouant, mille fleurs agréables, l'aimable Safran, le Glaïeul, l'*Iris*, la Rose à peine entr'ouverte, le Lis, que l'œil contemple toujours avec admiration, et le Narcisse, qui, comme le Safran, venait de sortir du vaste sein de la terre. »

Μέλπονται (αἱ Νύμφαι)
Ἐν μαλακῷ λειμῶνι, τόθι Κρόκος ἠδ' Ὑάκινθος
Ἐυώδης θαλέθων καταμίσγεται ἄκριτα ποίῃ.
(*Hymn. à Pan*, XVIII, 20-25 et s.)

« Les Nymphes dansent dans une molle prairie, où les fleurs à la douce odeur du Safran et de l'*Iris* se mêlent abondamment à l'herbe. »

« Ces fleurs, par leur douce odeur, portaient Jupiter à dormir : Οἱ δὲ ἐδέοντο καθεύδειν τὸν Δία. » Dioscoride (liv. I, c. 1), et Pline (liv. XXI, c. 83) disent, en parlant de l'*Iris* : « ..... il procure le sommeil, *somnum con_ciliat.* »

(¹) J'ai cité, vers la fin de l'article précédent, la note de madame Dacier sur ces vers d'Homère, note où elle annonce que l'*Hyacinthe* des Grecs était le *Vacinium* des Latins et notre *Glaïeul* (c'est-à-dire notre *Iris*). Elle en dit autant sur le vers 7 de l'*Ode* XXVIIIe d'Anacréon.

Cette comparaison de la couleur des cheveux à celle de l'*Iris*, faite pour la première fois par Homère, a été souvent répétée par les écrivains qui sont venus après lui, comme nous le verrons.

Au lieu de l'*Iris*, Pindare tire la même comparaison de la Violette, et

Stasinus? :   Εἵματα μὲν χροιᾶς τότε οἱ Χάριτές τε καὶ Ὦραι
              Ποίησαν καὶ ἔβαψαν ἐν ἄνθεσιν εἰαρενοῖσιν,
              Οἷα φορεῦσ' Ὦραι, ἔν τε Κρόκῳ, ἔν θ' Ὑακίνθῳ,
              Ἔν τε Ἴῳ θαλέθοντι, Ῥόδου τ' ἐνὶ ἄνθεϊ καλῷ, κ. τ. λ.
                                (*Cicli Fragm.*, IX, 14, *in Homer.*, éd. Didot.)

« Les Grâces et les Heures lui firent un vêtement ; et, tel que
sont ceux que portent les Heures, elles le teignirent dans les
couleurs des fleurs du printemps, dans celles du Safran,. de
l'*Iris*, de la Violette, de la belle Rose, etc. »

Sapho :   Φασὶ δή ποτε Λήδαν Ὑακίνθινον
              Πεπυκαδμένον ᾦον εὑρῆν.   (*Fragm.*, 56.)

« On assure qu'un des œufs de Léda avait la couleur de
l'*Iris* (¹). »

Théognis :   Οὔτε γὰρ ἐκ Σκίλλης Ῥόδα φύεται, οὐδ' Ὑάκινθος,
              Οὔτε ποτ' ἐκ δούλης τέκνον ἐλευθέριον (²).   (*Sent.*, v. 537 et s.)

« Comme la Rose et l'*Iris* ne viennent pas sur la Scille, ainsi
l'enfant aux sentiments nobles ne naît point d'une femme
esclave. »

Anacréon :   Ὑακινθίνῃ με ῥάβδῳ
              Καλεπῶς Ἔρως ῥαπίζων
              Ἐκέλευε συντροχάζειν.   (*Ode* VII, v. 1 et s.)

« L'Amour, me frappant rudement d'une baguette d'*Iris*, me
forçait de courir avec lui. »

              Στεφανίσκους δ' Ὑακίνθων
              Κροτάφοισιν ἀμφιπλέξας
              . . . . ἀθύρειν
              Φιλέω μάλιστα πάντων.   (*Ode* XLII, v. 5 et s.)

« Le front entouré d'une couronne d'*Iris*, j'aime avant tout
à folâtrer. »

dit Ἰοβόστρυχον ou Ἰοπλόκαμον (*Olymp. Od.* VI. v. 50) : « Une chevelure
bouclée *couleur de Violette*. » Sous le rapport de la couleur l'*Hyacinthus* est
toujours associé par les poëtes à la Violette. L'expression de Pindare revient
donc au même que celle d'Homère et a absolument le même sens.

(¹) J'ai jugé inutile de traduire plus fidèlement ces deux vers.

(²) Le savant Érasme cite ces deux vers dans ses *Adages* (*Chil.* II,
cent. III, 93). Il dit ce que c'est que la *Scille*, mais il n'a pas osé aborder
l'explication de l'*Hyacinthe*.

Euripide :   . . . . Ὅθι κρῆναι
                Νυμφᾶν κεῖνται,
        Λειμών τ’ ἄνθεσι θάλλων γλοεροῖς, καὶ Ῥοδόεντ’
        Ἄνθε’ Ὑακίνθινά τε θεαῖς δρέπειν.
                        (*Iphig. en Aul.*, v. 1294 (1304) et s.)

« .... Aux lieux où coulent les fontaines consacrées aux Nymphes, où une verdoyante prairie se pare de fleurs toujours fraîches, et où naissent la Rose et l’*Iris*, pour être cueillis par la main des déesses. » (*Trad. de M. Artaud.*)

Euphorion :   Πορφυρέη, Ὑάκινθε, σὲ μὲν φάτις ἐστιν ἀοιδῶν
        Ῥοιτείης ἀμάθοισι δεδουπότος Αἰακίδας
        Εἴαρος ἀντέλλειν, γεγραμμένα κωκύουσαν.
                        (*Scol.* sur Théocr., *Idyl.* X, v. 28.)

« Bel *Iris* aux nuances de pourpre, les poëtes publient que tu naquis du sang d’Ajax lorsqu’il tomba percé de son épée sur le promontoire poudreux du Rhété, et que tu exprimes sa douleur par un mot de gémissement écrit sur tes pétales. »

Théocrite :   Καὶ τὸ Ἴον μέλαν ἐντί, καὶ ἁ γραπτὰ Ὑάκινθος·
        Ἀλλ’ ἔμπας ἐν τοῖς στεφάνοις τὰ πρῶτα λέγονται.
                        (*Idyl.*, X, v. 28 et s.)

« La Violette a bien la couleur sombre, ainsi que l’*Iris* écrit; cependant ce sont les fleurs que l’on cueille les premières pour en faire des couronnes. »

        Ἦνθες ἐμᾷ σὺν ματρί, θέλοισ’ Ὑακίνθινα φύλλα
        Ἐξ ὄρεος δρέψασθαι (¹).   (*Idyl.*, XI, v. 26 et s.)

« Tu vins avec ma mère, pour cueillir des pétales d’*Iris* sur la montagne. »

(¹) On peut faire sur cette citation de Théocrite une remarque qui peut avoir ici son importance.

J’ai prouvé, en parlant du *Vacinium*, que ses fleurs étaient employées pour la teinture. Ici nous voyons qu’il est question de ces mêmes fleurs sous le nom d’*Hyacinthus*. Or, les deux verbes du dernier membre de la phrase ne disent pas que Galatée et sa compagne allassent cueillir sur la montagne quelques fleurs d’*Iris* seulement pour s’en parer; ils font assez clairement entendre qu’il s’agit ici d’une cueillette en grand. Δρέπομαι, *lego*, c’est *cueillir en grand nombre, recueillir, récolter*. Lorsque Théocrite fait cueillir

Ἐν ποκ' ἄρα Σπάρτα, ξανθότριχι παρ Μενελάω,
Παρθενικαὶ θάλλοντα κόμαις Ὑάκινθον ἔχουσαι,
Πρόσθε νεογράπτω θαλάμω χορὸν ἐστάσαντο.
(Idyl. XVIII, v. 1 et s.)

. « Jadis à Sparte douze vierges, la tête ornée d'une couronne d'Iris, se rassemblèrent près de la chambre nuptiale récemment décorée, dans le palais du blond Ménélas. »

Moschus :   Τῶν ἡ μὲν Νάρκισσον εὔπνοον, ἡ δ' Ὑάκινθον,
Ἡ δ' Ἴον, ἡ δ' Ἕρπυλλον ἀπαίνυτο.   (Idyl. II, v. 65 et s.)

« Quand elles furent entrées dans ces prés émaillés de fleurs, chacune de ces jeunes filles s'attacha à celle qui lui plaisait le plus : l'une cueille le Narcisse odorant, l'autre l'Iris, celle-ci la Violette, celle-là le Serpolet. »

Νῦν, Ὑάκινθε, λάλει τὰ σὰ γράμματα, καὶ πλέον Αἲ, Αἲ,
Λάμβανε σοῖς πετάλοισι.   (Idyl. III, v. 6 et s.)

« Fais gémir maintenant, ô Iris, tes lettres funèbres, et grave plus que jamais tes hélas ! hélas ! sur tes pétales. »

Pancratès :   Οὐλὴν Ἕρπυλλον, λευκὸν Κρίνον, ἤδ' Ὑάκινθον
Πορφυρέην.   (Dans Athénée, Déipn., liv. XV, p. 677.)

« Le grêle Serpolet, le Lis blanc, l'Iris aux nuances de pourpre. »

Nicandre :   . . . . Ὑπάμνοον.....
. . . . . . καρπόν τε πολυθρήνου Ὑακίνθου,
Ὃν Φοῖβος θρήνησεν, ἐπεὶ ῥ' ἀεκούσιος ἔκτα
Παῖδα, βαλὼν προπάροιθεν Ἀμυκλαίου ποταμοῖο,
Πρωθήβην Ὑάκινθον, ἐπεὶ σόλος ἔμπεσε κόρσῃ
Πέτρου ἀφαλλόμενος, νέατον δ' ἤραξε κάλυμμα.
(Thér., v. 901 et s.)

« Cueille aussi la fleur plaintive d'Hyacinthe, qui fit tant couler les larmes d'Apollon, lorsque, sur les bords de l'Euro-

des fleurs pour un bouquet seulement ou pour une couronne, il emploie le verbe λέγω, comme dans les vers de la première citation. C'est donc dans l'intention (θέλοισα) de faire provision de ces fleurs que Galatée alla sur la montagne. Il y aurait alors identité de sens et d'expressions entre l'Ὑακίνθινα φύλλα δρέψασθαι de Théocrite et le Vaccinia nigra leguntur de Virgile.

tas (¹), son disque détourné par une pierre, alla, contre son gré, frapper le jeune Hyacinthe à la tempe, et en lui blessant le cerveau, l'étendit mort devant lui. »

> Ἴρις δ' ἐν ῥίζῃσι ἀγαλλιάσῃ δ' Ὑακίνθῳ
> Αἴαστῇ προσέοικε.
>
> *(Fragm.* II, v. 31 et s., éd. Didot ; et dans Athénée, *Déipn.* liv. XV, p. 683.)

« L'*Iris* à grosses racines n'offre aucune différence de ressemblance avec l'*Hyacinthe* née du sang d'Ajax. »

DENYS DE CHARAX :
> . . . . Ἐειδομένας δ' Ὑακίνθῳ
> Πιοτάτας φορέουσιν ἐπὶ κράτεσφιν ἐθείρας.
>
> *(De situ orbis.)*

« Ils portent sur leur tête une chevelure épaisse de la couleur de l'*Iris.* »

NONNUS :
> Ζεφύρου πνείοντος ἀεξιφύτου διὰ κήπου,
> Ἄστατον ὄμμα τίταινε πόθων ἀκόρητος Ἀπόλλων,
> Καὶ φυτὸν ἡβητῆρος ἰδὼν δεδονημένον αὔραις,
> Δίσκου μνῆστιν ἔχων ἐλελίζετο, μή ποτε κούρῳ
> Ζηλήμων φθονήσειε καὶ ἐν πετάλοισιν ἀήτης·
> Εἰ ἐτέον πότε κεῖνον ἔτι σπαίροντα κονίη
> Ὄμμασιν ἀκλαύτοισιν ἰδὼν δάκρυσεν Ἀπόλλων,
> Καὶ τύπος ἀνθεμόεις μορφώσατο δάκρυα Φοίβου,
> Αἴλινον αὐτοκέλευστον ἐπιγράψας Ὑακίνθων,
> Ὄρχατος ἔπλετο τοῖος εὔσκιος.   *(Dionys.,* ch. III, v. 154 et s.)

« Le vent balançait légèrement les fleurs nombreuses de ce jardin. Apollon, le cœur plein d'amertume, promenait sur elles des regards inquiets, lorsque, apercevant la fleur du jeune Hyacinthe agitée par le souffle de Zéphyre, il poussa de profonds gémissements au souvenir du disque, et craignit que ce souffle si jaloux de son ami n'exerçât un jour sa vengeance jusque sur ses pétales. Apollon, qui l'avait vu d'abord lui-

---

(¹) Il est bien remarquable que ce fleuve, sur les bords duquel l'*Iris* naquit du sang d'Hyacinthe, s'appelle aujourd'hui *Vasili-Potamo* (*Fleuve royal*), ou *Iri*. C'est une singulière coïncidence.

Quant au mot *royal*, on sait que les poëtes grecs donnaient souvent à Apollon le nom de *roi*, ainsi qu'on le voit dans Homère. Il est désigné par ce nom seul dans le premier vers du passage que j'ai cité de Coluthus.

même, avec des yeux secs, palpiter immobile sur la poussière, versa des larmes sur sa fleur. Ces larmes s'y imprimèrent en forme de lettres, et y écrivirent, par un effet naturel, le mot plaintif qu'on voit sur les *Iris*. »

> . . . . Θεραπναίου δὲ καὶ αὐτοῦ
> Φάρμακον ἡβητῆρος ἐπώνυμον ἄνθος ἀείρει.   (*Dionys.* XI, 259.)

« Pour adoucir ses regrets, il cueille la fleur qui porte le nom de son jeune ami (¹). »

> Ἄνθεα φωνήεντα παρήγορα παιδὸς ἀνίης.   (*Ibid.* v. 263.)

« Ces fleurs qui parlent pour soulager le chagrin de l'enfant. »

> . . . . Ὑάκινθον Ἀπόλλων
> Ἔστενεν ἀνδροφόνῳ βεβολημένον ὀξέϊ δίσκῳ.   (*Dionys.*, XXIX, 95.)

« Apollon pleurait Hyacinthe, qu'il venait de frapper de son disque homicide. »

COLUTEUS :   Γαῖα δὲ δακρύσαντι χαριζομένη βασιλῆϊ,
  Ἄνθος ἀνηέξησε παραίφασιν Ἀπόλλωνι,
  Ἄνθος ἀριζήλοιο φερώνυμον ἡβητῆρος.
>   (*L'Enlèv. d'Hélène*, v. 244, 6d. Didot.)

« La Terre, afin de consoler le dieu éploré, fit naître une fleur qui porte le nom de son tendre ami. » (*Trad. de M. Stan. Julien.*)

L'ANTHOLOGIE GRECQUE :   Ἀλκαίου τε λάλυθρον ἐν ὑμνοπόλοις Ὑάκινθον.
>   (Liv. IV, *Épigr.* 1, v. 13.)

« L'*Iris* d'Alcée, cet *Iris* qui parle dans les vers. »

> . . . . Ἐπιπλέξω δ' Ὑάκινθον
> Πορφυρέην, πλέξω καὶ φιλέραστα Ῥόδα.
>   (Liv. V, *Épigr.* 147, v. 3.)

« Je tresserai l'*Iris* aux nuances de pourpre, je tresserai les Roses, que chérit l'Amour. »

(¹) Pétrone dit : « Apollon maudissait ses mains criminelles, et couronnait sa lyre couchée par terre de la fleur qui venait de naître de son sang : » *Damnabat Apollo noxias manus, lyramque resolutam modò nato flore coronabat* (*Satyr.*, c. 83).

Ἰνδῴη δ᾽ Ὑάκινθος ἔχει χάριν αἴθοπος αἴγλης,
    Ἀλλὰ τεῶν λογάδων πολλὸν ἀφαυροτέρην.
                              (Liv. V, *Épigr.* 270, v. 5.)

« L'*Iris* Indien (¹) est d'un brun foncé plein de grâce, mais
le charme de cette fleur est loin d'égaler celui de tes yeux. »

Ἁ σφραγὶς Ὑάκινθος · Ἀπόλλων δ᾽ ἐστὶν ἐν αὐτῇ
    Καὶ Δάφνη · ποτέρου μᾶλλον ὁ Λητοΐδας;
                              (Liv. IX, *Épigr.* 751.)

« La fleur d'Hyacinthe est un cachet : Apollon s'y trouve,
ainsi que Daphné : auquel des deux le cœur du fils de Latone
est-il de préférence? »

Εἰνοσίφυλλον ὄρος Κυλλήνιον αἰπὺ λελογχώς,
    Τῇδ᾽ ἕστηκ᾽ ἐρατοῦ γυμνασίου μεδέων,
Ἑρμῆς · ᾧ ἔπι παῖδες ἀμάρατον ἠδ᾽ Ὑάκινθον
    Πολλάκι, καὶ θαλεροὺς θῆκαν Ἴων στεφάνους.
                              (*Anth. Planud.* liv. IV, *Épigr.* 188.)

« La haute montagne de Cyllène, que couvrent des forêts,
étant consacrée à Mercure, on y a dressé la statue de ce dieu
pour y présider à un agréable gymnase. Les jeunes gens déposent fréquemment sur sa tête l'immortelle fleur de l'*Iris*, et de
fraîches couronnes de Violettes. »

CATULLE :   Talis in vario solet
                 Divitis hominis hortulo
                 Stare flos *Hyacinthinus.*   (*Carm.* LXI, v. 91.)

« Telle, dans le jardin varié d'un maître opulent, s'élève la
fleur d'Hyacinthe (de l'*Iris*). »

VIRGILE :   . . . . . Phœbo sua semper apud me
                 Munera sunt, Lauri, et suave rubens *Hyacinthus.* (*Égl.* III, 62.)

« J'ai toujours pour Phébus des présents qu'il aime, le Laurier, et l'*Iris* à la douce teinte de pourpre. »

                 Dic quibus in terris inscripti nomina regum
                 Nascantur flores.   (*Ibid.* v. 106.)

(¹) C'est probablement l'*Iris* de Suse (*Iris Susiana*, Lin.). Voilà le premier exemple que les poëtes nous donnent d'une seconde espèce d'*Hyacinthe*.
Ce n'est pas celle des bergers.

« Dis dans quel pays naissent des fleurs qui portent des noms de rois écrits sur leurs pétales (¹). »

> Ille, latus niveum molli fultus *Hyacintho*,
> . . . . ruminat, etc. (*Égl.* VI, 53.)

« Le taureau, couché sur les tendres fleurs de l'*Iris*, où s'étale la blancheur de ses flancs, rumine, etc. »

> . . . . Pascuntur et Arbuta passim,
> Et pinguem Tiliam, et ferrugineos *Hyacinthos*. (*Géorg.*, IV, 181.)

« Elles (les abeilles) butinent çà et là sur les Arbousiers, le riche Tilleul, et les *Iris* à la teinte ferrugineuse. »

> Qualem virgineo demessum pollice florem,
> Seu mollis Violæ, seu languentis *Hyacinthi*. (*Énéid.*, XI, 68.)

« Tel qu'une fleur que vient de cueillir le doigt d'une jeune fille, ou la tendre Violette, ou la fleur mélancolique de l'*Iris*. »

> . . . . Hic et Acanthus,
> Atque *Hyacinthus*. (*Culex*, v. 400.)

« Là se trouve l'Acanthe, ainsi que l'*Iris*. »

> . . . . Foribusque *Hyacinthi*
> Deponunt flores. (*Ciris*, v. 95.)

« Les *Iris* déposent leurs fleurs à vos portes. »

PROPERCE : Hoc etiam grave erat, nullà mercede *Hyacinthos*
    Injicere. (Liv. IV, Chant VII, v. 33.)

« Était-il donc si pénible de jeter sur mon bûcher des fleurs d'*Iris*, qui ne t'auraient rien coûté ? »

OVIDE : Te lyra pulsa manu, te carmina nostra sonabunt ;
   Flosque novus scripto gemitus imitabere nostros.
   Tempus et illud erit quo se fortissimus heros
   Addat in hunc florem, folioque legatur eodem.

(¹) Mambrune dit, après Virgile ;

> Necnon et teneris Hyacinthus *nomina regum*
> *Inscriptus foliis, multà ferrugine lucet.*
>   (*Idololatria debellata*, ch. VI, v. 420.)

« L'*Hyacinthe*, qui porte des noms de rois écrits sur ses tendres pétales, brille d'une couleur bleuâtre. »

Talia dum vero memorantur Apollinis ore,
Ecce cruor, qui fusus humi signaverat herbam,
Desinit esse cruor ; Tyrioque nitentior ostro
Flos oritur, formamque capit quam Lilia, si non
Purpureus color huic, argenteus esset in illis.
Non satis hoc Phœbo est, is enim fuit auctor honoris ;
Ipse suos gemitus foliis inscribit, et Ai Ai
Flos habet inscriptum, funestaque littera ducta est.

(Métam. liv. X, 205.)

« Tu vivras et dans mes chants et dans les plaintes de ma lyre ; fleur nouvelle, tu répéteras mes gémissements dans un mot gravé sur ta corolle, et un temps viendra où un guerrier magnanime écrira aussi son nom sur cette fleur, où on pourra le lire sur le même pétale.

» A peine ces mots sont sortis de la bouche infaillible d'Apollon, et déjà le sang qui avait coulé sur la terre et souillé le gazon, s'efface et n'est plus du sang ; à sa place éclôt une fleur d'une couleur plus belle que la pourpre de Tyr. Elle prend la forme d'un Lis, avec cette différence qu'elle est revêtue d'une teinte de pourpre, tandis que le Lis est argenté. Ce n'est pas assez pour Phébus, car c'est à Phébus que son ami doit cet honneur : lui-même, il grave sur ses pétales le cri de ses gémissements ; et l'on voit écrites sur la fleur les deux lettres Ai, Ai, qui y répètent plusieurs fois une funèbre syllabe. »

. . . . : Rubefactaque sanguine tellus
Purpureum viridi genuit de cespite florem,
Qui priùs OEbalio fuerat de vulnere natus.
Littera communis mediis pueroque, viroque
Inscripta est foliis ; hæc nominis (1), illa querelæ.

(Ibid. XIII, 394.)

(1) Les lettres grecques qui forment le nom d'Ajax (Αἴας), contiennent en même temps une exclamation de douleur (Αἰ, aïe ! ah ! hélas !). Sophocle fait sur ce nom le jeu de mots suivant :

Αἰ αἲ · τίς ἄν ποτ' ᾤεθ' ὧδ' ἐπώνυμον
Τοὐμὸν ξυνοίσειν ὄνομα τοῖς ἐμοῖς κακοῖς ;
Νῦν γὰρ πάρεστι καὶ δὶς αἰάζειν ἐμοὶ
Καὶ τρίς · τοιούτοις γὰρ κακοῖς ἐντυγχάνω.

(Ajax, v. 430 et s.)

« Hélas ! hélas ! qui eût jamais pensé que mon nom convînt si bien à mes malheurs ? Je ne puis trop en répéter les lettres douloureuses, tant sont grands les maux qui m'accablent. » (Trad. de M. Artaud.)

« De la terre rougie du sang d'Ajax sortit, au milieu d'un gazon vert, cette fleur purpuracée qui était déjà née du sang d'Hyacinthe. Alors le mot gravé au centre des pétales fut commun à l'enfant et au héros : d'un côté c'est un nom, de l'autre c'est une plainte. »

> Has, *Hyacinthe*, tenes ; illas , Amarante, moraris.
> (Fast. liv. IV, 439.)

« Les unes s'arrêtent à l'*Iris*, les autres à l'Amarante. »

Réposien :   Hìc inter Violas coma mollis læta *Hyacinthi*.
(C. Mart. et Ven. v. 43.)

« Là se montre parmi les Violettes la belle et tendre fleur de l'*Iris*. »

Manilius :   Ille colet nitidis gemmantem floribus hortum,
Pallentes Violas et purpureos *Hyacinthos*.
(Astronom. liv. V, 256.)

« Il cultivera un jardin où brilleront de belles fleurs, les pâles Violettes et les *Iris* violets. »

Columelle :   Pangite. . . . .
Candida Leucoia. . . . . . .
Necnon vel niveos, vel cæruleos *Hyacinthos*.
(De Agric. liv. X, v. 100.)

« Plantez-y des Violiers blancs, ainsi que des *Iris*, soit des blancs, soit des bleus. »

> Et malè damnati mœsto qui sanguine surgunt
> Æacii flores.   (*Ibid.* v. 174.)

« Et la fleur d'Ajax, sortie du sang de ce héros lorsqu'il fut transporté d'indignation par une condamnation injuste. »

> Scirpiculum ferrugineis cumulate *Hyacinthis*.   (*Ibid.* v. 305.)

« Remplissez d'*Iris* violets votre panier. »

Perse :   Hic aliquis, cui circum humeros *Hyacinthina* læna est.
(Satir. I, v. 32.)

« L'un d'eux, celui dont les épaules sont drapées d'un manteau violet. »

CALPURNIUS :   Te sine, væ misero ! mihi Lilia nigra videntur,
                Pallentesque Rosæ, nec dulcè rubens *Hyacinthus.*
                At tu si venias, et candida Lilia fient,
                Purpureæque Rosæ, et dulcè rubens *Hyacinthus.*
                                                    (*Églog.* IX, v. 45.)

« Sans toi, que je suis malheureux ! les Lis me paraissent
noirs, les Roses pâlissent à mes yeux, et l'*Iris* a perdu son doux
incarnat. Reviens, et le Lis reprendra sa blancheur, l'*Iris* son
doux incarnat, et la Rose sa belle couleur de pourpre. »

AUSONE :   Fleti olim regum et puerorum nomina flores,
             Mirator Narcissus, et Œbalides *Hyacinthus,*
             Et tragico scriptus gemitu Salaminius Æas.
                                          (*Idyl.* VI. *Cupid. cruc. aff.* v. 9.)

« Les fleurs qui autrefois ont fait couler les larmes portent
des noms de rois et d'enfants ; telle est la fleur de Narcisse, qui
s'admirait, et celle d'Hyacinthe, fils d'Œbalus, qui est aussi
celle d'Ajax de Salamine, sur laquelle on voit écrit un gémissement lugubre. »

             Solamen tibi, Phœbe, novum dedit Œbalius flos.
                                  (*Idyll.* XII, *Technop. de Hist.* v. 1.)

« La fleur d'Hyacinthe t'a donné, ô Phébus, une nouvelle
consolation. »

             Jam dabo purpureum claro de sanguine florem,
                Testantem gemitu crimina judicii.
                                    (*Epitaph. Her.* III. *Ajaci,* v. 5.)

« De mon sang illustre va naître une fleur purpurine qui, par
un cri de gémissement, dénoncera le jugement inique prononcé
contre moi. »

AVIÉNUS :   Sed genti Indorum tæter color : efflua semper
             His coma liventes imitatur crine *Hyacinthos* (¹).
                                    (*Descript. Orb. Terr.,* v. 1311.)

« Les Indiens ont la peau basanée : leur longue chevelure,
qui tombe toujours sur leurs épaules, imite par sa couleur les
Iris bleuâtres. »

(¹) Plusieurs interprètes entendent ici de la pierre précieuse appelée
Hyacinthe ce que j'entends de la fleur du même nom. Il s'agit dans ces vers

CLAUDIEN : Te quoque flebilibus mœrens, *Hyacinthe*, figuris,
     Narcissumque metunt, nunc inclyta germina veris,
     Præstantes olim pueros. (*De Rapt. Proserp.*, liv. II, v. 131.)

« Elles te cueillent aussi, bel *Iris*, qui exprimes la douleur par tes lettres de deuil, ainsi que toi, Narcisse ; vous qui, autrefois enfants d'une rare beauté, êtes maintenant des fleurs célèbres entre les fleurs du printemps (¹). »

SIDOINE APOLLINAIRE : Sive inter Violas. . . . .
     Narcissos *Hyacinthinosque* flores.
        (*Panegyr. Prop. ad libell.* v. 3645-7.)

« Ou bien tu le trouveras parmi les Violettes, les Narcisses et les fleurs d'*Hyacinthe* (les *Iris*). »

PRISCIEN : . . . . . Color populis niger est flagrantibus ortu,
    Atque gerunt similes *Hyacintho* fronte capillos.
        (*Perieg.* v. 1013.)

« Ces peuples (les Indiens), qui sont brûlés par le soleil levant, ont la couleur noire, et ils portent une chevelure de la même nuance que l'*Iris*.

d'une couleur *noirâtre* ou d'un *bleu foncé*, et la pierre et la fleur sont de cette couleur. Or, la fleur était certainement connue avant la gemme, et lui a, par conséquent, donné son nom. Il est donc raisonnable de penser que la comparaison porte sur une fleur extrêmement célèbre dans les temps anciens et généralement connue alors, parce qu'elle est commune partout, plutôt que sur une pierre précieuse rare, chère, et probablement peu connue du public.

Pline dit, en parlant de cette pierre : « L'éclat violacé, si vif dans l'améthyste, est atténué dans l'hyacinthe. Agréable au premier coup d'œil, il s'évanouit vite, et pâlit plus rapidement que la fleur du même nom : » *marcescens celeriùs nominis sui flore.* (Liv. XXXVII, ch. 41.)

Au reste, la méprise dont je viens de parler ne doit pas surprendre. La connaissance de l'*Hyacinthe*, fleur, s'étant perdue depuis longtemps, lorsqu'il s'est agi quelque part, comme ici, de sa couleur, les interprètes modernes ne la connaissant pas, ont transporté à la gemme, pour se tirer d'embarras, ce qui s'appliquait spécialement à la fleur.

(¹) Céva dit aussi :

    . . . . *Nunc Hyacinthi*
   Flent tecum. . . . . (*Idyll. Rosa hib.* v. 37.)

« Maintenant les *Hyacinthes* pleurent avec toi. »

Avant d'entrer dans la discussion, je veux demander pardon au lecteur d'avoir fatigué sa patience par un aussi grand nombre de citations. L'importance du sujet peut seule faire excuser une intempérance qu'il m'a fallu absolument regarder ici comme une nécessité. Dans d'épaisses ténèbres un rayon de lumière, quelque faible qu'il soit, peut souvent servir de fanal et de guide.

Nous voici donc en présence de cette belle et grande fleur si longtemps méconnue, et pourtant si célèbre et si particulièrement chantée par les poëtes anciens, à commencer par Homère. Nulle autre, après la Rose et le Lis, ne s'est présentée si souvent à leur pensée et n'a été affectionnée comme elle. La fleur si chère au dieu des vers devait plaire à ses favoris et ne méritait pas d'être oubliée. Comme elle est commune dans toute l'Europe, et qu'on la trouve non-seulement dans beaucoup de jardins de ville et de campagne, mais encore à l'état sauvage sur les rochers et les vieux murs de clôture, il y a lieu de s'étonner que la connaissance s'en soit perdue, et que, parmi les modernes, aucun Botaniste littérateur n'ait remis en lumière d'une manière convenable une plante qui a fait autrefois tant de bruit dans le monde.

Au reste, tout ce qui va être dit ici de l'*Hyacinthus* peut s'appliquer au *Vacinium* des poëtes latins, puisque ces deux noms expriment la même plante. Cet article doit donc être regardé, sous un certain rapport, comme la suite nécessaire et le développement de celui du *Vacinium*, et les deux doivent se servir de complément l'un à l'autre. On ne saurait jeter trop de jour sur un des sujets les plus intéressants de la Botanique ancienne.

Nous allons examiner en détail les caractères que les poëtes ont donnés à l'*Hyacinthus*. Mais, pour rendre cet examen plus efficace, je crois utile de décrire d'abord succinctement l'*Iris germanique* pour ceux qui ne le connaissent pas, afin que chacun de ces caractères ayant été annoncé d'avance comme appartenant à cet *Iris*, soit plus facilement saisi par tout le monde à la lecture des vers que je viens de citer.

L'*Iris germanique* a des racines charnues, grosses et noueuses, qui ordinairement s'étendent à fleur de terre. Ses feuilles sont larges et en lame d'épée, un peu moins longues que la tige. Celle-ci est haute d'environ deux pieds, de la grosseur à peu près du petit doigt, et porte à son sommet de trois à cinq fleurs, plus grandes que celles du Lis, et auxquelles des couleurs d'un pourpre violet, bleuâtre ou cramoisi mêlé de blanc, donnent beaucoup d'éclat. Ces fleurs sont composées de six pétales (¹) ou segments, dont trois sont redressés et recourbés en dedans, et les trois autres, placés alternativement avec les premiers, sont rabattus ou réfléchis en dehors et pendants (²). Elles ont en plein air une faible odeur de

---

(¹) Les divisions de la corolle que j'appelle *pétales* ne sont ici, à vrai dire, que des segments, suivant le langage de la science, puisque la corolle de l'*Iris* est *monopétale*. Mais ce n'est pas un langage rigoureux que je dois parler ici.

(²) Je dois faire observer que la couleur de ces six pétales n'est pas la même pour tous, et qu'elle demande une attention particulière.

Les trois pétales supérieurs ou redressés sont d'une couleur *bleu clair* ou *bleu tendre* (*dilutè violacei*), et d'une consistance délicate.

Les trois pétales inférieurs ou pendants ont leur moitié la plus basse, à partir du bout de leur barbe, d'un *bleu foncé, sombre* ou *violâtre*, ou d'un *pourpre lavé presque noirâtre*. La moitié supérieure est blanche et toute

Violette. Cette odeur est plus sensible dans les racines, et elle y devient plus agréable par la dessiccation.

L'*Iris germanique* porte sur les trois segments réfléchis et pendants de sa corolle, une petite barbe à filaments jaunes, qui s'étend depuis leur base jusqu'au milieu de leur longueur. Aux deux côtés de cette barbe se montrent, sur un fond blanc, trois lignes ou veines longitudinales de la couleur du pétale, de la dernière desquelles partent d'autres lignes obliques très nombreuses, simplement ou doublement bifurquées, et aboutissant aux deux bords du pétale. Ces bifurcations sont entremêlées de points un peu allongés, et figurent avec eux aux imaginations poétiques des caractères d'écriture. En effet, si l'on examine un des pétales dans une position naturelle, c'est-à-dire horizontale, on y remarquera, au-dessus de la barbe, plusieurs traits semblables ainsi formés, *ϒϒϒ*, qui représentent assez bien l'ϒ des Grecs, c'est-à-dire notre *U*, accompagné de petits *iota* ou petits *i*. Ces mêmes figures se trouvent répétées en pareil nombre au-dessous de la barbe dans un sens renversé, ainsi qu'il suit, *ΛΛΛ*, et peuvent représenter, à la rigueur, l'Λ majuscule grec, accompagné aussi de petits *i*.

Voilà donc trois lettres, plus ou moins grossièrement formées, que les poëtes grecs les premiers ont cru voir

---

parsemée de lignes simples ou bifurquées se dirigeant de la barbe jusqu'aux deux côtés du limbe des pétales.

Les lignes de ces trois derniers pétales sont très apparentes et de la même couleur intense que la moitié inférieure de la lame qui les porte.

Les lignes des trois pétales sans barbe ou redressées sont beaucoup moins sensibles, et ne s'étendent que jusqu'au quart environ de la longueur du pétale.

sur la fleur de l'*Iris*, l'*U*, l'*A* et l'*i*. Si l'on assemble ces lettres dans l'ordre naturel, c'est-à-dire de gauche à droite, on forme les syllabes suivantes : au-dessus de la barbe, *Ui*, en grec Υι, qui est une diphthongue grecque et qui ne signifie rien ; au-dessous de la barbe, *Aï*, qui est en grec une exclamation de douleur, et qui signifie *aïe! hélas! Aï*, première syllabe du mot grec Αἴας, *Ajax*, peut encore signifier ici, en abrégé, le nom de ce roi. En ajoutant à cette syllabe l'*A* suivant, on a *Aïa*, qui exprime encore plus clairement ce nom. Enfin, si l'on assemble ces caractères de haut en bas, sans tenir compte de l'*i*, ici lettre minuscule, on forme les deux syllabes *UA*, en grec ΥΑ, qui sont les deux premières du mot grec Ὑάκινθός (*Uakinthos*), et du latin *Hyacinthus*, en remplaçant par une *H* l'aspiration de l'Υ. Ainsi, *Aï*, *AïA*, et *UA*, sont les mots ou les syllabes que présente la fleur de l'*Iris*.

Ces mêmes caractères d'écriture se trouvent aussi sur les pétales redressés, mais ils y sont moins fortement dessinés et beaucoup moins sensibles. Ils sont d'ailleurs cachés à la vue par la courbure de ces pétales, et dépourvus de la petite barbe dont j'ai parlé.

Pour faire mieux saisir la disposition de ces lettres et leur combinaison, je vais représenter, dans la figure suivante d'un pétale d'*Iris*, l'ordre qu'elles occupent dans la nature.

Le lecteur voudra bien se rappeler dans l'occasion ces différents caractères et leurs combinaisons.

On voit maintenant pourquoi, dans le mot *Hyacinthe* l'Υ a été placé par les Grecs avant l'A : c'est parce qu'é-

tant au-dessus, il se présente naturellement le premier à
la vue. C'est par une raison semblable que l'*iota* (ι) étant
la plus simple et la plus petite lettre de l'alphabet grec,
et d'ailleurs ici minuscule, a été mis après l'A dans la
syllabe Aι. C'est aussi pour cela que cette lettre n'est

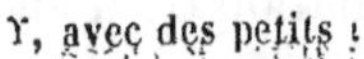

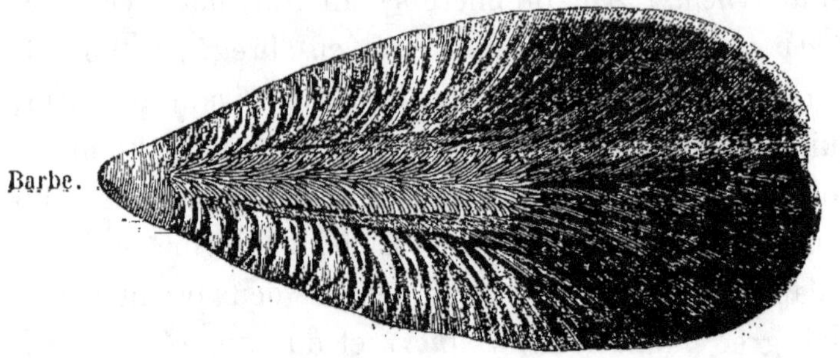

A, aussi avec des petits ι

point nommée comme les deux autres dans le corps du
mot HUAKINTHOS, et qu'on la trouve retranchée dans
plusieurs mots, tels que *repostus, impostus, domnus,
lamna, flamen,* etc., pour *repositus, impositus, dominus,
lamina, filamen.* C'est ainsi qu'en français le mot *impos-
teur* est pour *impositeur* (¹).

(¹) Ces trois lettres *A, i,* Υ (*U* ou *V*), donnèrent lieu à d'autres combinaisons, d'où naquirent plusieurs autres noms qui tous désignaient ou la
même fleur, ou des fleurs à peu près semblables pour la forme ou la couleur. Ainsi, outre le nom d'*Hyacinthus,* Υ A donna naissance au mot *Uacinium*
ou *Vacinium,* d'où est venu le nom français de *Vaciet; IA,* aux mots grecs
latinisés *Ion* et *Ianthis* ou *Ianthum, Violette;* et du premier, précédé du
digamma éolique et modifié par le diminutif dans sa terminaison, est dérivé
le nom de *Viola.* On a dit en grec Ἴον et Ἰώνη, témoin Ἰασ-ιώνη, *Jasione,
Violette médicinale.* On ne plaça point l'*A* devant l'*i* ou l'Υ, excepté pour la
syllabe Aι, parce qu'il serait résulté de cette position les deux diphthongues
Aι et Aυ, qui commencent un très grand nombre de mots grecs.

Nous allons entrer maintenant dans l'examen des témoignages.

PREUVES.

Synonymes. Βαχχονίον, Dioscor. *notha...* et Βαχχινιουμ., Néophyt. — *Vacinium* (*Vaciet*), Plin., liv. XVI, ch. 31; Vitruv., liv. VII, ch. 14. — Κρίνον μέλαν (*Lis violet*), ancien lexique, et πορφυροῦν Κρίνον (*Lis gros bleu*), Néophyt. — Ἴρις (*Iris*), Dioscor., liv. 1, ch. 1; Néophyt.; Pélagon.; Gloss. médic.; *Iris*, Plin., liv. XXI, ch. 83; Colum., IX, § 4; Pallad., 1, § 37.— Γλαδίωλον, Diosc., liv. 1, ch. 1; *Gladiolus* (*Glaïeul*), Pallad., 1, § 37. — Ὑάκινθος, *Hyacinthus* (*Hyacinthe*), Théophr., liv. VI, ch. 7; Dioscor., liv. 1V, ch. 63; Plin., liv. XXI, ch. 17, 38 et 97: Colum., IX, § 4; Pallad., 1, § 37. — ? Κομοσάνδαλον ou Κοσμοσάνδαλον (*Belle Pantoufle ou Sandale*, ou peut-être *Sabot de Notre-Dame*), Pausan., *Corinth.*, liv. 11, ch. 35. — On peut encore lui appliquer le nom de *Violette noire*, ἴον μέλαν, que les Grecs donnaient au *Vacinium*, et celui de *Viola purpurea*, que Servius lui donne aussi, *Not. sur le vers 18 de l'Égl. II de Virgile.* — En français, *Hyacinthe, Vaciet, Iris.*

Étymologie. Je ne puis que répéter ici ce que j'ai dit à l'article du *Vacinium* au mot *Étymologie*. Ὑάκινθος (*Huakinthos*) a pour composants les deux lettres grecques Υ (*U* français), Α, κιν pour κινοῦν, *portant*, et θος (¹)

(¹) La terminaison ἄνθος, *fleur*, ou son synonyme se déclarent dans les composés ou par le mot tout entier, comme dans Ἄκανθος, Μελάνθιον, Μηνυανθὲς, Ἀφυλλανθὲς, Χρυσανθὲς, Ξηράνθη, Χρυσάνθεμον; ou par νθος, ou pour ἄνθος, *fleur*, et signifie par conséquent, à la lettre, *Fleur qui porte des U et des A* ([1]).

Je crois avoir prouvé à l'article *Vacinium* que par le mot d'*Hyacinthus* les anciens entendaient une espèce d'*Iris* : c'est ce qu'attestent Nicandre, Palladius, Pluche et autres, dont les passages y ont été rapportés. On lit aussi dans l'ouvrage du botaniste Chabré : « Quelques personnes disent que l'*Iris*, pris dans un sens général, est l'*Hyacinthus* de Virgile, de Palladius et de Columelle ; d'autres l'appellent *Lis céleste* (ou bleu), et il porte ce nom de *Lis* en Allemagne, en Belgique, en Italie et en Espagne ; en France, on l'appelle *Glaïeul* : » *Dicitur autem Iris in genere quibusdam Virgilii, Palladii et Columellæ Hyacinthus ; aliis Lilium cœleste, et apud Germanos, Belgas, Italos et Hispanos Lilii appellationem sortita est, Gladioli vero apud Gallos* ([2]). Si, comme je le pense, ces témoignages suffisent aux esprits raisonnables, si l'on peut admettre sans témérité dès à présent que l'*Hyacinthus* des anciens était un *Iris*, la question se trouve bien

νθη, précédé d'une voyelle finale du mot qui est avant, comme dans Ὑάκινθος, Κήρινθος ou Κηρίνθη.

Ἄνθος, ἄνθη, ανθὲς et ἄνθεμον, qui terminent en tout ou en partie un nom composé, signifient la même chose, c'est-à-dire, *fleur*.

([1]) Fulgence, liv. III, donne de ce nom une étymologie bien bizarre, pour ne rien dire de plus. Il dit : « *Cynthos* signifie *fleur* en dialecte attique : de là vient *Hiacynthus*, comme si l'on disait Ἰάκυνθος, ce que nous rendons en latin par *fleur unique*, parce qu'elle est la fleur par excellence entre toutes les fleurs. » *Cynthos atticâ linguâ flos nuncupatur : undè Hiacynthus dicitur, quasi* Ἰάκυνθος, *quod latinè solus flos dicimus, quasi omnibus perfectior.*

D'un autre côté, Nannius dérive ce nom des mots Ἴα Κυνθίου, *Violettes d'Apollon.* Ces deux étymologies dénaturent l'orthographe et violent toutes es règles. Elles sont l'une et l'autre vaines et chimériques.

([2]) Chabræi *Stirp. Sciagraph.*, p. 239.

simplifiée, car c'était là qu'était le nœud de la difficulté ; et elle se réduit maintenant à savoir au juste quelle est cette espèce d'*Iris* que les poëtes grecs et latins ont tant célébré sous un nom mythologique. J'ai dit que c'était l'*Iris germanique*; et l'on pressent déjà qu'au moyen des nouveaux secours apportés par les citations qui précèdent, je n'aurai pas beaucoup de peine à le démontrer. Je compte, en effet, y réussir d'une manière à ne plus laisser aucun doute.

Épithètes. Μαλακὸς — *mollis*, « tendre, délicate ; » εὐώδης, « odorante »; πορφυρέη — *purpureus* — *suave rubens* — *dulce rubens*, μέλαινα (¹) — *ferrugineus* — *cœruleus* — *livens*, « d'un rouge sombre, d'un brun foncé, violâtre ou violet ; » πολύθρηνος — λάληθρος — *mœrens* — *languens*, « plaintive, gémissante, mélancolique ; » Αἴαστης — *OEbalides* — *OEbalius flos*, — « Fleur d'Ajax »; ἀμάρατος, « au nom célèbre, immortel »; *niveus*, « blanche ».

Toutes ces épithètes s'adressent à la fleur seulement, comme il est facile de s'en apercevoir. Nous les examinerons un peu plus loin. Pour ne rien laisser en arrière, je vais maintenant parler des circonstances.

Circonstances. Remarquons les circonstances du temps et des lieux où les poëtes font fleurir et placent l'*Hyacinthe*. Dans Homère, ainsi que dans Théocrite, Euphorion, l'Anthologie, c'est sur une montagne ; d'autres fois dans un pré, comme dans Euripide, Moschus, Ovide, Claudien, etc., et toujours au printemps. Pline

---

(¹) On peut remarquer à ces diverses épithètes que le mot grec Ὑάκινθος, fleur, est tantôt du genre masculin, et tantôt du féminin.

dit qu'elle fleurit un peu avant la Rose, c'est-à-dire en avril et mai. D'autres poëtes la placent dans un jardin en qualité de belle fleur, ou dans les champs comme spontanée. Tous la représentent comme fort commune et généralement connue. Or, ce dernier caractère, le temps de sa floraison, et les stations diverses qu'ils lui assignent conviennent parfaitement à l'*Iris*. Il sera bon de revenir sur quelques-unes de ces circonstances après les épithètes.

Les poëtes que j'ai cités nous signalent l'*Hyacinthe* sous les quatre rapports suivants : 1° comme une belle fleur d'agrément ; 2° comme une fleur emblématique, rappelant par ses lettres et son exclamation de douleur, le triste sort du jeune Hyacinthe et du malheureux Ajax ; 3° comme une fleur d'une couleur agréable, qui leur plaisait beaucoup et qu'ils variaient au gré de leur imagination ; 4° enfin, comme une fleur commune, connue de tout le monde. On peut remarquer qu'ils parlent rarement de son odeur, qui est, en effet, très peu sensible dans l'*Iris*.

Comme belle fleur, ils l'associent toujours à d'autres fleurs agréables, telles que le Safran, la Rose, le Lis, le Narcisse, d'autres espèces d'*Iris*, la Violette, le Serpolet, et autres, suivant les circonstances. En faisant naître l'*Hyacinthe* avec la Rose dans une riante prairie pour y être cueillies ensemble par la main des déesses, Euripide nous annonce une belle fleur digne de la place qu'il lui donne. Ces poëtes la représentent non-seulement comme embellissant le vert tapis des prés et des montagnes, mais encore comme une fleur d'agrément cultivée dans les jardins. Ceux qui connaissent l'*Iris germanique* ou commun, savent que ces fleurs sont très grandes et très belles, qu'il croît sur les montagnes et dans les prés élevés, et qu'il est admis dans plusieurs jardins, surtout à la campagne.

Outre le mérite de la beauté, l'*Hyacinthe* avait encore pour l'imagination des Grecs l'intérêt des souvenirs. C'était le jeune et malheureux Hyacinthe tué par mégarde par Apollon en jouant au palet, et les larmes de regret que ce dieu répandit sur son ami métamorphosé en fleur se voient encore gravées sur ses pétales, où elles forment un cri de douleur (*Aï*), et où elles éternisent le nom de l'enfant en l'y inscrivant en partie (*Y A*, ou *Hya*), pour y renaître chaque année avec la fleur. C'était aussi le nom d'Ajax qui s'y trouvait écrit (*Ai* ou *AiA*), et qui rappelait la bouillante colère de ce héros qui lui causa la mort. Ces deux événements lugubres sont rappelés ensemble ou séparément, en parlant de l'*Hyacinthe*, par Euphorion, qui place la mort d'Ajax, et par conséquent la naissance de l'*Hyacinthe*, sur un promontoire du rivage de Troie, station propre à l'*Iris;* par l'Anthologie, qui fait allusion à l'histoire de cette fleur, et qui la place aussi sur une montagne ; par Moschus, qui rapporte l'exclamation de douleur dont je viens de parler ; par Nicandre, qui met la mort d'Hyacinthe sur les bords de l'Eurotas, et qui parle aussi de celle d'Ajax ; par Nonnus, Coluthus, Ausone, Claudien, et enfin par Ovide, qui de tous les poëtes est celui qui a donné le plus de détails et d'éclaircissements sur l'*Hyacinthus.*

On va voir que l'*Iris germanique* se retrouvera dans tous les traits qu'Ovide nous présente de cette fleur. Sa description est accomplie sous le rapport de la vérité, comme sous celui de la poésie.

« A sa place, dit-il, éclôt une fleur d'une couleur plus belle que la pourpre de Tyr : » *Tyrioque nitentior ostro Flos oritur*. L'adjectif *nitentior* ne signifie pas ici *plus brillant*, *plus éclatant*, mais *d'une couleur plus belle*, ou *plus agréable à l'œil*. *Nitor* signifie souvent la *beauté*, l'*élégance*, la *magnificence*. La couleur de l'*Hyacinthe* a été célébrée par bien des poëtes, et loin de la représenter comme une couleur *plus brillante* que la pourpre de Tyr, ils la peignent, au contraire, Homère le premier, comme une couleur *brune* tirant sur le *noir*, ou d'un *violet foncé* mêlé d'une teinte de pourpre, telle enfin que j'ai dit qu'était celle de l'*Iris germanique*. J'expliquerai mieux plus loin ce qui regarde la couleur en parlant des épithètes. Du reste, il y avait de la pourpre de Tyr de diverses nuances.

« Elle prend la forme d'un Lis : » *formamque capit quam Lilia* (s.-ent. *capiunt* ou *habent*). Ici *forma* ne signifie pas à la rigueur la *forme* ou la *configuration*, ce qui ferait supposer que cette fleur est faite de la même manière que le Lis, mais l'*apparence* ou la *ressemblance*, la *figure*, l'*aspect*. Cette ressemblance avec un Lis est, en effet, si frappante, que l'*Iris* a porté autrefois, et porte encore le nom vulgaire de *Lis bleu*. Il faut remarquer aussi que la ressemblance de forme suppose et comprend celle de grandeur et pour la fleur et pour sa tige, ce qui détruit, pour le dire en passant, l'opinion de ceux qui croient que l'*Hyacinthe* des anciens est une petite plante de quelques pouces de hauteur.

« Avec cette différence qu'elle est revêtue d'une teinte de pourpre, tandis que le Lis est argenté : » *Si non purpureus color huic, argenteus esset in illis.* La signification de l'adjectif *purpureus* est si vague, si étendue, que je renvoie le lecteur à l'explication des épithètes qui s'appliquent à la couleur : je me contenterai de dire en ce moment que celle-ci exprime ici la couleur que j'ai attribuée à l'*Iris* par les mots d'*un pourpre violet, bleuâtre ou cramoisi.*

« Lui-même il grave sur ses pétales le cri de ses gémissements, et l'on voit écrites sur la fleur les deux lettres Aï, Aï, qui y répètent plusieurs fois une funèbre syllabe : » *Ipse suos gemitus foliis inscribit, et Ai Ai Flos habet inscriptum, funestaque littera ducta est.* J'ai dit, en décrivant la fleur de l'*Iris*, que cette syllabe s'y trouve, en effet, souvent répétée, comme on peut le voir dans la figure.

Ce beau passage a été nécessairement traduit d'une manière plus ou moins imparfaite par ceux qui ne connaissaient pas la fleur ici décrite par Ovide. La dernière phrase, par exemple, n'a pas été comprise : le verbe *duco* doit s'y prendre dans le sens de *prolonger, continuer*, et, par conséquent, *répéter*. En effet, un cri qui se *prolonge*, qui *continue*, est évidemment un cri qui *se répète*. Or, la syllabe *Aï* se répète dans l'*Iris* dans presque toute la longueur du pétale, c'est-à-dire un grand nombre de fois, comme je viens de le dire. Le poëte est ici tout à fait dans la nature.

Au livre XIII des *Métamorphoses*, vers 394 et suivants, Ovide dit : « De la terre rougie du sang d'Ajax sortit, au milieu d'un gazon vert, *cette fleur purpuracée qui était déjà née du sang d'Hyacinthe.* Alors le mot gravé au centre des pétales fut commun à l'enfant et au héros : d'un côté c'est un nom, de l'autre c'est une plainte. » Ce mot à double sens est *Aï.* Ovide dit qu'il est placé *au centre* des pétales, *mediis foliis :* c'est bien là, en effet, qu'on le lit dans l'*Iris.* La barbe dont j'ai parlé s'étend sur la ligne médiane du pétale et en occupe le centre, et c'est sur elle que vont s'asseoir et s'appuyer, au-dessus et au-dessous, les lettres qu'il présente.

On le voit, tous ces caractères d'écriture, cette complication de sens, si difficiles à trouver ailleurs, se rencontrent de la manière la plus sensible et la plus naturelle dans la fleur de l'*Iris.* C'est bien là, ce me semble, une preuve évidente, irrécusable et parlante, qui, jointe à celle de la forme, devrait suffire, et satisfaire pleinement l'esprit le plus sérieux et le plus exigeant.

S'il résulte clairement de tout ce que les poëtes nous disent de l'*Hyacinthus* que c'est une fleur *commune*, c'est une chose dont on ne saurait douter après l'assurance que nous en donne Servius, qui dit (sur l'*Égl.* III, v. 106-7) : « L'*Hyacinthe* vient partout ; c'est une fleur qui naquit d'abord du sang d'Hyacinthe, ensuite de celui d'Ajax. Elle est de couleur pourpre et en forme de Lis, et présente la première syllabe d'Hyacinthe (YA) ([1]) : » *Hyacinthus ubique nascitur*, etc. Stapel dit aussi : « L'*Hyacinthe* des poëtes était commune : » *Hyacinthus*

([1] Servius se trompe en ajoutant que cette fleur *porte le nom d'Hyacinthe, mais non pas celui d'Ajax.* Ovide vient de nous prouver le contraire.

poetarum vulgaris fuit (in Theophr., p. 712). Ruel parle de même (¹). L'*Iris germanique* est commun non-seulement en France, mais dans toute l'Europe.

Nous allons voir maintenant, dans la discussion des épithètes, que les caractères qu'elles nous fourniront, notamment les épithètes sur la couleur, seront pour nous de nouvelles preuves qui, par leur abondance et leur diversité, ne sont pas moins concluantes que celles qui viennent de passer sous nos yeux.

J'ai averti, dans la description de l'*Iris*, que la couleur des trois pétales supérieurs était un *bleu clair*, et celle des trois pétales inférieurs un *pourpre violet* ou *cramoisi*. Le bleu tendre et lavé des premiers contraste d'une manière assez tranchée sur la teinte sombre des derniers, dont le pourpre est un peu chatoyant et offre aux regards une sorte de velours châtain, le tout, de part et d'autre, entremêlé de blanc. Chaque poëte pouvait donc voir là, suivant son goût ou sa fantaisie, du *blanc*, du *noir*, du *bleu* ou du *rouge*, et les nuances intermédiaires, le *bleu de ciel*, le *brun*, le *sombre*, le *violet*, la couleur du *fer*, de la *rouille*, d'un *sang épais*, etc., enfin, tout ce qu'ils ont voulu exprimer en grec et en latin par les épithètes de *cœruleus, niger, purpureus, ferrugineus*, etc. Je prie le lecteur de faire une attention toute particulière à ce caractère de la couleur, parce qu'il a été la principale et peut-être l'unique cause qui ait empêché l'*Hyacinthus* des anciens d'être clairement reconnu.

____

(¹) Par les mots *nulla mercede Hyacinthos*, Properce nous apprend que les fleurs d'*Hyacinthe* étaient *communes*, puisqu'elles *ne coûtaient rien*.

Homère donne à la fleur de l'*Hyacinthe* la qualification de μάλαχον, *tendre, délicate.* Cette épithète lui est aussi donnée par Virgile sous le même nom, *molli Hyacintho* (*Egl.* VI, 53), et sous le nom de *Vaccinium, mollia Vaccinia* (*Egl.* II, 50). On a vu à l'article de ce dernier nom que Servius dit que cette fleur est délicate à ce point « de ne pouvoir être touchée qu'avec une plume, » *tactûs plumei.* Cela tient sans doute à la grandeur de ses pétales.

Le prince des poëtes lui applique aussi l'épithète d'*odorante, à la douce odeur.* Quoiqu'Homère soit le seul parmi les poëtes anciens qui lui attribue cette qualité, on ne saurait douter de sa réalité. Palladius, après avoir nommé plusieurs plantes à fleurs qui doivent se trouver autour d'une ruche et au nombre desquelles il met l'*Hyacinthus,* ajoute, *et d'autres herbes d'une odeur et d'une saveur douce* (¹). La fleur de l'*Hyacinthus* a donc une *odeur douce.* Or, on ne doit pas oublier que l'*Iris* a une douce odeur de Violette, que Pline appelle « très délicate, très distinguée : » *Irin, nobilissimi odoris* (²). Cette odeur pouvait donc convenir à Jupiter et à Junon, et n'était pas indigne de se mêler à celle du Mélilot et du Safran.

Les vers d'Homère nous présentent encore une particularité remarquable. Dans un moment où il était très important pour Junon d'endormir Jupiter, le poëte fait naître l'*Hyacinthe* parmi les fleurs de Mélilot et de Safran, dont la douce odeur est *assoupissante,* d'après ce que dit

(¹) *De Agricult.,* liv. I, 37.
(²) *Hist. natur.,* liv. XXI, 19.

Philostrate, dans le passage que j'ai cité en note. L'*Hyacinthe* devait évidemment avoir la même propriété. Or, Pline et Dioscoride constatent cette vérité en parlant de cette dernière plante sous le nom d'*Iris*; ils disent : « il est soporifique, » *somnum conciliat.*

Les épithètes de *plaintive, gémissante, mélancolique,* font allusion au mot *Aï* gravé sur cette fleur, et dont j'ai expliqué le sens. Si je traduis l'adjectif *languens* de Virgile par *mélancolique,* c'est qu'il me semble que le sentiment que ce mot exprime est celui qui remplissait le cœur si tendre du poëte latin lorsqu'il écrivait les vers où cet adjectif se trouve. Il répond bien d'ailleurs aux épithètes grecques.

Ἀμάρατος ne signifie point ici, *qui ne se flétrit pas,* mais *dont la mémoire ne s'éteindra pas, vivra toujours.*

Les épithètes qui annoncent la couleur expriment les différentes nuances que les poëtes y avaient remarquées, et qui se perdent toutes dans un fond *brun foncé* ou *noirâtre,* ainsi que nous allons le voir. Comme il y a des *Iris* blancs, il ne faut pas être étonné de voir figurer dans ces vers l'épithète de *niveos.* On peut se convaincre par là que les anciens reconnaissaient plusieurs espèces d'*Hyacinthus.*

Euphorion est le premier poëte que nous rencontrions qui ait donné à l'*Hyacinthe* l'épithète de *purpurine* ou *purpuracée* (πορφύρεος, *purpureus*). Ce mot, employé ensuite par beaucoup d'autres soit en grec, soit en latin, et appliqué aux fleurs, présente d'abord un sens qui trompe ; il a donc besoin d'explication. Peu d'adjectifs avaient une signification plus étendue et plus diverse, comme je l'ai dit en parlant du *Vacinium*. Elle va jusqu'à exprimer le *noir*, c'est-à-dire un *rouge* ou un *violet* tellement foncé, qu'il paraît *noir*. C'est ainsi que *ficus purpurea* dans Pline signifie une *figue noire* ou *violâtre* [1]. Pline donne encore cette épithète à la Violette ordinaire, que Théocrite appelle *noire*, μέλαν. Le *pourpre*, dit Martinius, c'est *le noir mêlé de rouge :* « *Purpureus est niger rubore admisto.* Il dit ailleurs : « Le *pourpre* proprement dit, c'est le *rouge noirâtre......*, il se prend pour le *violet :* » *Purpureus color propriè est rubor nigricans... pro violaceo sumitur* [2]. Ainsi, les mots *purpureus, niger, suavè et dulcè rubens, ferrugineus, cœruleus, livens,* appliqués ici à l'*Hyacinthe*, reviennent tous au même sens. et signifient *une couleur sombre, un brun foncé* approchant plus ou moins *du noir.* Cette explication nous fait comprendre quelle était la couleur de la chevelure d'Ulysse [3] qu'Homère compare à celle de la fleur de l'*Hyacinthe ;* ainsi que la couleur des cheveux des Indiens, qu'Aviénus et Priscien assimilent aussi, à peu près dans les mêmes termes qu'Homère, à celle de cette fleur.

Cependant, comme l'épithète de *purpureus* pourrait faire une difficulté sérieuse et éloigner de la vérité, je suis forcé d'insister et de prouver ce que je viens de dire d'une manière qui ne permette aucune incertitude. Ce qui arrête d'abord, c'est que par ce mot nous sommes

[1] Liv. XV, 19, et XXIII, 63.

[2] *Lexic. phil. et etym.*, p. 2960.

[3] Nous avons vu, page 77, à la *note*, que Pindare, en parlant des cheveux *bruns*, au lieu de dire, comme Homère, *couleur d'Hyacinthe*, dit *couleur de Violette*, ce qui revient au même.

habitués à entendre une couleur *rouge*, *vermeille* ou *rose*.

Tout le monde connaît la Violette de mars et sa couleur. Or, pour exprimer cette couleur, le mot propre, en grec et en latin, était *purpureus*. Lorsqu'on ne l'employait pas, on se servait du mot *niger*, *noir*, comme synonyme. En voici la preuve. Dioscoride, en parlant de la Violette ordinaire, c'est-à-dire de celle de mars, dit : « La Violette porte une petite fleur très odorante, d'*un violet foncé :* » Ἴον... ἐφ' οὗ ἀνθήλιον σφόδρα εὖῶδες, πορφυροῦν (¹). Martinius interprète ainsi ce dernier mot, au sujet de la fleur de l'*Hyacinthe*, à laquelle Dioscoride donne cette épithète de *pourprée*, en latin *purpureum :* « Par ce mot de *purpureum* Dioscoride entend dire *violet*, puisqu'il appelle aussi la Violette *purpuream :* » *Per purpureum intelligit violaceum* (²). Ce mot de πορφυροῦς ou *purpureus*, d'un *pourpre chargé* ou *violet*, est aussi employé dans le même cas par Pline, qui, en parlant de la même fleur, s'exprime ainsi : *Violæ purpureæ* (³). Si ce terme paraît obscur, Théophraste, le père de la botanique chez les Grecs, va nous l'expliquer. En parlant toujours de la même espèce de Violette, il dit : « La Violette *noire :* « Τὸ ἴον τὸ μέλαν (⁴). Théocrite et Virgile lui

____

(¹) Liv IV, ch. 120.

' (²) *Lexic. phil. et etymol.* au mot *Hyacinthus*. — Il est évident que Servius ne connaissait l'*Hyacinthe* que de nom. Il le donne assez à entendre par les paroles suivantes : « Il faut savoir que ces énigmes (celles que propose Virgile), comme presque toutes les énigmes, manquent encore d'une solution claire. » (Note sur le vers 106 de l'*Égl.* III.) C'est ce qui lui a fait changer l'épithète *purpureus* d'Ovide en celle de *ruber* sans modification, qui est moins propre et qui doit se traduire là par *brunâtre*.

(³) Liv. XXI, ch. 14.

(⁴) Liv. VI, ch. 6.

ont donné le même nom. Dodoëns dit aussi : *Viola nigra sive* (hoc est) *purpurea* [1]. Ces deux mots sont donc ici à peu près synonymes. L'épithète de *purpureus* signifie donc souvent *un pourpre chargé, couleur d'un sang noir, coagulé, violet foncé, sombre, noirâtre.* Homère, Aratus, Apollonius de Rhodes, Valerius Flaccus, en écrivant, les premiers, ὅτε πορφύρῃ πελαγος [2], θάλασσα πορφύρει [3] et ὕδωρ πορφύρεον [4], et le dernier, *salem* ou *mare purpureum* [5], ne veulent pas dire sans doute que dans une tempête la mer devient *rouge*, mais que l'aspect en est *sombre* ou *noirâtre.* Hésychius explique la couleur d'*Hyacinthe* (Ὑακίνθινον) par ὑπομελάνιζον, ὑποπορφύριζον, « tirant sur le noir, » car il interprète πορφύρεον par μέλαν, *le noir.* En effet, Quintus de Smyrne a dit μέλας πόντος, *nigrum mare,* la *mer noire,* λευκαίνετο [6], *albescebat, blanchissait* (sous les coups des rames) ; et ailleurs, μέλαν ὕδωρ [7] et μέλαν κῦμα [8] : et lorsque Quintus dit μέλαν κῦμα, Homère dit κύμασι πορφυρέοισι [9]. L'expression de μέλας πόντος est remplacée par Hésiode et Orphée par celle de οἴνοπι πόντῳ [10] et οἴνοπα πόντον [11], *la mer couleur de vin,* ou d'*un rouge foncé.* Anacréon lui-même, en disant

[1] *Pempt.*, p. 156.
[2] *Il.*, ch. XIV, v. 16.
[3] *Les Phénom.*, v. 296.
[4] *Les Argon.*, v. 1327-28, liv. I.
[5] *Les Argon.*, liv. III, v. 422.
[6] Quint. Smyrn. *Posthom.*, liv. V, v. 87.
[7] Liv. XIV, v. 404 et 473.
[8] Liv. IX, v. 440.
[9] *Hymn.*, XXVIII, v. 12.
[10] Hesiod. *Opera et dies*, v. 622 et 817.
[11] Orph. *Argon.*, v. 100.

d'abord τρίγας μελαίνας, *des cheveux noirs*, et puis, quatre vers plus bas, πορφύραισι χαίταις (¹), *une chevelure foncée*, fait πορφύρεος synonyme avec μέλας. De son côté, Matthiole dit : « Par *couleur pourpre* la plupart des savants entendent *le noir*. » Purpureus color *à compluribus niger intelligitur*.

Outre l'adjectif *purpureus*, les poëtes se sont servis, comme synonymes et pour varier, de ceux de *ferrugineus, niger,* et autres que nous avons vus. Servius dit, au sujet des mots *ferrugineos Hyacinthos, Géorg.* IV, v. 183 : *Ferruginei, id est, nigri coloris.*

Après ces explications sur la couleur, il ne faut pas être surpris que pour exprimer celle de la Violette, aucun des trois naturalistes anciens ne se soit servi du mot de *cœruleus* ou du mot grec qui y répond : c'est que cette épithète n'annonce pas une couleur assez intense, et c'est, de plus, une preuve implicite que l'adjectif de *purpureus* en renferme le sens. Remarquez que si cet adjectif de *cœruleus* a été employé pour l'*Hyacinthus*, c'est à cause des trois pétales supérieurs, qui sont d'une teinte plus claire que les autres.

En voilà assez sur cette expression obscure et presque toujours mal comprise de *purpureus ;* mais il était, du reste, très important ici d'élucider complétement le sens dans lequel les anciens l'employaient, puisqu'on a cru indispensable, à cause d'elle, d'aller chercher dans les fleurs *purpurines* ou *rouges* pour trouver l'*Hyacinthus*.

Ceux qui connaissent l'*Iris germanique* en convien-

(¹) *Od.* XXVIII, v. 7 et 11.

dront, cette épithète ne saurait mieux s'appliquer qu'à cette fleur ; car il faut le dire et le reconnaître, nulle autre ne ressemble autant pour la couleur à la Violette que cet *Iris*, par ses pétales inférieurs. Ces deux fleurs pouvaient donc fort naturellement être comparées par les poëtes sous ce rapport (¹).

Après les nombreux passages des poëtes anciens que j'ai mis sous les yeux du lecteur, il serait superflu de citer les modernes. Je dirai seulement que Sannazar, en parlant de l'*Hyacinthe*, exprime une pensée gracieuse et délicate. En racontant le voyage de la Vierge Marie chez sa cousine, il dit : « Partout sous ses pas la terre produit des Roses fraîches et des *Hyacinthes , qui ne s'affligent plus :* »

Pubentesque Rosas, nec jam mœstos *Hyacinthos.*

(*De Part. Virg.*, lib. II, v. 18.)

Vida, au contraire, les fait figurer avec tout leur deuil dans la sépulture du divin Fils de Marie : « Répandez, dit-il, à pleines corbeilles les pâles Violettes, les fleurs du Narcisse, et les *Hyacinthes* gémissantes : »

(¹) La couleur *pourpre* était singulièrement aimée des anciens, qui la mettaient au petit nombre des plus belles. « Les couleurs les plus estimées, dit Fleury (*Mœurs des Israélites*, § X), étaient le *blanc*, la *pourpre rouge* ou *violette*. » On lit dans Pline (liv. IX, ch. 62) : « La couleur de la pourpre tyrienne est parfaite, quand elle a la couleur du sang coagulé, c'est-à-dire un aspect *noirâtre* avec un reflet brillant : aussi Homère (*Il.* XVII, 360) appelle-t-il *pourpré* le sang (répandu sur la terre). » Il cite plus loin (*Ibid.*, ch. 63) ces paroles de Cornélius Népos : « Pendant ma jeunesse, la *pourpre violette* était en faveur » : *Me juvene, violacea purpura vigebat.* Nous venons de voir que, suivant Fleury, c'était une des couleurs qui plaisaient le plus. De là vient l'estime particulière des anciens pour la couleur de l'*Hyacinthe.*

Pallentem Violam calathis diffundite plenis,
Narcissique comas, ac mærentes *Hyacinthos*.

(*Christ.*, lib. VI, v. 74.)

Voyons maintenant quels sont les caractères que Théophraste, Dioscoride et Pline donnent à l'*Hyacinthus*, et si nous pourrons reconnaître l'*Iris* commun dans ce qu'ils en disent.

Le premier, sans en faire une description proprement dite, nous apprend (¹), 1° que c'est une plante de montagne, et que sa fleur est une fleur printanière et coronaire : καὶ Ὑάκινθος, καὶ σχεδὸν ὅσοις ἄλλοις χρῶνται τῶν ὀρείων ; 2° qu'elle dure longtemps : αὕτη δὲ διαμένει ; 3° qu'il y avait deux espèces d'*Hyacinthus*, un sauvage et l'autre cultivé. Il n'y a rien là qui ne convienne à notre *Iris*.

Voici la description de Dioscoride : « L'*Hyacinthe* a des feuilles semblables à celles de l'Ognon de Scille ; sa tige a environ un pied de haut ; elle est lisse, un peu moins grosse que *le petit doigt*, d'une couleur herbacée ; elle se divise au sommet en rameaux renflés et chargés d'une fleur violette : sa racine est bulbeuse. Cette racine, dit-on, appliquée aux enfants avec du vin blanc, suspend la marche de la puberté et en retarde les signes ; sa décoction arrête le cours de ventre, est diurétique, et guérit les piqûres des tarentules. Sa graine est plus astringente, et on la fait entrer dans la thériaque : bue avec du vin elle guérit l'ictère » : Ὑάκινθος φύλλα ἔχει ὅμοια Βολβῷ· καυλὸν σπιθαμιαῖον (peut-être faut-il διοπιθαμιαῖον),

____

(¹) *Hist. Plant.*, lib. VI, c. 7.

λεῖον, λεπτότερον τοῦ μικροῦ δακτύλου, χλωρόν, κομην ἐπικει-
μένην κυρτήν, ἄνθους πλήρη πορφυροιδοῦς, ῥίζαν καὶ αὐτὴν ἐμφερῆ Βολβῷ. Ἥ τις σὺν οἴνῳ καταπλασθεῖσα λευκῷ ἐπὶ παίδων,
ἀνήβους τηρεῖν πεπίστευται· ἵστησι δὲ καὶ κοιλίαν, καὶ οὖρα ἄγει
ποθεῖσα, καὶ φαλαγγιοδήκτους ὠφελεῖ. Ὁ καρπὸς δὲ στυπτικώ-
τερος ὢν καὶ αὐτός, θηριακοῖς ἁρμόζει· ἴκτερόν τε ἀποκαθαίρει σὺν
οἴνῳ πινόμενος (¹). Pour ces propriétés, Galien dit absolument la même chose.

Voyons maintenant ce que Pline rapporte de cette
plante. Il en parle d'abord sous le nom de *Vacinium*, et
il dit : « Il faut aussi des *lieux humides* au *Vacinium*,
cultivé en Italie, où il est employé par les marchands
d'esclaves, et dans les Gaules, où l'on en fait une pourpre
servant à la teinture des vêtements des esclaves : « *Item
Vacinia, Italiæ máncupiis sata, Galliæ verò etiam purpuræ tingendæ causâ ad servitiorum vestes* (²). Puis, parlant de l'*Hyacinthus*, il le présente, ainsi que Théophraste
l'avait fait, comme une fleur coronaire, printanière, et
qui dure beaucoup (*Hyacinthus maximè durat*), et il
ajoute : « L'*Hyacinthe* est l'objet de deux fables : d'après
l'une, elle porte le deuil de celui qu'avait aimé Apollon ;
d'après l'autre, elle est née du sang d'Ajax, les veinures
de la fleur étant disposées de manière à figurer les
lettres grecques Αι : » *Hyacinthum comitatur fabula
duplex, luctum præferens ejus quem Apollo dilexerat, aut
ex Ajacis cruore editum, ità discurrentibus venis, ut
græcarum litterarum figura* Αι *legatur inscripta* (³).

(¹) Liv. IV, ch. 63.
(²) Liv. XVI, ch. 31.
(³) Liv. XXI, ch. 38. — Ce que Pline nous dit là, Ovide nous l'avait dit

Plus loin, il dit encore : « L'*Hyacinthe* croît surtout dans la Gaule, où elle est employée pour la teinture écarlate nommée *hysgine*. La racine est bulbeuse, et fort connue des marchands d'esclaves : appliquée avec du vin doux, elle arrête la marche et retarde les signes de la puberté. Elle guérit les tranchées et les piqûres d'araignées ; elle est diurétique. On en donne la graine avec l'Aurone dans les blessures faites par les serpents et les scorpions, et dans l'ictère (*Traduct. de M. Littré*) : » *Hyacinthus in Galliâ maximè provenit. Hoc ibi fuco hysginum tingunt. Radix est bulbacea, mangonicis venalitiis pulchrè nota : quæ è vino dulci illita, pubertatem coercet et non patitur erumpere. Torminibus et araneorum morsibus resistit. Urinam impellit. Contrà serpentes et scorpiones, morbumque regium, semen ejus cum Abrotono datur* (¹).

Pline ne décrit point la plante, comme on voit ; à peine dit-il un mot de la racine. Mais l'énumération qu'il fait de ses propriétés et de ses usages suffit de reste pour nous convaincre que son *Hyacinthus* est bien celui de Dioscoride. Il dit à cet égard tout ce que dit celui-ci, et presque dans les mêmes termes : il rapporte de plus la

avant lui, comme nous l'avons vu. Il aurait mieux fait sans doute de nous expliquer, pour l'instruction de la postérité, ce qu'était cet *Hyacinthus*, chanté sur tous les tons et sur tous les modes par les poëtes qui l'avaient précédé. Mais le savait-il bien lui-même ? C'est ce dont il est permis de douter. Au moins aurait-il dû nous dire que le *Vacinium* était la même plante, s'il n'était pas assez bien renseigné pour nous apprendre que l'un et l'autre n'étaient autre chose qu'une espèce d'*Iris* semblable à quelques-uns de ceux dont il parle dans son *Histoire*.

(¹) Liv. *Id*. ch. 97.

fable d'Hyacinthe et celle d'Ajax, l'emploi de cette fleur
pour la teinture, et l'usage que les marchands d'esclaves
faisaient de sa racine. Il s'agit donc bien dans Dioscoride
comme ici de l'*Hyacinthus* des poëtes : les mêmes propriétés médicinales, les mêmes usages dans des cas semblables et dans les mêmes maladies, le tout exprimé
parfois par les mêmes termes et les mêmes phrases, semblent faire de l'un de ces passages la copie de l'autre, et
annoncent évidemment que Dioscoride a voulu décrire
un *Iris* dans lequel on reconnaît tous ces divers caractères et ces vertus, c'est-à-dire cette *grande plante* et cette
grande fleur qu'Ovide compare au *Lis blanc*, sauf la couleur; que l'on appelait aussi *Lis bleu* et même *Iris*,
d'après plusieurs témoignages respectables, et dont Anacréon met une tige fleurie dans la main de l'Amour en
guise de bâton pour l'en frapper et le faire courir. Comment se fait-il donc que la description de Dioscoride ait
été si mal comprise, et qu'on ait rapporté sa plante à une
petite fleur de quelques pouces de haut seulement, telle
qu'une *Jacinthe* ? Cependant, aidé de l'autorité de Pline,
qui est ici manifestement dans la vérité, on peut remarquer dans Dioscoride quelques traits saillants bien capables de désabuser d'une opinion pareille, et qui conviennent parfaitement à l'*Iris;* par exemple, *des feuilles
semblables à celles de l'Oignon de Scille*, c'est-à-dire longues, larges et pointues, ou en forme de large épée ; une
tige *un peu moins grosse que le petit doigt*, verdâtre et
lisse, dont les divisions sont renflées, etc.

Deux expressions peuvent pourtant arrêter dans cette
description, σπιθαμιαῖον, et ῥίζαν ἐμφερῆ βολβῷ. Le spithame

des Grecs où l'empan avait un peu moins de neuf pouces.
Or la tige de l'*Iris germanique* s'élève ordinairement au
double de cette hauteur; aussi est-il probable que le texte
primitif porte διοπιθαμιαῖον, *deux empans*. Quant à la
racine, Dioscoride la dit *semblable à un bulbe;* Galien la
nomme *bulbiforme*, βολβοειδὴς, et Pline, *bulbeuse*. Il faut
se souvenir que sous le nom de *racines bulbeuses*, les anciens comprenaient à la fois et *les racines à oignons*
munis de tuniques et celles que nous nommons *tubercu-
leuses*. C'est ainsi que Pline donne le nom de *bulbes* aux
racines de l'Asphodèle, *bulbos Asphodeli* [1], quoique ce
soient des tubercules. Il s'agit ici d'une racine de cette
dernière espèce.

Il est essentiel de remarquer encore que κόμην κυρτὴν
ne signifie pas *la tête* ou *le sommet* de la tige *incliné, re-
courbé*, comme Ruel l'a traduit, mais chacun de ses rameaux *gibbeux, renflé*, effet produit par l'ovaire et la
spathe. La fleur de l'*Iris* est terminale, c'est-à-dire qu'elle
est portée au bout de la tige et de ses rameaux; la tige
est donc *chargée* [2], à son sommet, de cette fleur, unique
au bout de chaque rameau : ce que Dioscoride exprime
par κόμην ἄνθους πλήρη; et Ruel traduit ces mots par *bout
de la tige plein de fleurs*, malgré le singulier du mot qui
exprime *fleur* en grec. On devine qu'en expliquant ici

---

[1] Liv. XXI, ch. 68

[2] Le mot πλήρης, *plenus*, s'emploie fort bien quelquefois pour exprimer
le *poids* seulement ou la *grandeur* de l'objet, sans en impliquer nécessairement la pluralité. Il en est de même en latin de l'adjectif *plenus*. Properce
a dit : *plenus exuviis, chargé de dépouilles*, et Tite-Live (41, 28), *exercitus
prædâ plenissimus, armée chargée d'un immense butin.*

quelques phrases comme il l'a fait, le traducteur pensait à la *Jacinthe*.

La traduction latine du chapitre de l'*Hyacinthus* de Dioscoride a dû nécessairement jeter plusieurs botanistes dans l'erreur, en rendant méconnaissable la plante qui y est décrite succinctement. Peindre une tige droite comme *recourbée*, et mettre *un grand nombre* de fleurs là où la nature n'en a placé qu'*une seule*, c'était plus qu'il n'en fallait pour dévoyer les esprits les plus clairvoyants.

Si je me suis attaché à faire ressortir le véritable sens de la description grecque, et à la faire concorder ainsi avec ce que Pline nous apprend, c'est pour montrer qu'aucun naturaliste ancien n'a rien écrit de contraire à mon opinion, et que, bien loin de là, tout tend à la fortifier. J'avoue que je regardais comme très important de n'avoir pas Dioscoride contre moi.

On le voit, Théophraste, Dioscoride et Pline n'ont rien de formel qui prouve que l'*Hyacinthus* de l'un ne soit pas celui des deux autres, ainsi que le *Vacinium* des Latins; c'est tout l'opposé qu'on y trouve si l'on y réfléchit bien, et plusieurs grands traits de ressemblance qui sautent aux yeux dans ce qu'ils en ont écrit, doivent nous convaincre qu'ils ont tous voulu parler, sous l'un et l'autre nom, de la même plante. Il y a plus, si l'on y regarde attentivement, on s'apercevra que, bien que les anciens séparent toujours dans leur esprit, comme je l'ai fait observer, l'*Iris* qu'ils appelaient *Hyacinthe* des autres espèces d'*Iris*, ils attribuent toujours à quelques-unes de celles-ci ou à l'*Iris* pris en général, certaines qualités ou propriétés particulières qu'ils donnent spécialement à l'*Hyacinthus*. C'est ce qui paraît d'une manière assez sensible dans Pline, qui dit de l'*Iris :* « Il lâche le ventre..... Il est bon pour les tranchées, contre les morsures des serpents et des araignées, contre la piqûre des scorpions : » *Alvum solvit.... tormina. Contra serpentium et araneorum morsus......valet. Contrà scorpiones...*(¹). Nous venons de voir que Pline dit ces mêmes choses de l'*Hyacinthus.* Cela provient sans doute du voisinage des espèces et de l'affinité qu'elles ont entre elles.

On a lu au chapitre précédent les paroles de Palladius, qui, en parlant des fleurs qu'aiment les abeilles, donne le surnom d'*Iris* à l'*Hyacinthus,* disant : « L'*Hyacinthe* qu'on appelle *Iris* ou *Glaïeul* (²). » Columelle, en traitant le même sujet, s'il ne nomme point l'*Iris,* le désigne d'une manière assez claire par les mots *cœlestis nominis*(³) *Hyacinthus,* « l'*Hyacinthe* qui porte un nom céleste (ou le nom d'une divinité céleste). » Il saute aux yeux que ce *nom céleste* n'est pas autre que celui d'*Iris,* fleur et déesse, et que ces deux phrases disent la même chose sous des termes différents.

Les auteurs en prose, pas plus que les poëtes, n'ont rien écrit sur l'*Hyacinthus* qui ne convienne à l'*Iris germanique.*

(¹) Liv. XXI, ch. 83.

(²) Liv. I, § 37.

(³) La plupart des éditions donnent *luminis.* Il serait difficile, je crois, de trouver, surtout en prose, des exemples du mot *lumen* employé pour exprimer la *couleur.* Comme Hyacinthe ne fut point transporté au ciel après sa mort, il est probable que les mots *cœlestis nominis* (ou peut-être *numinis*) ont embarrassé les copistes qui ne connaissaient point l'*Hyacinthus,* et qu'ils ont cru bien faire de remplacer le dernier par celui de *luminis.* L'édition de Deux-Ponts de 1787 porte *numinis.*

Paléphate dit, en parlant d'Hyacinthe : « Une fleur naît et prend son nom. On raconte même que le commencement de ce nom se montre écrit sur ses pétales : » Τὸ ἄνθος...... γίνεται, καὶ τὄυνομα δέχεται· λέγουσι δ'ὅτι καὶ τῆς προσηγορίας ἐν φύλλοις ἐπιγέγραπται τὸ προοίμιον (¹).

Lucien appelle la fleur d'Hyacinthe *la plus agréable et la plus belle* de toutes les fleurs, et il ajoute qu'outre cela, elle présente des *lettres plaintives* sur sa mort : Ἄνθος ἥδιστον καὶ εὐανθέστατον ἀνθέων ἀπάντων, ἔτι καὶ γράμματα ἔχον ἐπαιάζοντα τῷ νεκρῷ (²).

En parlant de la mort d'Hyacinthe, il dit plus loin : « La fleur née de son sang, et l'inscription lugubre gravée sur ses pétales : » Τὸ ἐκ τοῦ αἵματος ἄνθος καὶ τὴν ἐν αὐτῷ αἰάζουσαν ἐπιγραφὴν (³). Ailleurs il vante la bonne odeur de cette fleur (⁴). Phérécrate en fait autant dans Athénée (⁵).

En parlant de la chevelure d'une femme, Lucien dit : « Les nombreux anneaux des cheveux bouclés qui tombaient de sa tête brillaient d'un noir élégant pareil à celui des fleurs de l'*Hyacinthe* : » Ἕλικες Ὑακίνθοις τὸ καλὸν ἀνθοῦσιν ὅμοια πορφύροντες (⁶). Il vante encore cette couleur ailleurs (⁷).

La même comparaison se lit dans Philostrate (⁸), dans les *lettres* d'Aristénète, dont voici les paroles : « Sa che-

---

(¹) *De Fabulis.* — *De Hyacint.*
(²) *Dial. Merc. et Apoll.*
(³) *De Salt.*, c. 45.
(⁴) *Var. Histor.*, lib. II, c. 5.
(⁵) *Deipnosoph.*, lib. 15.
(⁶) *Amor.*, c. 26.
(⁷) *Rhet. Præcept.*, c. 11 ; *pro Imag.*, c. 5.
(⁸) *Tableaux.* — *Pan.*

velure, naturellement bouclée, ressemblait pour la couleur à la fleur de l'*Hyacinthe*, comme dit Homère ([1]); »
dans Longus, qui dit : « Vois-tu comme sa chevelure
ressemble à l'*Hyacinthe?* » Ὁρᾷς ὡς Ὑακίνθῳ μὲν τὴν κόμην
ὁμοίαν ἔχει ([2]) ;

Le même Longus dit ailleurs : « Si je suis imberbe,
Bacchus l'est bien aussi ; je suis *noir*, mais l'*Hyacinthe*
est *noire* aussi : cependant Bacchus est plus beau que les
Satyres, et l'*Hyacinthe* plus estimée que les Lis : » Ἀγένειός
εἰμι, καὶ γὰρ ὁ Διόνυσος· μέλας, καὶ γὰρ ὁ Ὑάκινθος· ἀλλὰ κρείττων
καὶ ὁ Διόνυσος Σατύρων, καὶ ὁ Ὑάκινθος Κρίνων([3]).

Il unit dans d'autres passages l'*Hyacinthus* aux plus
belles fleurs des jardins. « Cependant, dit-il, la Violette
et l'*Hyacinthe* fleurissent, et Daphnis se fane ([4]). » —« J'ai
un jardin..... au printemps il y a des Roses, des Lis,
l'*Hyacinthe*, et des Violettes de toute espèce ([5]). » — Les
Roses, les *Hyacinthes*, les Lis, étaient dus à la culture ([6]). »
— « Ah! mes pauvres *Hyacinthes* et Narcisses, qu'un
méchant m'a arrachés ([7]) ! » Elien parle aussi de l'*Hyacinthe* comme d'une fleur très belle et d'une odeur
agréable ([8]).

([1]) *Arist. Epist. græc.-lat.*, édit. Boissonade, p. 5.
([2]) *Pastoral.*, liv. IV, § 17, édit. de Sinner, 1829. — La couleur de l'*Hyacinthe* était si agréable aux yeux des anciens, que ceux qui voulaient paraître bien élégants soignaient beaucoup leur chevelure lorsqu'elle y ressemblait. On en voit particulièrement la preuve dans le passage cité de Lucien.
([3]) *Ibid.*, liv. I, § 16.
([4]) *Ibid.*, liv. I, § 18.
([5]) *Ibid.*, liv. II, § 3.
([6]) *Ibid.*, liv. IV, § 2.
([7]) *Ibid.*, § 8.
([8]) *Var. Hist.*, lib. XIII, c. 1.

Philostrate fait une comparaison digne de remarque lorsqu'il dit : Un fruit *noirâtre* comme des boutons d'*Hyacinthe* : » Μῆλον κυάνεον μὲν ὥσπερ τῶν Ὑακίνθων αἱ κάλυκες (¹). Ces boutons, en effet, sont d'un violet si foncé, qu'ils paraissent noirs. On lit dans une de ses *lettres* : « L'*Hyacinthe* convient au jeune homme au teint blanc, le Narcisse aux teints bruns, et la Rose à tout le monde : » Ὑάκινθος μὲν λευκῷ μειρακίῳ, πρέπει δὲ Νάρκισσος μέλανι· Ῥόδον δὲ πᾶσιν (²).

Zosime nous annonce que l'*Hyacinthus* est *une herbe*, par les mots πόα Ὑάκινθος, *herba Hyacinthus*. Isidore dit la même chose : « L'*Hyacinthe* est *une herbe qui porte une fleur sombre. Elle ressemble par sa racine et par sa fleur à la Violette (pour l'odeur et la couleur, mais non pas pour la forme)* : » *Hyacinthus herba est habens florem purpureum. Est autem radice et flore Violæ similis* (³). C'est aussi ce que Servius nous fait entendre par le mot de *flos* dont il l'accompagne. Voici ce qu'il en dit, ainsi que je l'ai rapporté à la page 101 : « L'*Hyacinthus* vient partout; c'est une fleur qui naquit d'abord du sang d'Hyacinthe, ensuite de celui d'Ajax, comme Ovide nous l'apprend. Il a la forme d'un Lis brunâtre et présente la première syllabe du mot *Hyacinthe* : » *Hyacinthus ubique nascitur flos, qui natus est primo de Hyacinthi sanguine, posteà de Ajacis, sicut et Ovidius docet. Est autem rubrum quasi Lilium, designans primam Hyacinthi litteram* (⁴).

(¹) *V. A.*, III, 5.
(²) *Epist. Amor. et Del.*
(³) *Origin.*, lib. XVII, c. 9.
(⁴) *Note sur le vers* 106 *de l'Ég'og. III.*

Pausanias parle de la fleur qui naquit du sang d'Ajax. Il dit que « Cette fleur est d'un *blanc* mêlé de *rouge* (λευκόν ἐστιν, ὑπέρυθρον), plus petite que le Lis et pour la taille et dans ses feuilles, et qu'elle porte des lettres comme les *Hyacinthes* (¹). » En parlant ainsi il fait de la fleur d'Ajax une fleur différente de celle d'Hyacinthe. Il contredit par là Ovide, qui n'en reconnaît qu'une pour ces deux noms, et qui en donne une description parfaite, comme on a pu le remarquer, sous le rapport des détails et de la vérité. Ovide devait bien connaître la fleur dont il s'agit et l'avoir bien examinée. Pausanias, au contraire, ne parle pas d'après lui-même; il rapporte un *on dit*, λέγουσι. Son récit est donc bien loin de mériter autant de confiance que celui du poëte latin. Il contredit encore Pline et le scoliaste grec de Théocrite, et ce qui est bien plus fort, Théocrite lui-même et plusieurs autres poëtes anciens, qui représentent la fleur d'Ajax comme *noire*. Ce trait devrait suffire.

Il serait difficile d'ailleurs de trouver une autre fleur qui offrît aux yeux les lettres Αι Αι, ou ΑιΑ, d'une manière aussi évidente que l'*Iris*.

D'un autre côté, Pausanias parle plus loin d'une grande fleur qu'il nomme *Cosmosandalon*, et qu'il rapporte à l'*Hyacinthus :* c'est ce qui m'a engagé à citer ce nom, quoique avec doute, parmi les synonymes de l'*Hyacinthus*. Voici ce qu'il en dit : « On tresse des couronnes pour ces jeunes enfants avec une fleur qu'on appelle dans ce pays *Cosmosandalon*, et qui n'est, selon moi, qu'un *Hya-*

______

(¹) *Græciæ Descript.*, lib. I, c. 35.

cinthus et pour la grandeur et pour la couleur ; car elle porte des lettres plaintives comme lui : » πλέκονται δὲ οἱ στέφανοί σφισιν ἐκ τοῦ ἄνθους ὃ καλοῦσιν οἱ ταύτῃ Κοσμοσάν-δαλον, Ὑάκινθον, ἐμοὶ δοκεῖν, ὄντα καὶ μεγέθει καὶ χρόᾳ· ἔπεστι δὲ οἱ καὶ τὰ ἐπὶ τῷ θρήνῳ γράμματα (¹). Il est vraisemblable que ce *Cosmosandalon* est la même fleur que celle dont nous venons de parler. Mais faut-il y voir notre *Hyacin-thus ?* Évidemment non, puisque Pausanias lui-même le regarde seulement comme une espèce d'*Hyacinthus*, et non pas comme l'*Hyacinthus* lui-même. C'est donc une autre fleur, qui lui ressemble en quelque chose. Son nom grec, qui signifie *Belle Pantoufle* ou *Pantoufle de prêtresse*, semble nous désigner *le Sabot de Notre-Dame, Cypripe-dium Calceolus*. Lin.

Le scoliaste grec de Théocrite fait la note suivante sur l'*Hyacinthus :* « On dit que l'*Hyacinthe* est née du sang d'Ajax, de celui qui devint furieux et se donna la mort devant Troie ; et qu'à cause de cela, cette fleur présente, écrite sur ses pétales, la syllabe Αι Αι, qui est le commen-cement du mot *Ajax*. C'est par ce motif que le poëte l'appelle *écrite* (l'*Hyacinthe écrite*) : elle présente, en effet, des caractères alphabétiques gravés sur sa corolle et qui expriment la douleur, je veux dire les deux lettres répétées Αι, Αι, qui rappellent les événements qu'on a racontés sur Ajax. On dit que l'*Hyacinthe* naquit de son sang lorsque, devenu furieux devant Troie, il se perça de son épée. De là, le cri de douleur de ce guerrier. »

De tous les commentateurs anciens ou modernes celui

____

(¹) Lib. I, c. 35.

qui a le plus approché de la vérité sur l'*Hyacinthus*, c'est le savant Saumaise, dans ses *Commentaires sur Solin*. Son interprétation pleine de justesse est rapportée par La Rue dans ses notes sur Virgile, *Églogue III*, vers 63. Il y a quelque mérite à se rencontrer avec un tel homme.

Parmi les derniers traducteurs en vers des Bucoliques de Virgile, deux seulement qui me soient connus, le professeur Ract-Madoux et le comte de Marcellus, se sont soustraits à la routine de traduire *Vaccinium* par *Vaciet*, mot français aussi obscur que le latin. Ils l'ont rendu l'un et l'autre par *Iris*. Dirai-je ici que le premier, avant de publier son ouvrage, m'ayant consulté sur les deux fleurs du 18ᵉ vers de la *IIᵉ Églogue*, parut goûter d'abord mon explication, mais qu'il trouva que pour rendre *Ligustrum*, le mot de *Liseron* n'était pas assez poétique ? Il a donc, comme ses devanciers, conservé bien à tort le nom impropre de *Troëne*.

M. de Marcellus dit, en parlant de *Vacinium* : « La signification de ce mot est une énigme. Les uns croient que c'est l'*Iris*; d'autres, des mûres sauvages ; ceux-ci, l'*Hyacinthe*; d'autres enfin, le Myrtille ou Airelle. Virgile, chantant dans ses Bucoliques et l'*Hyacinthe* et le *Vaccinium*, il semble qu'il n'a pas dû donner deux noms différents à la même plante. Ce n'est donc pas l'*Hyacinthe*, cette fleur *écrite*, dont le poëte parle ailleurs clairement en la nommant (¹). » J'en demande pardon à sa mémoire vénérée, mais tout nous prouve dans cette discussion

____

(¹) *Trad. en vers franç. des Bucoliq. de Virgile*, p. 85 et 354. Paris, 1840.

que le *Vacinium* et l'*Hyacinthus* sont bien la même plante.

En récapitulant les divers caractères attribués à l'*Hyacinthus* par les poëtes, et en nous aidant de ceux que nous fournissent les écrivains en prose, nous trouvons, 1° que cette plante est une *herbe*; 2° qu'elle croît particulièrement sur les *rochers et les montagnes*; 3° qu'elle était autrefois assez *commune* pour être généralement connue; 4° qu'elle porte *une grande fleur*, qui se montre *au printemps* et qui ressemble au *Lis blanc* pour l'ampleur, ainsi que pour la hauteur de sa tige; 5° que cette fleur est *belle et agréable* à la vue, et qu'on l'employait pour faire *des couronnes*; 6° qu'elle a une *odeur douce et narcotique*; 7° qu'elle présente d'une manière bien visible sur ses pétales des ϓ et des ʌ grecs majuscules, et les ϓ les premiers; et de plus des *iota* minuscules, c'est-à-dire des petits *i* après les ʌ, plusieurs fois *répétés* les uns et les autres; 8° que sa couleur est d'un *pourpre foncé* tirant sur *le noir*, c'est-à-dire d'un *violet sombre*, pareil à celui de la Violette ordinaire; 9° que cette fleur est propre à fournir abondamment *une couleur* semblable à la sienne ou plus belle encore pour *la teinture en grand*; 10° que la tige de cette plante est *lisse, verte, d'un à deux pieds* de hauteur et de la grosseur à peu près *du petit doigt*; 11° que les feuilles sont *longues, larges* et *pointues*, c'est-à-dire en forme de *large épée*; 12° que sa racine est fort *grosse* et *tuberculeuse*.

Avoir énuméré ces nombreux caractères, presque tous tirés des poëtes, c'est avoir décrit trait pour trait l'*Iris germanique*.

On a cru reconnaître l'*Hyacinthus* des poëtes anciens dans plusieurs plantes, qui sont tombées tour à tour sous ce rapport dans un oubli presque total. Aucune d'elles n'a satisfait pleinement et n'a pu résister à la critique. On doit le comprendre, il ne s'agit point ici de deviner ou de subtiliser. L'*Hyacinthus* sera la fleur qui, avant toute autre condition, portera bien visiblement *son nom écrit sur ses pétales*, c'est-à-dire les deux lettres grecques majuscules ΥΑ, qui sont le commencement du mot *Hyacinthus;* et, de plus, qui les portera de manière à présenter naturellement aux yeux l'Υ avant l'Α. En effet, s'il n'y avait pas plus de raison pour lire ΥΑ que ΑΥ, le nom de la fleur aurait pu commencer par cette diphthongue, et ce n'eût pas été le nom du jeune ami d'Apollon.

Outre ces deux lettres, il faut encore nécessairement qu'elle présente l'*i* minuscule après l'Α, pour pouvoir former la syllabe ΑΙ, exclamation de douleur et commencement du mot *Ajax*, qui s'écrit en grec Αἴας.

Si ce caractère principal se rencontrait dans une fleur, il faudrait encore, pour être l'*Hyacinthus*, qu'elle eût en même temps les autres ci-dessus énoncés. Elle doit les réunir tous sans exception.

Les plantes qu'on a rapportées à l'*Hyacinthus* sont : une *Jacinthe*, la *Dauphinelle*, le *Myrtille*, un *Lis*, un *Glaïeul*, enfin un *Iris*.

1° Une *Jacinthe*. On a cherché d'abord dans le genre *Hyacinthus* de Linné, et l'on a cité successivement les espèces nommées *orientalis, racemosus, cernuus* et *comosus*. Mais ni celles-là, ni aucune autre de ce genre, ne sauraient remplir les conditions nécessaires. Aucune ne présente *des lettres* gravées sur ses pétales ; aucune ne ressemble au *Lis* pour la grosseur de la fleur et la hauteur de la tige ; aucune n'est propre à fournir une *teinture violette* en grand, etc. L'identité de nom a trompé les interprètes. Demoustier s'est donc mépris comme bien d'autres lorsqu'il a écrit, en prenant la Jacinthe des jardins pour l'*Hyacinthus* :

« Avant le retour de Flore
» Elle s'empresse de fleurir,
    » Pour éviter encore
    » L'haleine de Zéphyr (¹). »

Ces vers sont jolis, mais la pensée en est fausse. La Jacinthe en question fleurit, il est bien vrai, au mois de mars, *avant le retour de Flore*, mais la véritable fleur d'Hyacinthe ne fleurit qu'à la fin d'avril et en mai. *Rien n'est beau que le vrai, le vrai seul est aimable.*

Ce qui dissipe ici tous les doutes, à part tous les autres genres de preuves, c'est cette *tige d'Hyacinthe* dont Anacréon arme la main de l'Amour comme d'un bâton, pour l'en frapper et le faire courir avec lui. Cela suppose dans cette tige une certaine grosseur et une certaine consistance. Or, Dioscoride nous dit que la tige de l'*Hyacinthus* est à peu près grosse comme *le petit doigt*. Avec une tige pareille, d'une longueur raisonnable et chargée de belles fleurs, l'image est très gracieuse ; avec celle d'une Jacinthe ou d'une autre aussi petite plante, elle n'est que ridicule.

2° La *Dauphinelle*, appelée aussi *Pied-d'alouette*.

____

(¹) *Lettres sur la Mythol.*, Lett. XIII.

L'espèce nommée par Linné *Delphinium Ajacis* a longtemps fixé tous les doutes, et l'on avait pensé que l'autorité de ce grand botaniste suffisait pour trancher la question. On n'avait pas remarqué que Linné n'avait point pris à tâche de résoudre les questions d'identité qui nous occupent ici, et qu'il s'est borné, en citant les noms des plantes, à consigner dans son *Species* l'opinion des botanistes qui l'avaient précédé. On a donc cru pendant longtemps reconnaître dans la fleur de cette *Dauphinelle* les caractères d'écriture dont parlent les poëtes. Ce qu'il y a de sûr, c'est que ces prétendues lettres ne sont que des lignes ou des figures informes, incomplètes et très peu visibles.

Qu'on prenne des fleurs de cette plante et qu'on les examine bien attentivement, qu'y verra-t-on? Sur les pétales regardés à l'envers on n'aperçoit que quelques lignes d'une extrême finesse, qui partent de la nervure principale et se bifurquent au sommet, mais point d'A, point d'*i* : ces bifurcations, qui, à la rigueur, pourraient simuler une autre lettre grecque, sont donc insignifiantes par leur insuffisance et par leur ténuité, qui les rend si peu apparentes.

Si nous regardons sur le nectaire, où se trouvent, disait-on, ces deux lettres, nous y voyons, aux deux côtés de sa bifurcation et à l'entrée de sa gorge, quelques petits traits allongés, qui représentent, dans une position droite, la figure suivante, *IVI*. Remarquez qu'il faudrait renverser la fleur la tête en bas pour voir dans ces petits caractères ainsi tournés *IΛI* l'apparence du mot Aι ; ce qui n'est pas raisonnable ni naturel. Ajoutez à cela qu'ils sont presque entièrement cachés par les deux côtés de l'entrée du nectaire, de telle sorte, qu'il faut l'ouvrir pour les bien apercevoir.

Ce que je viens de dire suffit pour prouver qu'il est impossible de lire sur la fleur de cette *Dauphinelle* les trois lettres ΥΑι, qui avant tout caractérisent l'*Hyacinthus* : cette réflexion seule aurait dû faire exclure cette fleur.

Nous y serons d'autant plus portés maintenant, qu'outre l'absence ou l'insuffisance manifeste de cette première et indispensable condition, la *Dauphinelle* ne ressemble point par son port ni par sa fleur à un *Iris* ou à un *Lis*, ainsi qu'il le faudrait d'après Ovide et Nicandre ; elle ne pourrait point fournir la matière colorante pour *la teinture* dont parle Pline ; elle n'a point les feuilles en *forme d'épée*, etc. On peut en dire autant du *Delphinium peregrinum*, Lin., qu'on a mis aussi sur les rangs, et de toutes les autres *Dauphinelles*.

3° Le *Myrtille*, qu'on appelle aussi *Airelle* (*Vaccinium Myrtillus*, Lin.). C'est une petite plante ligneuse qui croît principalement dans les bois des hautes montagnes. Sa fleur est rouge, très petite, et produit une baie qui est noire dans sa maturité. Quoique cet arbuste ne présente rien de remarquable, quelques botanistes y ont sottement rapporté le *Vaccinium* de Virgile, et ont cru que ce poëte, par les mots de *Vaccinia nigra*, voulait parler de ses baies, qui sont bonnes à manger et que les bergers cueillent en gardant leurs troupeaux. Cette opinion absurde, qu'on trouve discutée dans Dodoëns, suppose l'ignorance d'un fait capital : c'est que *Vacinium* et *Hyacinthus* sont

le même mot écrit sous deux formes différentes, et désignent par conséquent la même plante. Or, l'*Hyacinthus*
n'est pas une baie!!... Elle ne peut donc être admise
sous aucun rapport, car le *Myrtille* ne remplit aucune des
conditions que nous avons lues plus haut. Donner le *Myrtille* ou sa baie comme l'*Hyacinthus* des anciens, ou même
comme leur *Vacinium*, c'est de toutes les explications
qu'on a pu imaginer la plus extravagante, la plus inepte,
j'ajoute, et la plus injurieuse au goût exquis de Virgile.

4° Un *Lis*. On a jeté les yeux d'abord sur le *Lis bulbifère* (*Lilium bulbiferum*, Lin.), puis sur le *Lis Martagon*
(*Lilium Martagon*, Lin.), sans doute à cause des points
noirs dont leurs pétales sont tiquetés. Si ces deux plantes
répondent sous un certain rapport à l'idée que nous donne
Ovide de l'*Hyacinthus*, elles sont bien loin de remplir les
principales conditions qui doivent nous le faire reconnaître. Et pour ne parler en ce moment que de la fleur du
Martagon, qui semble avoir été adoptée aujourd'hui de
préférenee à toute autre, les points ronds et brunâtres
qu'on voit sur ses pétales, qui sont tous réfléchis et roulés
sur le dos, ne fôrment absolument aucun caractère alpha-
bétique. On y remarque tout au plus sur la ligne médiane
une façon de ≺ renversé, le plus souvent très informe
et qui ne peut rien signifier. Pour les trois lettres Υ Α ι, il
n'en existe aucune trace. Ce prétendu *Hyacinthus* ne porte
donc pas son *nom écrit* sur ses pétales.

Si nous regardons ensuite sa couleur, qui est d'un
rouge grisâtre, nous serons bientôt convaincus que cette
couleur n'a pas pu être appelée *noire* par Théocrite et par
Virgile ; et nous avouerons sans peine qu'Homère aurait

donné une preuve d'un bien mauvais goût en nous représentant avec éloges la chevelure d'Ulysse de cette couleur-là, sans parler des poëtes venus après lui et des autres écrivains qui se sont plu à l'imiter sur ce point et à faire la même comparaison. Et puis, tirera-t-on de cette fleur la *teinture hysgine*, c'est-à-dire *violette*, dont parle Pline? Cela répugne au bon sens.

Il faut donc renoncer aussi désormais au *Lis Martagon*, et cesser de voir en lui l'*Hyacinthus* des anciens. On ne peut en douter, les traits principaux, indispensables, qui caractérisent cette plante célèbre lui manquent absolument et s'opposent à cette identité. Je dois en dire autant du *Lis bulbifère*.

5° Un *Glaïeul*. On pourrait s'étonner d'abord que les botanistes modernes aient cherché à reconnaître l'*Hyacinthus* dans un *Gladiolus* de Linné. Cela vient sans doute de ce que Palladius et quelques savants interprètes ont cité ce dernier nom comme synonyme du premier. Mais il faut remarquer qu'il y a une grande différence entre les *Gladiolus* des anciens et ceux de Linné et de tous les botanistes modernes. Ce terme, comme celui de Ξίφιον en grec, était autrefois un nom commun, qui s'appliquait à différentes plantes dont les feuilles étaient, conformément à sa signification intime (*petite épée*), longues, larges et en lame d'épée ; telles sont celles de plusieurs espèces d'*Iris*, de *Cyperus*, de *Sparganium*, de *Typha*, etc. : « le *Glaïeul*, dit Pline, a sa feuille conforme à son nom : » *Gladiolus (folium habet) simile nomini* (¹).

Que Pline ait entendu par ce mot la plante que Linné

(¹) Liv. XXI, ch. 68.

appelle *Gladiolus communis*, il n'y a rien de plus incertain et de moins prouvé. Ce qu'il y a de très certain, au contraire, c'est que, dans le langage ordinaire, on a toujours, avant Linné, entendu par *Glaïeul* et *Gladiolus* une ou plusieurs espèces d'*Iris*. Et c'est avec raison, car Dioscoride lui-même a dit que l'*Iris* était appelé *Gladiolus* par les Romains. *Iris* et *Glaïeul* ont donc été toujours synonymes : il ne s'agissait point là, comme on voit, du *Gladiolus* de Linné qui croît dans les moissons. Remarquez, d'un autre côté, la synonymie que donne Palladius : « Cette *Hyacinthe*, dit-il, qu'on appelle *Iris* ou *Glaïeul*, à cause de la ressemblance de ses feuilles avec une *petite épée* : » *Hyacinthum qui Iris vel Gladiolus dicitur similitudine foliorum* ([1]) : c'est-à-dire que chez les anciens l'*Hyacinthe* était un *Glaïeul*, et le *Glaïeul* un *Iris*. C'est bien dans ce sens, je n'en doute pas, que Pline a pris son *Gladiolus*.

Au reste, quelle que soit la plante ainsi nommée par le naturaliste latin, il est impossible de rapporter à l'*Hyacinthus* aucune espèce du genre *Gladiolus* de Linné. Il faudrait que cette espèce *crût* de préférence sur *les montagnes ;* qu'elle portât une fleur *assez grande* pour qu'on pût la comparer au *Lis blanc ;* que cette fleur fût d'une *couleur violette* assez foncée pour qu'on ait pu l'appeler *noire ;* qu'elle montrât bien visiblement les trois lettres

([1]) Liv. I, § 37. — Le mot Ἶρις en grec paraît être abrégé de Ξιρίς, qui dérive de ξίφος, *épée*, comme le mot ξιφίον, qu'on attribue particulièrement au *Glaïeul*. Ces deux premiers mots sont synonymes et désignent des plantes à feuilles ensiformes. Le mot *Iris* ne vient donc pas du nom de l'arc-en-ciel, quoi qu'en dise Pline, ou de celui de la déesse *Iris*, comme l'insinue Columelle. Il serait difficile d'ailleurs de voir les couleurs de l'arc-en-ciel sur les fleurs d'aucune espèce de ce genre.

Υ, Λ, ι, *écrites sur ses pétales ;* qu'elle pût fournir un principe colorant propre à *teindre en violet* les étoffes, etc. Or, ces caractères ne sauraient se trouver dans le *Gladiolus communis* de Linné, ni dans le *Gladiolus segetum*, qu'on donne depuis peu pour l'*Hyacinthus*, ni enfin dans aucune autre espèce de ce genre.

6° *Un Iris.* — Nous voici enfin arrivés au genre de plantes dont une espèce sera évidemment l'*Hyacinthus* des poëtes.

J'ai cité à la page 81 le commencement seulement d'un passage de Nicandre qu'on lit dans Athénée, et dans lequel ce poëte, en assimilant une espèce d'*Iris* à l'*Hyacinthe*, nous donne quelques détails curieux. Je crois donc devoir le transcrire ici tout entier, quoiqu'il soit très corrompu dans les auteurs qui le rapportent. On peut, selon moi, le rétablir et le lire de la manière suivante :

Ἶρις δ'ἐν ῥίζῃσιν ἀγαλλομένη Ὑακίνθῳ
Ἀιαστῇ προσέοικε, χελιδονίοισι (1) δέ τέλλει
Ἄνθεσιν, ἰσοδρομεῦσα χελιδόσιν · αἶ τ' ἀνὰ κόλπῳ
Φυλλάδα νηλείην (2) εκχεύετον (3), ἀρτίγονοι δὲ
Εἴδοντ' ἠμύουσαι ἀεὶ κάλυκες στομίοισι (4).

(1) La *fleur de l'hirondelle* est ici la *Petite Chélidoine* ou la *Ficaire* (*Ranunculus Ficaria*, Lin.). C'est une des premières grandes fleurs du printemps. Son apparition concourt avec l'arrivée des hirondelles.

(2) Littéralement « des feuilles *cruelles, sans pitié,* » par allusion à leur forme.

(3) Le duel en grec a pour caractère de représenter deux choses comme n'en formant qu'une, de quelque manière que se fasse cette unité : par identité d'état, d'action ou de pensée, et par conséquent, de forme, de figure, de ressemblance, etc., etc. Ce verbe ici au duel semble donc nous dire que l'*Iris* en question et l'*Hyacinthe* sont comme une seule et même plante.

(4) Dans Athénée, *Déipn.*, liv. 15, p. 683, et Nicand., *Fragm.* II, v. 31

« L'*Iris* à grosses racines est tout à fait semblable (*assimilis*) à l'*Hyacinthe* née du sang d'Ajax ; comme l'*Hyacinthe*, il pousse à l'époque de la fleur des hirondelles et se montre aussitôt qu'elles : l'une et l'autre plante produisent également des feuilles en forme d'épée, et les fleurs qu'elles portent ont toujours, quand elles sont ouvertes, des pétales pendants qui les font ressembler à de petites gueules. »

On voit, par ce passage précieux, que Nicandre assimilait l'*Hyacinthus* à un *Iris* à grosses racines. Il les regardait comme presque *semblables en tout*, et c'est le sens du verbe grec προσέοικε. Ce qu'il dit des feuilles, des fleurs et de l'époque de la germination de cet *Iris* peut convenir à l'espèce *germanica*. Il s'agit donc là d'un *Iris* très voisin du *germanique*, mais qui pourtant n'est pas lui, car Nicandre ne pouvait pas et n'a pas voulu sans doute comparer une plante à elle-même.

Stapel a donné pour l'*Hyacinthus* l'*Iris sauvage* ou *Xyris* des anciens, nommé *Iris fœtidissima* par Linné. Mais cette espèce satisfait moins bien aux conditions nécessaires que l'*Iris germanique*. Je dirai plus, elle manque de quelques-unes qui sont très importantes.

Stapel dit qu'on peut lire sur sa fleur les lettres Aι, Aι, formées par des veinures qu'on y voit dessinées, et qu'elle fournit une couleur de pourpre élégante, qui est employée pour la teinture à quelques usages fort restreints dont il parle. Il faut admettre d'abord qu'on peut y trouver, en

et s., édit. Didot. — Athénée dit : « Philinus raconte que les fleurs de l'*Iris* portent le nom de *loups*, à cause de leur ressemblance avec les lèvres du loup. » διὰ τὸ ἐμφερῆ εἶναι λύκου χείλεσι. *Ibid.*, p. 682.

effet, les deux lettres citées plus haut, l'ϒ même, dont il ne dit rien, puisque ces caractères d'écriture se montrent, plus ou moins fortement dessinés, sur la fleur de presque tous les *Iris;* mais ils y sont d'une manière bien moins sensible que sur le *germanique*, et ne frappent point les yeux au premier aspect comme ici. Quant à la teinture qu'il mentionne, il est manifeste qu'il ne s'agit point là d'une teinture en grand, telle que celle des toiles et des étoffes.

Outre cela, l'*Iris fétide* ne remplit pas les conditions des n°s 3, 4, 5, 6, 8 et 10. En effet, cette plante n'est pas *commune* et généralement connue, comme l'*Iris germanique*, que G. Bauhin appelle *Iris commun, vulgaris ;* sa fleur ne paraît qu'en été, et n'est pas *assez grande* pour qu'on puisse la comparer sous ce rapport au *Lis blanc ;* cette fleur ne se distingue point par sa beauté, et Pline dit positivement qu'on ne la faisait pas entrer dans *les couronnes ;* le nom spécifique de la plante (*fétide*) fait assez entendre que son odeur ne doit pas être très agréable, quoique cette épithète s'applique particulièrement aux feuilles et à la racine. Il est au moins bien sûr qu'Homère n'aurait pas couché Jupiter et Junon sur une plante pareille, et Philostrate n'aurait pas écrit, après Pline et Dioscoride, que l'odeur d'ail qu'elle exhale quand elle est foulée était *propre à endormir* le couple céleste. La couleur de la fleur étant d'un *violet pâle*, ne peut pas se comparer à celle de la Violette et recevoir l'épithète de *noire ;* enfin, la tige est moins *verte* et moins *grosse* que dans l'espèce commune.

Cette espèce commune, ou l'*Iris germanique*, doit être

préférée à toute autre, par cela même qu'elle est répandue partout en Europe, et qu'elle a dû être connue dans tous les temps de tout le monde. D'autres espèces portent de très belles fleurs qui pourraient remplir plusieurs des principales conditions; mais si elles sont *rares*, il faut les exclure par cette raison seule pour se fixer à celle-ci, car les habitants des villes, ceux de la campagne, et les bergers eux-mêmes, doivent la connaître, si elle est l'*Hyacinthus*. Il fallait aux Romains une grande abondance de ses fleurs pour suffire à la *teinture en grand* dont parle Pline, aussi nous dit-il qu'elle était *cultivée dans les champs ;* et ce que nous en dit Pluche sous le même rapport prouve assez que cet *Iris* n'était rare nulle part.

Si l'on veut y faire attention , on verra que tous les caractères de l'*Hyacinthus* pris un à un dans les poëtes, tous les traits les moins saillants, tels que celui de sa faible odeur de Violette, dont Homère parle le premier, conviennent parfaitement et sans exception à l'*Iris ordinaire*, et peuvent s'y appliquer sans peine depuis le premier jusqu'au dernier. Qu'on veuille donc vérifier le fait, une tige fleurie de cet *Iris* sous les yeux ; et si l'on trouve, comme je le désire et je l'espère, que chaque preuve va au but et soulève une partie du voile qui nous cachait la vérité, on sera facilement porté à me pardonner la diffusion où l'importance du sujet m'a entraîné, et les répétitions qui m'ont semblé indispensables pour la mettre dans tout son jour.

Il résulte donc, en dernière analyse , de cette longue exposition, que l'*Hyacinthus* des anciens pris en général, c'est-à-dire employé sans épithète, ou bien l'*Hyacinthe écrite* ou *noire*, ou accompagnée d'une autre épithète équivalente, est certainement le *Vaccinium nigrum* de Virgile et des poëtes postérieurs, et l'un et l'autre de ces deux noms, l'*Iris germanique* de Linné. Il en résulte, de plus, que l'*Hyacinthus* employé avec une épithète exprimant une autre couleur que la couleur *violette sombre* ou *rembrunie*, est un *Iris* d'une autre espèce, qui peut se déterminer par son épithète, car, les anciens, comme on l'a vu, en connaissaient plusieurs autres espèces auxquelles ils donnaient également le nom d'*Hyacinthus*, à cause des caractères alphabétiques qu'on pouvait y voir aussi, mais qui y sont faiblement dessinés, et, par conséquent, beaucoup moins sensibles et moins apparents que dans l'*Iris germanique*, le principal et le type des *Hyacinthus*.

J'avoue, en terminant, que le nom d'*Iris* n'est pas aussi sonore, aussi poétique que celui d'*Huakinthos* ou d'*Hyacinthus*. Il n'aurait pas autant flatté surtout l'oreille délicate des Grecs, de ce peuple dont la langue poétique était pleine de sons moelleux et de mots à syllabes retentissantes (*ore rotundo..... loqui*). Mais rien n'empêche de conserver en français le nom d'*Hyacinthe*, en observant de ne point l'écrire ni prononcer comme *Jacinthe*, qui est un nom consacré par l'usage à une autre plante bien différente de l'*Iris*. Il serait même utile pour notre langue de ne pas laisser perdre entièrement ce mot si doux et autrefois si célèbre, ou de ne pas le laisser plongé plus longtemps dans une désuétude imméritée.

> Fleur d'Hyacinthe, au nom si plein
> De poésie et de tristesse,

Quand Phébus pleure ton destin,
Mon cœur soupire avec tendresse.

Les larmes et le cri de deuil
Qui sont gravés sur tes pétales,
Lugubrement disent à l'œil
Funeste mort, fureurs fatales.

Tant de malheur communiqua
A ta couleur la triste teinte
Qu'on voit sur ta corolle empreinte,
O sombre *Iris germanica* (¹).

Voy. VACINIUM.

(¹) Ici s'achève ma tâche relativement au vers de Virgile qui entre dans le titre de cet ouvrage.

ΑΙΓΊΠΥΡΟΣ [Aïghipuros].   BUGRANE,
ARRÊTE-BOEUF.   ONONIS, Lin.

5. ΑΙΓΊΠΥΡΟΣ κακὸς. Bugrane des anciens. *Ononis antiquorum*, Lin. (C) (¹).

Théocrite :   . . . . . Ἐς στομάλιμνον ἐλαύνεται, ἔς τε τὰ Φύσκω,
Καὶ ποτὶ τὸν Νήαιθον, ὅπα καλὰ πάντα φύοντι,
Αἰγίπυρος, καὶ Κνύζα, καὶ εὐώδης Μελίτεια.
(*Idyl.* IV, v. 23 et suiv.)

« Je mène ce taureau à l'entrée des marais, autour du mont Physcus et sur les bords du Néèthe, où naissent les meilleures plantes, la *Bugrane,* l'Inule et l'odorante Mélisse. »

Anthologie :   Ἄνθεα πολλὰ γένοιτο νεοδμήτῳ ἐπὶ τύμβῳ,
Μὴ Βάτος αὐχμηρὴ, μὴ κακὸν Αἰγίπυρον,
Ἀλλ' Ἴα, κ. τ. λ.   (*Append.* Épigr. 120.)

« Puissent naître sur cette tombe fraîche un grand nombre de fleurs ! Qu'on n'y voie ni la Ronce hérissée, ni la malfaisante *Bugrane*, mais des Violettes, etc. »

On sait que Fontenelle, voulant décrier Théocrite, a choisi sa 4ᵉ *Idylle* comme un exemple d'un mauvais goût et d'un esprit grossier. Il a analysé, en conséquence, cette *Idylle* à sa manière et l'a tournée en ridicule. Ce jugement injuste a choqué tous les véritables connaisseurs, qui, dans les peintures pastorales, placent Théocrite au-dessus de Virgile lui-même pour le naturel et la simplicité. Quant à la pureté de son goût, elle est incontestable, et la finesse de son esprit perce dans une foule de détails

(¹) Je pense, avec plusieurs botanistes, que cette espèce de Linné n'est autre chose que son *Ononis spinosa*, ou tout au plus une variété plus épineuse. Ce caractère me la fait prendre de préférence, bien persuadé qu'elle est aussi commune que l'autre aux lieux où la placent les poëtes.

pleins de délicatesse et de sel. Cette 4ᵉ *Idylle* en est une preuve comme les autres, à part tout ce qui tient à la morale horriblement corrompue des derniers siècles du paganisme. Mais il serait déraisonnable de juger par cet endroit le mérite littéraire du poëte de Syracuse.

Dans cette *Idylle* Théocrite met en scène deux bergers, dont l'un est entendu et l'autre fort ignorant dans la conduite d'un troupeau. Ce dernier est un de ces bergers à gages, de ces pâtres proprement dits, de la friponnerie et de l'incapacité desquels les anciens avaient tout à craindre. En établissant une conversation entre eux, le poëte a dessein de dévoiler la grossière ignorance de Corydon, par les réponses que ce berger fait à Battus sur la maigreur de ses taureaux ; et de montrer, par les reproches de celui-ci, les funestes résultats d'une confiance mal placée. Cette *Idylle* est donc un avertissement d'autant plus utile donné aux propriétaires de troupeaux, que les troupeaux de gros bétail surtout, dans les premiers âges du monde, constituaient, comme on sait, la principale richesse des hommes. C'était, par conséquent, une chose bien importante pour eux de ne les confier qu'à des gens habiles dans la connaissance des soins qui leur sont nécessaires et des pâturages qui leur conviennent. Aussi Virgile en fait-il un précepte au commencement de ses Géorgiques, lorsqu'il dit : *qui cultus habendo sit pecori* (¹).

(¹) A propos de ce passage je me permettrai une remarque insolite sur le mot *habendo*, qui me paraît avoir été mal compris par tous les traducteurs et interprètes, y compris le savant La Rue lui-même. Entraînés par l'autorité de Servius, qui dit à tort, ce me semble, *habendo, id est, ad hoc ut ha-*

Tout n'est donc pas futile dans cette pièce, comme on a semblé le croire. Elle renferme, au contraire, une instruction dont plusieurs contemporains de Théocrite pouvaient faire leur profit. Mais cette instruction est enveloppée avec esprit dans les excuses et les explications de Corydon, et particulièrement dans les noms des plantes qu'il cite ; explications qui justifient aux yeux des connaisseurs l'accusation d'ignorance qui lui est faite par Battus, et qui toutes doivent être prises pour des contre-vérités. C'est faute d'avoir saisi ce sens, qui fait le fond de l'*Idylle*, qui seul en donne l'intelligence, et qui se révèle par les mots de *mauvais pasteur* du vers 13 prononcés par Battus, qu'on a trouvé généralement cette pièce médiocre, et que Fontenelle, avec son esprit ordinaire, l'a critiquée un peu durement comme insignifiante et sans sel. Tout le mal est venu de ce qu'on a pris au sérieux ce qui n'est qu'une plaisanterie dans l'esprit de Théocrite. Avec plus d'attention et plus de connaissance de la botanique, on aurait reconnu, d'un côté, que l'ac-

---

beatur pecus, ils ont fait de *sit* un verbe à part et de *habendo* l'adjectif de *pecori,* et construisent, *qui cultus sit pecori habendo,* tandis qu'il faut laisser tous ces mots dans l'ordre où ils sont dans Virgile, en remarquant seulement que *habendo sit* est pour *habendus sit,* s'accordant en cas avec un nom de la phrase différent de celui auquel il se rapporte, par la figure de grammaire qu'on appelle *attraction,* figure dont Virgile use quelquefois à l'imitation des Grecs, particulièrement pour le datif. C'est ainsi que ce poëte a mis *Amello* pour *Amellus* dans le vers suivant :

> *Est etiam flos in pratis cui nomen Amello*
> *Fecere agricolæ.*　　　　　*(Géorg., liv. IV, v. 271.)*

Habendo pour *habendus* est là par euphémisme, car les deux mots *cultus habendus* placés à la suite l'un de l'autre à la fin du vers, auraient déplu à l'oreille par la consonnance de leur terminaison.

cusation de *mauvais pasteur* jetée dans le dialogue s'adressait bien à Corydon et non à Égon, maître du troupeau, et de l'autre, que tout ce que répondait ce mercenaire justifiait pleinement cette accusation. Ignorant et vantard, tel est le caractère qu'il faut voir en lui, et que Battus ménage avec esprit par l'ambiguïté de ses paroles, pour ne pas l'offenser. Ce double rôle d'attaque et de défense est soutenu par le poëte avec une délicatesse et une vérité de couleurs dignes de son goût parfait, et donne au dialogue une finesse d'ironie et un côté plaisant que Fontenelle n'a point senti, parce qu'il ne connaissait pas les plantes.

L'intérêt principal de l'*Idylle* que j'examine porte donc sur le vers 13e, où Battus dit à son compagnon que le troupeau qu'Égon lui a confié est tombé à *un bien mauvais pasteur*; c'est donc là le véritable nœud, le pivot sur lequel tourne la pensée dominante. Le reste n'est qu'accessoire et destiné seulement à servir de preuve à la justice de cette accusation.

Il suit de ce qui précède qu'il faut regarder comme imprudence certaine, comme pure sottise, tout ce que Corydon dit qu'il fait pour son bétail. Il fait manger à une génisse maigre de l'herbe fraîche et grasse en abondance, sans se douter qu'il s'expose à lui donner la tympanite. D'autres fois il la mène sur les revers d'une montagne, où elle bondit à plaisir, assure-t-il, au risque sans doute de se précipiter. On peut juger par là de la bonté des plantes qu'il vante comme excellentes pour ses taureaux. Tout porte à croire, au contraire, qu'ils n'y touchaient point, ainsi que nous allons bientôt le voir.

Corydon se vante aussi d'être bon chanteur, mais il est vraisemblable qu'il n'était pas plus habile pour la flûte ou dans le chant qu'il ne l'était dans la conduite d'un troupeau, car le poëte aura voulu sans doute lui conserver jusqu'au bout son caractère. Aussi son interlocuteur le plaisante finement tour à tour sur son ignorance relativement à ces deux objets. Le dessein de Théocrite paraît donc avoir été de peindre, dans ce pasteur mercenaire, un berger fripon, ignorant et vantard.

Je vais passer maintenant à l'examen de la première des sept plantes de cette *Idylle*.

PREUVES.

Synonymes : Ὀνωνὶς, Théoph., liv. VI, chap. 5 ; — Ἀνωνὶς, Dioscor., liv. III, ch. 18 ; — *Anonis* et *Ononis*, Plin., liv. XXI, ch. 58, et liv. XXVII, ch. 12. — En français, *Ononis*, *Bugrane* et *Arrête-bœuf*.

Étymologie : Αἰγίπυρος, qu'on écrit aussi Αἰγόπυρος, est composé des deux mots αἴξ, αἰγὸς, *chèvre*, et πυρός, *blé*, et signifie à la lettre *Blé de chèvre*.

Épithète : κακὸς, *malfaisant*, *nuisible*.

Circonstances. Théocrite, en nommant, dans le dernier des trois vers cités plus haut, les trois plantes dont celle-ci est la première, donne aussi les trois localités où elles naissent. Ces trois localités sont : 1.° celle de la basse plaine ou des terrains gras, au voisinage des lacs ou des marais ; 2° celle des montagnes, ou des terrains maigres et secs ; 3° celle du bord des rivières ou des terrains frais. En supposant qu'il suit dans l'une et l'autre énumération le même ordre d'idées, ce qui est assez naturel, la première plante appartiendra à la première localité, et ainsi des autres. Dans ce cas, c'est dans les terrains gras de la basse plaine qu'il faut chercher l'Αἰγίπυρος. En le plaçant avec la Ronce sur un tombeau, l'auteur anonyme de l'épigramme citée lui donne un *habitat* semblable.

Mais quelle est cette plante que les chèvres aiment beaucoup et qui les *nourrit bien ;* qui, d'après l'épigrammatiste, peut croître *avec la Ronce* et *est épineuse* comme elle (¹); et enfin, qu'on rencontre dans les terrains bas ou de plaine ? Les renseignements qu'on trouve dans les auteurs sont bien peu de chose.

Le scoliaste grec de Théocrite dit : « c'est une plante *épineuse*, une espèce d'*herbe*. Sa *feuille* est de la grandeur de celle de la *Lentille*. Elle est d'un vert foncé, et bonne pour l'inflammation des ulcères. » A ces traits il faut ajouter que sa fleur est *rougeâtre*, d'après le scoliaste d'Aristophane, qui prend ce nom adjectivement et qui l'applique à un prêtre de Bacchus; et aussi d'après Démétrius, au rapport de Scapula (²).

En résumant ces quelques caractères, nous voyons que la plante que nous cherchons est : 1° une espèce d'herbe ; 2° qu'elle est épineuse ; 3° que sa feuille est à peu près de

---

(¹) En l'associant à la Ronce, le poëte lui donne une épithète qui semble la représenter comme plus dangereuse encore et plus à craindre qu'elle.

Ce soupçon est fortifié par un proverbe grec en vers concernant l'*Ononis*, où il est dit : « Sur l'*Ononis* hérissé de pointes comme sur les Genêts épineux : » Ὅς ἀν' Ἐχινόποδας καὶ ἀνὰ τρηχεῖαν Ὄνωνιν. Si l'*Ononis* et l'*Égipyre* sont la même plante, les poëtes ont pu employer l'un ou l'autre nom, selon les convenances.

(²) *Lexicon* grec-lat.

la forme et de la grandeur de celle de la Lentille, c'est-
à-dire, de ses folioles; 4° que sa fleur est rougeâtre ;
5° que les chèvres la recherchent et en sont si friandes,
qu'elle en a tiré son nom; 6° qu'elle vient dans les terrains gras; 7° enfin, qu'elle était employée contre l'inflammation des ulcères.

Ces renseignements seraient loin de suffire pour la faire
reconnaître, si Dodoëns n'annonçait pas dans son *Pemptades* que l'Aἰγίπυρος et l'*Ononis* étaient la même plante
selon Cratévas, botaniste grec du 1ᵉʳ siècle avant J.-C.
Ce sentiment est confirmé par l'opinion d'Anguillara,
qui fait du premier de ces noms l'*Ononis Antiquorum ;*
par celle de Rob. Constantin, qui, dans son Lexique, dit,
en expliquant le nom grec : *c'est l'Ononis de Dioscoride ;*
et enfin, par celle de Stapel, qui ne se déclare point contre. J'ajoute que Dioscoride, Galien et Pline donnent à
l'*Ononis* des caractères botaniques et médicaux assez
analogues à ceux que le scoliaste nous a fournis sur
l'*Égipyre.*

Ces autorités sans doute semblent assez imposantes
pour entraîner notre conviction. Cependant il restera
toujours à comprendre le goût de prédilection des chèvres
pour cette petite plante, goût qui doit être bien prononcé
puisqu'elle en a tiré son nom. On connaît assez généralement celui qu'elles ont pour les bouts récents et les ten-
drons des arbrisseaux et des arbustes même épineux,
qu'elles rongent avidement lorsque dans leur jeunesse
leurs piquants sont incapables de les blesser, mais leur
appétence pour l'*Ononis* est communément ignorée. Quant
au goût du gros bétail, on peut regarder comme certain

que les bœufs n'y touchent point. L'*Ononis* est armé d'épines dures et acérées au temps où on les mène au pâturage, et il est alors inabordable. Aussi est-il très vraisemblable que les chèvres ne le broutent qu'au printemps. Si Théocrite fait dire à Corydon que ses taureaux se nourrissent de cette plante, c'est pour montrer l'ignorance de ce pasteur.

Dioscoride dit que les jeunes pousses de l'*Ononis* confites dans la saumure avant la naissance des épines, se mangeaient en guise d'asperges.

L'auteur de la *Flore de Théocrite* pense que le *Melampyrum arvense* de Linné peut bien être l'*Egipyre*. Mais cette plante n'est point épineuse comme cette dernière, et ses feuilles ne sont point semblables à peu près aux folioles de la Lentille.

Ces caractères, ainsi que tous les autres annoncés plus haut, conviennent à l'*Ononis*, et ne conviennent en aucune façon au *Blé de vache* ou *Mélampyre*.

ΚΝΫΖΑ ou ΚΌΝΥΖΑ [CONUZA]. INULE.
INULA, Desf.

6. ΚΌΝΥΖΑ ὄρειος. — INULE VISQUEUSE. — *Inula viscosa*, Desf. (C.) (1).

THÉOCRITE :   . . . . Ὄπα καλὰ πάντα φύοντι,
Αἰγίπυρος, καὶ Κνύζα, καὶ εὐώδης Μιλίτεια.
(*Idyll.* IV, v. 24 et 25.)

« ……Où naissent les meilleures plantes, la Bugrane, l'*Inule*, et l'odorante Mélisse. »

Κ' ἁ στιβὰς ἐσσεῖται πεπυκασμένα ἔστ' ἐπὶ πάγυν
Κνύζᾳ τ', Ἀσφοδέλῳ τε, κ. τ. λ.   (*Idyl.* VII, v. 67 et s.)

« Je reposerai sur un lit épais d'*Inule*, d'Asphodèle, etc. »

NICANDRE :   . . . . . . ὀρείου... φύλλα Κονύζης.   (*Thér.*, v. 82.)

« Les feuilles de l'*Inule* de montagne. »

. . . . Κονυζῆεν φυτὸν ἔγχλοον.   (*Ibid.*, v. 615.)

« La tige fraîche de l'*Inule*. »

. . . . Ῥάδικα κακοφλοίοιο Κονύζης.   (*Alex.*, v. 331.)

« Un rameau de l'*Inule* qu'on aime peu à toucher. »

PREUVES.

Synonymes : Κόνυζα ἄρρην, Théophr., liv. VI, ch. 2 ; Κόνυζα μεγάλη, Dioscor., liv. III, ch. 126 (2). — *Conyza*

---

(1) C'est l'*Erigeron viscosum* de Linné. Entre ces deux noms génériques j'ai cru devoir me décider pour le genre *Inula*, à cause de l'opinion générale qui fait regarder la *Conyze* des anciens comme une espèce d'*Inule*.

(2) La *Conyze femelle* de Théophraste, Κόνυζα θήλεια (*Conyza femina* de Pline), qui est la *petite Conyze* de Dioscoride, Κόνυζα μικρὰ, est bien certainement l'*Inula graveolens*, Desf. (*Erigeron graveolens*, Lin.), et non pas l'*Inula Pulicaria*, Lin., comme on l'a avancé. Théophraste dit de sa plante

mas, Plin., liv. XXI, ch. 32. — *Cunila mascula, Cunilago. Id.* liv. XX, ch. 63. — En français, *Conyze, Inule.*

Étymologie. On ne connaît pas d'une manière bien certaine l'origine du nom de Κόνυζα, *Conyza*. Les uns le dérivent de κώνωψ, *moucheron*, à cause de la propriété qu'on lui attribuait de chasser les moucherons ; d'autres, avec plus de vraisemblance, du mot κνύζα, qui signifie *gale, démangeaison*, parce que les anciens employaient la *Conyze* pour guérir la gale : d'autres enfin, de κόνις, *poussière*, à cause des grains de poussière portés par le vent sur sa tige et ses feuilles, qui les retiennent par leur viscosité. Cette dernière opinion paraît la plus probable. Dans les premiers vers cités Κνύζα est mis pour Κόνυζα.

Épithètes : ὄρειος, *de montagne*, κακόφλοιος, *incommode* ou *désagréable à toucher, à manier.*

Circonstances. Dans Théocrite, c'est d'abord un pasteur ignorant qui nomme cette plante comme propre à la nourriture de ses taureaux, lorsqu'il ressort du sens intime des paroles de Battus qu'ils n'y touchaient point. Plus loin, elle entre dans la composition d'un lit d'herbes et de feuillage, à cause de quelque propriété qu'elle possédait ou qui lui était généralement attribuée. Elle devait

---

que « l'espèce mâle a la feuille plus grande et *plus visqueuse* que la femelle : » τὸ ἄῤῥεν τὸ φύλλον μεῖζον καὶ λιπαρώτερον ἔχον. Dioscoride dit, en parlant des deux espèces : « Les feuilles de l'une et de l'autre ressemblent à celles de l'Olivier, mais elles sont velues et *visqueuses* : » Ἀμφότεραις... ἔστι δασέα ταῦτα (τὰ φύλλα) καὶ λιπαρά. Il faut donc que la plante que nous voudrons y rapporter soit *visqueuse*, et de plus, d'une *odeur pénétrante*, ἡ ὀσμὴ τῆς θηλείας δριμυτέρα. Ces caractères ne conviennent aucunement à l'*Inula Pulicaria*, Lin.

être commune, pour servir à cet usage et pour être connue de Corydon.

Dans le premier passage de Nicandre, la *Conyze* est employée pour éloigner les serpents et autres bêtes venimeuses ; dans les deux autres, elle entre dans des remèdes énergiques. Cela prouve qu'on la croyait douée de grandes vertus, ce que déclare Nicandre lui-même d'une autre espèce de *Conyze* dont il parle au vers 875 de ses *Thériaques*, et aux feuilles de laquelle il donne l'épithète de πολύθρονα, *très salutaires*, *aux nombreuses vertus*. Or, cette autre espèce est évidemment la *Conyze femelle* de Théophraste, dont les qualités sensibles diffèrent peu de celles de sa *Conyze mâle*.

Recueillons maintenant le peu de données que nous fournissent les poëtes, et tâchons d'en faire sortir quelque lumière. La *Conyze* des anciens était : 1° une plante commune et bien connue, puisqu'un ignorant comme Corydon la cite et en connaissait au moins le nom ; 2° elle passait pour posséder de grandes propriétés, ce qui la faisait employer dans les compositions pharmaceutiques comme remède, et dans les lits agrestes comme préservatif ; 3° c'était une plante de montagne ou des terrains secs ; 4° l'épithète de κακόφλοιος fait supposer qu'elle était visqueuse ou d'une odeur forte et désagréable, et peut-être ces deux choses ensemble. Cette qualité devait nécessairement en éloigner tous les bestiaux.

Dioscoride nous dit qu'il y a deux espèces de *Conyzes*, *la petite* et *la grande ;* que cette dernière a une odeur forte ; que ses feuilles sont semblables à celles de l'Olivier, et

qu'elles sont velues et gluantes (¹) ; que sa tige a deux
coudées de haut ; que sa fleur est jaune et un peu amère.
Il ajoute qu'elle éloigne les serpents, chasse les moucherons et tue les pucerons et les puces. Aussi Palladius
rapporte qu'au dire des Grecs, cette plante mise sous le
blé le conserve longtemps (²). La description de Théophraste, sous des noms spécifiques différents, est à peu
près semblable à celle de Dioscoride.

De ces deux espèces la grande est celle que nous prendrons de préférence, comme la plus importante et sans
doute la plus généralement employée. D'ailleurs elle répond mieux que l'autre à l'idée que les poëtes nous donnent de leur plante.

On pourrait croire d'abord qu'il s'agit là de la *Conyze*
ordinaire appelée par Linné *Conyza squarrosa*. Mais elle
n'a pas les feuilles *visqueuses* (λιπαρὰ), comme celle de
Théophraste et de Dioscoride, et l'absence de ce caractère doit seule la faire exclure. D'ailleurs, si l'on y fait
attention, on reconnaîtra que ses feuilles sont trop grandes pour *ressembler à celles de l'Olivier*, et qu'elle a peu
d'odeur si elle n'est froissée entre les doigts.

Une plante voisine de la précédente remplit mieux
toutes les conditions : c'est l'*Inula viscosa*, Desf. Elle
est *visqueuse* et *très odorante*, et peut avoir été regardée,
à cause de ses qualités, comme possédant de grandes

____

(¹) C'est bien dans ce sens qu'il faut prendre ici l'adjectif grec λιπαρὸς et
le latin *pinguis*, par lequel on l'a traduit. Stapel, en parlant de ces feuilles,
dit *hirsuta* et *pinguia*, et il explique ce dernier mot en ajoutant *seu glutine
quâdam et pinguedine obsita*, « couvertes d'une espèce de glu et de graisse. »
(²) *De Agricult.*, lib. I, § 19.

vertus. Elle croît dans les lieux secs et élevés. Ses caractères botaniques répondent suffisamment à la description
que les anciens nous ont laissée de leur *Conyze*, et elle a
pour elle l'autorité de plusieurs habiles botanistes. Gouan
lui donne le nom de *Conyze odorante de Montpellier*.

S. Jérôme dit de cette plante (sur Isaïe, ch. 55,
℣. 13) : « La *Conyze* est une herbe amère d'une odeur
détestable, et n'est d'aucun usage : » *Est autem* Κονίζη
herba vilissima et amara odorisque pessimi (¹).

____

(¹) Voyez Martinius, *Lexic. philol. et etymol.*, au mot *Saliuncvla*,
p. 3324.

ΜΕΛΊΤΕΙΑ [Mélitéia].   MÉLISSE, CITRONNELLE.
MELISSA, Lin.

7. ΜΕΛΊΤΕΙΑ εὐώδης.— Mélisse officinale.— *Melissa officinalis*, Lin. (C.).

Théocrite :   . . . . . . Ὄπα καλὰ πάντα φύοντι,
               Αἰγίπυρος, καὶ Κνύζα, καὶ εὐώδης Μελίτεια.
                                    (*Idyl.* IV, v. 24 et s.)

« ......Où naissent les meilleures plantes, la Bugrane, l'Inule,
et l'odorante *Mélisse.* »

                Ταῖσι δ' ἐμαῖς ὀΐεσσι πάρεστι μὲν ἁ Μελίτεια
                Φέρϐεσθαι.   (*Idyl.* V, v. 130.)

« La *Mélisse* se présente en abondance à mes brebis dans leurs
pâturages. »

Virgile :   . . . . . Hùc tu jussos asperge sapores,
           Trita *Melisphylla*, etc.   (*Géorg.*, liv. IV, v. 62 et s.)

« Jette çà et là dans cet endroit les plantes odorantes qui sont
requises, de la *Mélisse* broyée, etc. »

PREUVES.

Synonymes. Cette plante a une foule de noms, qui
sont presque tous tirés de μέλι, *miel,* ou de μέλισσα,
abeille, en grec et en latin. Tels sont : Μελισσόϐοτον (*pâture
des abeilles*), Nicand., *Thér.*, v. 677.— Μελίφυλλον (*fleur
à miel*), *Ibid.*, v. 554 ; *Alex.*, v. 47. — Μελίκταινα, pour
Μελίταινα ou Μελίτταινα (*herbe aux abeilles*), *Thér.*, v. 555.
— Μελισσοβότανον, Μελισσόφυλλον et Μελιττὶς (même signification). — Μέλινον (*herbe à miel*). — Μελισσόχορτον (*pâture des abeilles*). Dioscoride lui donne les deux noms de
Μελισσόφυλλον et Μελίτταινα, liv. III, ch. 108. — *Melisso-*

phyllon et *Apiastrum*, Plin., liv. XX, ch. 45 ; et XXI,
ch. 29, 41, 48 et 86. — *Melittœna, idem*, XXI, 86, —
Citrago, Pallad., liv. V, § 8. — De ces premiers noms
lui vient le nom français de *Mélisse*, et du dernier, celui
de *Citronnelle*, donné aussi à cette plante, à cause de
l'odeur de citron qu'elle exhale.

Étymologie. Μελίτεια dérive de μέλι, *miel*, comme je
viens de le dire, et signifie *herbe à miel*.

Cette plante ne présente aucune difficulté. L'identité
de la plante grecque et latine avec notre *Mélisse officinale* a toujours été reconnue et n'est contestée par aucun
botaniste. Il serait donc oiseux d'entasser ici des preuves
qui sont tout à fait inutiles.

Il résulte des vers cités plus haut et de l'étymologie
elle-même que l'odeur de la *Mélisse* plaît beaucoup aux
abeilles, et qu'elles aiment à butiner sur ses fleurs de préférence à plusieurs autres. C'est ce que Dioscoride con-
firme en disant : « La *Mélisse*, ainsi nommée parce que
les abeilles aiment beaucoup cette plante. » Il en résulte
encore que les brebis la recherchent et la broutent avec
plaisir.

Peut-on conclure de là que les bœufs mangent la *Mélisse?* Je crois qu'il serait téméraire de l'affirmer. Si donc
ils n'y touchent point, ou s'ils en sont aussi peu friands,
comme l'analogie autorise à le penser, que des deux
plantes qui précèdent, en voilà une troisième citée à faux
par Corydon comme bonne pour le bétail et avec laquelle
il prétend, dans l'*Idylle* de Théocrite, bien nourrir ses
taureaux. Nommer la *Bugrane*, l'*Inule* et la *Mélisse*
comme des plantes excellentes pour eux est une méprise

bien grave pour un berger, s'ils n'en veulent point, comme il le déclare lui-même au vers 14ᵉ, en disant, « ils ne veulent plus paître »; pour un berger surtout chargé à prix d'argent de la conduite d'un grand troupeau, et obligé de connaître parfaitement les pâturages qui lui conviennent.

Cette méprise de l'un des bergers et son ignorance, qui se trahit de plus en plus dans ses répliques, jette dans le dialogue quelque chose de spirituel et de piquant, et donne aux paroles de l'autre un vernis de fine raillerie du meilleur goût. Si Fontenelle eût mieux compris cette *Idylle*, il l'aurait sans doute moins décriée.

Les quatre plantes suivantes, qui en font aussi partie, ne tiennent pas au fond de la pièce et n'y ont qu'un intérêt accessoire : elles ne sont pas destinées, comme celles-ci, à montrer l'ignorance de Corydon. Il faut donc regarder leurs noms, qu'ils soient mis dans la bouche de ce berger ou de Battus, comme cités à propos, et prendre au sérieux leurs propriétés.

ἘΛΑΊΑ [Élaïa].   OLIVIER.   OLEA, Lin.

8. ἘΛΑΊΑ ἱερὰ. — OLIVIER D'EUROPE. — *Olea Europœa*, Lin. (C.).

HOMÈRE :   Ἥδε δ᾽ ἐπὶ κρατὸς λιμένος τανύφυλλος Ἐλαίη.
                                        (*Odyss.*, XIII, 346.)

« Voilà, au fond du port, l'*Olivier* touffu qui le domine avec son vaste feuillage. »

      Τὼ δὲ καθεζομένω ἱερῆς παρὰ πυθμέν᾽ Ἐλαίης,
      Φραζέσθην, κ. τ. λ.   (*Ibid.*, v. 372.)

« Ils s'assirent tous deux au pied de l'*Olivier* sacré, et se mirent à délibérer, etc. »

THÉOCRITE :   Βάλλε κάτωθε τὰ μοσχία, τᾶς γὰρ Ἐλαίας
              Τὸν θαλλὸν τρώγοντι τὰ δύσσοα.   (*Idyl.* IV, v. 44 et s.)

« Chasse tes génisses de dessus ce côteau ; ces pauvres bêtes rongent les jeunes branches de l'*Olivier*. »

VIRGILE :   Lenta Salix quantùm pallenti cedit *Oliva*,
            Judicio nostro tantùm tibi cedit Amyntas.
                              (*Églog.* V, v. 15 et 17.)

« Autant le pâle *Olivier* surpasse l'Osier flexible (¹), autant tu l'emportes, à mon jugement, sur Amyntas. »

PREUVES.

Synonymes : En grec, Ἐλαία, nom de l'*Olivier* cultivé, n'a point de synonymes dans cette langue ; c'est le seul employé par les botanistes et les poëtes. En latin son seul nom aussi est *Olea* et en français *Olivier*.

Étymologie : Le nom d'Ἐλαία paraît venir d'ἔλεος, *pitié, compassion*. On sait que l'*Olivier* était le symbole de la paix, et que les suppliants se présentaient toujours

(¹) Il ne s'agit pas dans ces vers de Virgile de notre Saule ordinaire, *Salix alba* de Linné, mais d'une autre espèce de Saule moins grand caractérisé par l'épithète *lenta*, *à rameaux pliants*, une espèce d'Osier.

autrefois devant les autels de leurs dieux un rameau d'*Olivier* à la main. L'huile d'Olive était aussi toujours employée comme topique dans les plaies et les blessures. L'histoire de la colombe de Noé et celle du Samaritain de l'Évangile fournissent des exemples bien anciens et bien connus de ces divers usages, ainsi que les tragédies de Sophocle et d'Euripide.

Épithètes : τανύφυλλος, *au vaste feuillage ;* ἱέρη, *sacré;* *pallens, pâle.*

La concordance synonymique entre les trois noms grec, latin et français de la plante dont il s'agit est trop bien établie et trop certaine, pour qu'il soit possible de concevoir à cet égard aucun doute, et pour qu'il soit utile, par conséquent, de citer un grand nombre d'autorités et de passages, à l'effet de prouver une identité qui n'est point et ne peut être contestée.

L'*Olivier* est un arbre dont une foule de poëtes ont parlé sous des rapports divers assez nombreux. Il n'entre point dans l'objet de cet ouvrage de rappeler tout ce qui en a été dit depuis Homère ; l'*Olivier* est trop connu pour avoir besoin d'un pareil développement. Je dois donc me borner aux détails exigés par les circonstances ou par les faits que contiennent les vers cités plus haut. Ces détails eux-mêmes se réduiront à peu de chose.

L'épithète de τανύφυλλος, donnée ici à l'*Olivier* par Homère et mise dans la bouche de Minerve, n'est point caractéristique du genre, mais simplement circonstancielle. Elle signifie, *qui étend au loin son feuillage,* ce qui fait entendre que l'*Olivier* dont il est question était fort gros et que sa tête avait de vastes proportions. Il est étonnant que quelques traducteurs se soient mépris sur le sens de ce mot, et aient appliqué aux feuilles elles-mêmes ce qui ne s'applique ici qu'aux rameaux. L'*Olivier aux larges feuilles* est donc un contre-sens et une contre vérité.

Homère, en asseyant Ulysse et Minerve au pied de cet *Olivier*, n'a garde, avec son goût exquis, de parler en son propre et privé nom de cet arbre consacré à la déesse protectrice de son héros, sans lui donner une épithète honorable. Il lui donne donc celle de *sacré*, qui n'est dé-terminée ici que par la circonstance.

Quant à l'épithète de *pallens* appliquée par Virgile à l'*Olivier*, elle fait image, et tout le monde connaît la pâ-leur extrême de ses feuilles.

Circonstances. Dans Théocrite, les génisses de Co-rydon rongeaient les branches des *Oliviers* sans que ce pasteur mercenaire eût l'air de s'en apercevoir ou d'y faire attention : c'est Battus, son compagnon, qui l'en avertit, et qui lui recommande de détourner et de ra-mener son troupeau. Voilà un nouveau trait d'ignorance ou de négligence de la part de Corydon, qui justifie de plus en plus l'accusation de *mauvais pasteur* que Battus a prononcée contre lui. Le poëte profite de toutes les circonstances pour développer cette pensée.

Or, on sait que la dent des animaux est funeste à l'*Olivier*. Pline rapporte, après Varron, que cet arbre brouté ou léché seulement par une chèvre devient stérile. Varron dit que la chèvre n'est pas seule le fléau de la culture et des jeunes plants, mais encore toute espèce de bétail, *pecus quoddam* (¹)

(¹) Varr., *De Agricult.*, lib. I, c. 2.

ἈΤΡΑΚΤΥΑῚΣ [Atractulis]. CARTHAME.
CARTHAMUS, Lin.

9. ἈΤΡΑΚΤΥΑῚΣ. — Carthame laineux. — *Carthamus lanatus*, Lin. (C.).

Théocrite :
$$\dots\dots\dots\dots\dots\text{Ἀ γὰρ ἄκανθα}$$
$$\text{Ἀρμί μ' ὧδ' ἐπάταξεν..... Ὡς δὲ βαθεῖαι}$$
$$\text{Ταὶ Ἀτρακτυλίδες ἐντί !} \qquad (\textit{Idyl.} \text{ IV, v. 50 et s.})$$

« Une épine vient de m'entrer dans le pied. On ne voit ici que des *Carthames.* »

PREUVES.

Synonymes : Ἀτρακτυλὶς, Théophr., liv. VI, ch. 3 et 4 ; IX, 1 ; Dioscor., liv. III, ch. 97 ; Galien, liv. VI ; Plin., liv. XXI, ch. 53, 56, 107. — Κνῆκος ou Κνῖκος ἄγριος ou ἀγρία (*Carthame sauvage*), Galien, Ætius, Hésychius. — *Cnicus sylvestris*, Plin., liv. XXI, ch. 53. — Φόνος (*sang répandu*), Théophr., liv. VI, ch. 4 ; *Phonos*, Plin., XXI, 56. — Ἄφεδρος et Ἀνδρόσαιμον (*sang humain*), Ætius, liv. 1. — En français, il porte le nom vulgaire de *Chardon bénit des Parisiens.*

Étymologie : Ἀτρακτυλὶς dérive de Ἄτρακτος, *fuseau*, parce que, nous dit le scoliaste grec, les femmes de la campagne faisaient des fuseaux de cette plante. Dioscoride parle de même. D'autres disent qu'elles en confectionnaient des *quenouilles*, car Ἄτρακτος a aussi le sens de ce dernier mot. Cette double explication n'est guère bonne, et il est vraisemblable que ces femmes ne faisaient ni l'un ni l'autre, la tige du *Carthame* dont il s'agit n'étant ni assez grosse ni assez pesante. En voici une autre qui paraît beaucoup meilleure, et qui, je le crois, est la seule véritable. Elle est de Fabius Columna, botaniste napolitain.

Il faut d'abord remarquer que le mot Ἀτρακτυλὶς est un diminutif, et qu'il signifie littéralement *petite quenouille*. La plante qu'il exprime est garnie, sur l'involucre et sur la tige au-dessous de la fleur, d'une certaine quantité de poils laineux, longs et pendants, qui donnent à chacun de ses rameaux l'aspect, un peu grossier, sans doute, d'une petite quenouille chargée de laine. « Sa tige, dit F. Columna, est plus laineuse au sommet, et y est couverte d'un duvet long et pendant, ressemblant aux fils d'une toile d'araignée. Il en est de même de la partie inférieure de la fleur. Ce duvet blanchâtre, à filaments allongés et pendants, fait ressembler la plante à une quenouille préparée pour filer. C'est à cause de cette ressemblance qu'elle a été appelée *Atractylis : ob cujus simi-litudinem Atractylis hæc dicta fuit.* »

L'*Atractylis* présente peu de difficultés, à cause des lumières qu'on peut tirer de son étymologie et de ses divers noms. Il résulte, en effet, du texte de Théocrite et des deux moyens d'investigation dont je viens de parler, unis aux descriptions des anciens botanistes, 1° que c'était une plante épineuse; 2° que le haut de sa tige et sa tête étaient garnis d'un duvet blanchâtre ou d'une espèce de laine pendante, qui lui donnait l'aspect d'une petite quenouille chargée, d'où lui était venu son nom; 3° que ces rapports de ressemblance avec le *Carthame tinctorial* ou cultivé, qu'on appelait *Cnicus* (Κνῆκος ou Κνῖκος) chez les anciens, lui avaient fait donner le même nom ou l'avaient fait comparer à cette plante ; 4° enfin, qu'il rendait un suc rouge couleur de sang quand on le rompait, d'où ses appellations vulgaires de Φόνος, Ἄφεδρος et Ἀνδρόσαιμον.

L'identité du *Carthame laineux* avec l'*Atractylis* ne peut laisser aucun doute. Elle a pour elle de nombreuses autorités. Les quatre caractères que nous venons de voir conviennent parfaitement à ce *Carthame*. Ses épines sont très aiguës et très déliées, ce qui donne à l'*Idylle* de Théocrite une nouvelle marque de vérité. Il croît dans les lieux secs, sur les collines et les montagnes. On n'a pas oublié que le fait dont parle ici le poëte se passe sur une colline. Ce qui montre aux yeux sûrement cette plante, c'est surtout son *suc rouge* et sa *tête laineuse*.

ῬΆΜΝΟΣ [Rhamnos].   AUBÉPINE, BUISSON.
CRATÆGUS , Lin.

10. ῬΆΜΝΟΣ τραχεῖα. — Aubépine, Épine blanche, Buisson blanc. —
Cratægus Oxyacantha, Lin. (C.).

Orphée : . . . . Βόθρον τρίστοιχον ὄρυξα,
Φιτροὺς τ' Ἀρκεύθοιο καὶ ἀζαλέης ἀπο Κέδρου,
Ῥάμνου τ' ὀξυτέροιο, ...
Ὦκα φέρων, νήησα πυρὴν ἔντοσθε βόθροιο.
(Argon., v. 954 et s.)

« Je creusai une large fosse dans la terre, j'y portai sur-le-
champ des troncs de Genévrier, des branches mortes de Cèdre,
des tiges d'*Aubépine* aux pointes aiguës, et j'en fis un bûcher
dans cette cavité. »

Théocrite : Εἰς ὄρος ὅκχ' ἕρπεις, μὴ ἀνάλιπος ἔρχεο, Βάττε ·
Ἐν γὰρ ὄρει Ῥάμνοι....... κερόωντι.   (*Idyl.* IV, v. 56 et s.)

« Ne sois pas sans chaussures, cher Battus, quand tu grimpes
à la montagne ; on n'y trouve que des *Epines-blanches*. »

. . . . Τί γὰρ ποιεῖν ἂν ἔχοι τὶς
Κείμενος ἐν φύλλοις ποτὶ κύματι, μηδὲ καθεύδων
Ἄσμενος ἐν Ῥάμνῳ;   (*Idyl.* XXI, v. 34 et s.)

« Que peut-on faire quand on est couché sur un lit de feuillage
près de la mer, et qu'on dort malaisément sur l'*Aubépine* ? »

Nicandre : Ἄγρει μὰν...... Ῥάμνον. . . . .
Ἑρσομένην, ἀργῆτι δ' ἀεὶ περιτέτροφεν ἄνθει ·
Τὴν ἤτοι Φιλέταιρον ἐπίκλησιν καλέουσιν.
(*Thér.*, v. 630 et s.)

« Prends l'*Aubépine*, dont les feuilles semblent toujours couvertes de rosée, et qui se couronne chaque année de fleurs blanches. On lui donne encore le nom de *Philétéros*. »

Ἢ καὶ ἀλεξιάρης πτόρθους ἀπαμέρδεο Ῥάμνου ·
Μούνη γὰρ νήστειρα βροτῶν ἄπο κῆρας ἐρύκει.
(*Ibid.*, v. 861 et s.)

« Prends aussi des jets de l'*Aubépine* protectrice : quand on les coupe à jeun, ils détournent tous seuls l'effet des imprécations et les malheurs. »

> Ῥάμνου τ' ἀσπαράγους θαμνίτιδος.   (*Ibid.*, v. 883.)

« Ajoute des jeunes pousses du *Buisson-blanc* des haies. »

Un anonyme :
> Ῥάμνον ἔχειν πανάκειαν ἐν οἴκοισιν πανάριστον,
> Φυομένην φραγμοῖσιν ἄκανθαν λευκοπέτηλον,
> Ὥρου δ' ἐστι φυτόν. . . . .
> Κρημναμένη δύναται γὰρ ἀποτρέψαι κακότητας
> Φαρμακίδων τε κακῶν καὶ βάσκανα φῦλ' ἀνθρώπων.
>   (*Carm. de Herbis*, c. 2, v. 1 et s.) (Bibl. grecq., Didot, vol. XXII.)

« Il te faut avoir chez toi de l'*Aubépine*, qui est une excellente panacée. C'est un arbrisseau épineux qui vient dans les haies et qui a les fleurs blanches. Son odeur porte au sommeil. Suspendue dans la maison, elle a le pouvoir de détourner les maléfices des méchantes sorcières, ainsi que tous les sortiléges des hommes. »

Diogène Laërce :
> Καὶ γραΐ δῶκεν εὐμαρῶς τράχηλον εἰς ἐπῳδὴν,
> Καὶ σκυτίσιν βραχίονας πεπεισμένος γ' ἔδησε·
> Ῥάμνόν τε καὶ κλάδον Δάφνης ὑπὲρ θύρην ἔθηκεν.
> Ἅπαντα μᾶλλον ἢ θανεῖν ἕτοιμος ὢν ὑπουργεῖν.
>   (Liv. IV, ch. 7 ; *Vie de Bion*, sect. X, § 56-57.)

« On l'a vu aller jusqu'à ajouter foi aux enchantements d'une vieille femme, se laisser attacher des charmes au cou et aux bras, et suspendre à sa porte de l'*Aubépine*, avec une branche de Laurier ; en un mot, disposé à se prêter à tout plutôt qu'à mourir (*Traduct. de Chauffepié*). »

Apollinaire :
> Ὑμετέρην πρὶν Ῥάμνον ἑὰς διαίδμεν ἀκάνθας,
> Αἶψα καταβρώξειεν.   (*Ps.* 57, v. 20.)

« Avant que vos *Buissons* aient produit leurs épines, vous serez tout à coup dévorés. »

Anthologie :
> Τρηχείην κατ' ἐμεῦ, ψαφαρὴ κόνι, Ῥάμνον ἕλισσοι,
> Πάντοθεν, ἢ σκολιῆς ἄγρια κῶλα Βάτου,
> Ὡς ἐπ' ἐμοὶ μηδ' ὄρνις ἐν εἴαρι κοῦφον ἐρείδοι
> Ἴχνος, ἐρημάζω δ' ἥσυχα κεκλιμένος.
>   (Ἐπιτ., *Épigr.* 315.)

« Cendres poudreuses, puisse l'*Epine-blanche* hérissée de piquants croître sur moi et me couvrir entièrement, ou la Ronce épineuse m'envelopper de ses bras sinueux, afin que l'oiseau lui-même ne se fraie pas au printemps un passage jusqu'à moi dans sa marche légère, et qu'il me soit permis de reposer tranquillement dans ce tombeau désert ! »

PHILÉ :   Ἀνθίσταται δὲ πρὸς τὸ βάσκανον πάθος
                   Δάφνην φαγοῦσα φάττα. . . . . . .
                   Ῥάμνον κορώνη, κ. τ. λ.
        (*De Propr. Animal.*, v. 721.) (*Biblioth. græc.* Didot, vol. XXII, p. 18.)

« Un préservatif contre la fascination, c'est la colombe qui a mangé des grains de Laurier, la corneille qui a mangé des fruits de l'*Aubépine*, etc. »

COLUMELLE :   Lubrica jàm Lapathos, jam *Rhamni* spontè virescunt.
                                    (*Cult. des Jard.*, v. 373.)

« Déjà la Patience laxative montre ses feuilles, déjà les *Aubépines* se couvrent de verdure. »

RAPIN ·   Et *Rhamnus*, Spinæ nomen cui contigit albæ.
                                    (*Les Jard.*, liv. II, v. 633.)

« Le *Rhamnus*, à qui l'on a donné le nom d'*Epine-blanche*. »

MAMBRUNE :   Verùm alias inter tantùm supereminet Umbra,
               Quantùm infelices superant Violaria *Rhamnos*.
                                    (*Églog.* V, v. 23.)

« Mais Ombra l'emporte autant pour les charmes et la beauté sur toutes ses compagnes, que les plants de Violiers l'emportent sur les *Buissons* épineux. »

CÉVA :   . . . . Hei mihi! *Rhamnus*
            Vestibus implicitus. . . . .
                                    (*Jésus enfant*, liv. I, v. 405.)

« Hélas ! un *Buisson* a accroché mes vêtements. »

PREUVES.

Synonymes : Ῥάμνος λευκὴ, Théophr., liv. III, ch. 17; Dioscor., liv. I, ch. 119. — *Rhamnos*, Plin., liv. XXIV, ch. 76. — Noms vulgaires : Λευκάκανθα (*Épine blanche*),

Dioscor., *Nom. notha.* — *Spina alba*, Colum., liv. VII, § 7 et 9; Plin., liv. XXI, ch. 39, et XXIV, 66; Pallad., liv. II, § 15 : — et *Spina* seulement, Plin., liv. XVI, ch. 30, et XXI, 39; Pallad., liv. XIV, des *Greff.*, v. 139. — En français, *Aubépine*, *Noble-épine*, *Épine-blanche*; vulgairement *Buisson*, *Buisson-blanc*. Ses fruits portent le nom de *Cenelles*.

Étymologie. Le mot de ῥάμνος paraît être abrégé de celui de ῥάδαμνος, qui signifie *rameau*, *rejeton*. Sans doute l'*Aubépine* a été ainsi nommée, à cause de la multitude des rameaux et des rejetons que produit cet arbrisseau.

Épithètes. Ὀξὺς (¹), *piquant*, τραχεῖα, *hérissé de pointes*, *infelix*, *malfaisant*; ἄκανθα λευκοπέταλος, *plante épineuse à fleurs blanches*, ἑρσομένη, *aux feuilles couvertes de rosée;* θαμνῖτις, *des halliers* ou *des haies;* φιλέταιρος, *qui aime ses amis*, ἀλεξιάρη, *protectrice;* πανάκεια πανάριστος, *panacée excellente.*

Circonstances. On voit, par la lecture des passages cités et particulièrement par celle des épithètes, que le *Rhamnus* est représenté ici sous un double rapport, comme une plante épineuse et malfaisante, et comme une plante propre à préserver des enchantements. Les vers d'Orphée, de Théocrite, d'Appollinaire et de l'Anthologie rentrent dans la première catégorie, et ceux de Diogène Laërce, de Nicandre, de l'auteur anonyme et de Philé, dans la seconde.

Dans Théocrite, un berger s'enfonce une épine dans le pied sur une colline où croît abondamment le *Rhamnus*

(¹) Ῥάμνος est masculin et féminin.

avec l'Aspalathe, et plus loin un pêcheur dort mal à son
aise couché sur un lit de feuillages où entraient quelques
brindilles de *Rhamnus* armées de leurs piquants. Dans
l'Anthologie, c'est Timon, le misanthrope, qui, après
avoir vécu loin des hommes, qu'il n'aimait point et dont
il n'était point aimé, désire encore, après sa mort, n'avoir
aucun contact avec eux, et veut interdire son approche
même aux oiseaux. On doit remarquer dans ce dernier
passage que le *Rhamnus* y est associé à la Ronce, et qu'il
y paraît aussi commun et aussi malfaisant qu'elle.

Nicandre recommande le *Rhamnus* comme un antidote
très efficace contre la peste, un bon remède pour la mor-
sure des serpents, et comme très propre à détourner
l'effet des imprécations et des sortiléges. C'est ce que
signifient l'épithète d'ἀλεξιάρη et celle de φιλέταιρος. Diogène Laërce nous donne un petit tableau des pratiques
qu'on employait. Nicandre dit encore que cet arbrisseau
vient dans les haies et qu'il a les fleurs blanches. Ces
renseignements sont confirmés et fournis avec plus de
détails encore par le poëte anonyme, qui s'étend assez longuement sur les merveilleuses propriétés de cette plante.

Dioscoride parle en ces mots de ces prétendues vertus
du *Rhamnus* : « On rapporte que des rameaux de cet
arbre appendus aux portes ou aux fenêtres détournent
les maléfices des enchanteurs (1). » Hésychius définit
ainsi le *Rhamnos* des Grecs : « Plante qui est employée
comme préservatif : c'est un arbre épineux. » Suidas dit :
« Plante épineuse très grande. »

(1) Liv. 1, ch. 119.

Ovide parle de l'*Épine-blanche* dans le même sens au 6ᵉ livre des *Fastes*, v. 129 et 165. « A ces mots, dit-il, il lui donne une branche d'*Aubépine*, pour écarter des portes toute funeste aventure..... Puis, elle pose le rameau d'*Aubépine* près de la petite fenêtre qui donne du jour au berceau. » (*Trad. de M. Fleutelot, Collect. des Aut. lat. Dubochet.*)

> Sic fatus, Virgam quâ tristes pellere posset
> A foribus nonas, hæc erat alba, dedit...
> Virgaque Janalis de Spinâ ponitur albâ, etc.

Vanière, dans son *Prædium rusticum*, écrit, en parlant de l'*Épine-blanche*, quelque chose de semblable à ce que nous venons de lire de Nicandre sur le *Rhamnus*. « Si la peste, dit-il, infecte un canton, cette contagion est moins à craindre encore pour vos brebis que pour vos chèvres, à moins que vous n'enfermiez celles qui en sont attaquées, et que vous ne leur fassiez prendre pour antidote des racines de Roseau et d'*Épine-blanche* bien broyées et délayées dans de l'eau. » (Liv. IV, v. 298 et s.)

Dans le *Dictionnaire National*, au mot *Buisson*, on lit cette note d'archéologie : « Plante considérée, chez » les Grecs, comme un emblème que l'on plaçait sur la » porte d'une maison où était un malade, pour en chasser » les esprits malfaisants et les mauvais pronostics. » Nous venons de voir cette pratique mise en usage pour le *Rhamnus* dans Diogène Laërce, et recommandée par Nicandre, et surtout par l'auteur anonyme, dans son passage si remarquable. Je pourrais ajouter d'autres autorités, si ces citations n'étaient déjà trop longues.

Il reste donc bien établi que la plante que les Grecs appelaient ῥάμνος était appelée *Spina alba* par les Latins. Il ne peut y avoir aucun doute à cet égard, car les uns et les autres racontent absolument les mêmes choses sous ces deux noms.

La disette de poëtes latins qui aient employé le nom de *Rhamnus* et parlé de la plante dont il est ici question, m'a engagé à citer après Columelle trois poëtes modernes, qui ajoutent quelques traits nouveaux au portrait.

Columelle décrit dans le passage rapporté les effets ordinaires du printemps. Les *Aubépines* dont il y parle sont probablement celles qui formaient la clôture de son jardin. « *Rhamnus*, dit la note de Lemaire sur ce vers, espèce de *Buisson* qu'on a coutume d'employer pour faire les *haies*. » (*Poetæ lat. minor.*. vol. VII, p. 83.)

Dans le vers de Rapin nous trouvons la synonymie du mot *Rhamnus* avec *Épine-blanche* bien clairement établie.

La comparaison de Mambrune n'est pas très juste s'il veut parler des fleurs, car les fleurs de l'*Aubépine* ne sont pas sans agrément. Il faut penser qu'il s'agit là, sous le terme général de *Violaria*, de cette foule de belles fleurs que les Anciens désignaient par le nom de *Violettes*, telles que les *Violiers*, la *Julienne* ou *Cassolette*, les *Lunaires*, etc. Comparé à ces fleurs, le *Buisson* avec ses épines doit nécessairement être mis au-dessous, poétiquement parlant.

Rassemblons maintenant les caractères de notre plante épars dans ces divers passages. C'est 1° une plante très épineuse; 2° à fleurs blanches et d'une odeur douce, propre à provoquer le sommeil; 3° à feuilles blanchâtres en dessous et comme couvertes de rosée ; 4° un arbre ou arbrisseau, qui croît dans les haies ou qui est propre à former des haies ; 5° commun partout, et qu'on trouve sur les bords de la mer comme sur les montagnes ; 6° enfin, auquel les anciens ont attribué de grandes vertus contre la peste et les enchantements magiques.

Cet arbrisseau est-il le *Jujubier* (*Rhamnus Zizyphus,* Lin.), comme le pense et l'affirme l'auteur de *la Flore de Théocrite?* Il est bien facile de voir que non. Les fleurs du Jujubier ne sont point blanches, et nulle part, je pense, on n'en forme des haies, à cause du grand cas qu'on fait partout de ses fruits.

Mais ce qu'il y a de plus important, c'est qu'il serait impossible de prouver que le Jujubier ait jamais été désigné par aucun auteur ancien par le mot de *Rhamnus.* Le nom qu'il portait autrefois était simplement celui de *Zizyphus.* Les *Rhamnus* de Linné ne sont point ceux des anciens. J'ai déjà averti le lecteur de se tenir en garde contre cette trompeuse homonymie des genres.

Autre réflexion. Si le Jujubier n'a été transporté de Syrie en Italie que du temps de l'empereur Auguste, ainsi que Pline l'assure, comment Théocrite aurait-il pu en parler et le placer comme spontané et très commun sur une montagne, aux environs de la ville de Crotone, dans la Calabre, théâtre de sa 4ᵉ *Idylle,* trois cents ans auparavant ?

Je remarquerai encore que tous les poëtes n'ont parlé du *Rhamnus* que pour en dire du mal, comme d'un arbrisseau plein d'épines et malfaisant ; ils l'associent à la Ronce, au Chardon, etc. Giraudeau, dans son petit

poëme grec d'*Ulysse*, décrivant une île déserte et y plaçant tout ce qu'il y a de plus triste et de plus nuisible en
plantes et en animaux, n'oublie pas d'y faire figurer le
Rhamnus. « Dans cette île, dit-il, on ne voit point de
Vignes, mais on y trouve des Ronces, des *Aubépines*, des
Buissons, des Osiers, des Saules, du Jonc, des serpents,
des dépouilles de serpents, des hérissons, des lézards,
des salamandres, des fourmis, des escargots et des vi-
pères. » (*Traduct. de M. l'abbé Soutra.*)

Ἔνθ' οὐκ Ἄμπελοι, ἀλλὰ Βάτοι, Ῥάμνοι, καὶ ἄκανθαι,
Οἰσύα, κ. τ. λ.   (*Ulyss.*, v. **232.**)

Si le *Rhamnus* eût été le Jujubier, si voisin et congé-
nère du célèbre *Lotos*, chanté par Homère, et avec lequel
il a été longtemps confondu, les poëtes qui sont venus
après se seraient bien donné de garde de décrier cet arbrisseau, malgré ses épines.

Quelques dictionnaires traduisent ce nom par celui de
Nerprun. Mais ce n'est pas plus le Nerprun que le Jujubier, on peut y compter (¹).

Théophraste s'étend peu sur le *Rhamnus*. Il en reconnaît deux espèces : voici ce qu'il en dit : « Il y a un *Rhamnus noir*, et un autre *blanc*. Leur fruit est différent, et ils
sont tous les deux épineux : » Ῥάμνος ἡ μὲν ἐστι μέλαινα,
ἡ δὲ λευκή· καὶ ὁ καρπὸς διαφόρυς· ἀκανθοφορεῖ δὲ ἄμφω (²).
Cette distinction de Théophraste s'est conservée jusqu'à

(¹) On verra plus loin, à l'article Ἄχερδος, p. 186, que ce nom de *Nerprun* ou *Noirprun*, qui signifie *Prunier noir*, ne se donnait anciennement
qu'au *Prunellier*.

(²) *Hist. Plant.*, lib. III, c. 17.

nous sous les noms de *Buisson blanc* et *Buisson noir*, donnés vulgairement au *Cratægus Oxyacantha* et au *Prunus spinosa* de Linné, dénominations plus justes que celles d'*Épine-blanche* et d'*Épine noire* (¹). C'est du Ῥάμνος λευκή seulement qu'il s'agit ici.

Dioscoride décrit ainsi le *Rhamnus* que nous étudions : « Le *Rhamnus* est un arbrisseau qui vient dans les haies, poussant des jets en forme de baguettes qui s'élèvent verticalement, et qui a des épines aiguës comme l'*Oxyacantha* (l'Épine-vinette). Ses feuilles sont larges, un peu allongées, luisantes en dessous, et douces au toucher (sans aiguillon) : » Ῥάμνος θάμνος ἐστὶ περὶ φραδμοὺς φυόμενος, ῥάβδους ἔχων ὀρθὰς καὶ ὀξείας ἀκάνθας, ὥσπερ ἡ Ὀξυάκανθα. Φύλλα δὲ μακρὰ, ὑπομήκη, ὑπολίπαρα, μαλακὰ (²). Cette description, mal traduite par les interprètes latins, est parfaite dans son laconisme. Il est difficile de ne pas reconnaître là l'*Aubépine*.

Je remarquerai, en passant, que la face inférieure des feuilles de l'*Aubépine* est blanchâtre et un peu lustrée, et contraste fortement avec la couleur verte de la face supérieure. Cette couleur d'un blanc cendré, qui tranche sur l'autre à peu près comme la feuille du saule, est ce que Dioscoride exprime par le terme de ὑπολίπαρα, feuilles *lustrées* ou *luisantes en dessous*, et que Nicandre caractérise

---

(¹) En effet, on peut entendre par *épine* l'épine proprement dite, l'aiguillon. Or les épines ne sont pas plus *blanches* ou plus *noires* dans l'un de ces arbrisseaux que dans l'autre. Le mot *épine* signifiait autrefois dans les trois langues *épine* et *arbre épineux, buisson* : c'est dans ce dernier sens qu'il faut le prendre ici. Les épithètes de *blanc* et de *noir* s'adressent aux feuilles et à l'écorce de ces deux arbrisseaux, et non à leurs épines.

(²) Liv. I, ch. 119.

par l'épithète d'ἐρσομένη, *couvert de rosée*, donnée au *Rhamnus*. On dirait, en effet, en regardant le dessous de ses feuilles, voir cette légère rosée qui, le matin au printemps, couvre et blanchit la verdure des prés et du feuillage.

La détermination du *Rhamnus* des anciens offre sans doute des difficultés assez grandes, car il y a dans Pline et les autres botanistes qui l'ont suivi beaucoup d'incertitude et de confusion à l'égard de cette plante. Linné lui-même a donné à l'*Aubépine* un nom spécifique qui ne s'appliquait pas anciennement au *Rhamnus*, mais qui semblait appartenir spécialement à l'*Épine-vinette (Berberis vulgaris*. Lin.). Puisque Théophraste et Dioscoride ont décrit ou mentionné le *Rhamnus* et l'*Oxyacantha* dans des chapitres séparés, il est bien clair qu'ils n'ont pas voulu décrire la même plante sous deux noms différents. Quoi qu'il en soit de ces difficultés, je regarde comme sûr que le *Rhamnus* des poëtes grecs et latins est l'*Aubépine* ou *Épine-blanche* de nos haies, à laquelle tous les caractères que l'on tire d'eux conviennent parfaitement. Il est facile d'ailleurs d'en vérifier l'identité, car l'*Aubépine* est commune partout et connue de tout le monde.

Je vais terminer cet article par un apologue qui n'est pas étranger à mon sujet, apologue d'un sens profond et d'une antiquité bien respectable, puisque devant elle l'antiquité si célèbre du vieil Homère s'efface et disparaît.

« Les arbres s'assemblèrent un jour pour se donner un
» chef, et ils dirent à l'Olivier : Soyez notre roi. L'Olivier
» leur répondit : Puis-je abandonner mon huile, qui sert

» aux hommes à glorifier Dieu, pour venir régner sur
» les arbres ?

» Les arbres dirent au Figuier : Venez régner sur nous.
» Le Figuier leur répondit : Puis-je abandonner la dou-
» ceur de mon suc et l'excellence de mes fruits pour
» venir commander aux autres arbres ?

» Les arbres s'adressèrent à la Vigne, et lui dirent :
» Venez prendre le commandement sur nous. La Vigne
» leur répondit : Puis-je abandonner mon vin, si agréable
» à Dieu et aux hommes, pour venir m'établir au-dessus
» des autres arbres ?

» Alors tous les arbres dirent au *Buisson* : Venez et soyez
» notre roi. Le *Buisson* (1) leur répondit : Si vous me
» choisissez véritablement pour votre roi, venez vous re-
» poser sous mon ombre ; si vous ne voulez pas venir, que
» le feu sorte du *Buisson*, et qu'il dévore les Cèdres du
» Liban (2). »

(1) Les Septante portent ἡ Ῥάμνος, la Vulgate *Rhamnus*.
(2) *Juges*, ch. IX, v. 8 et suiv. Traduct. de Sacy, de Vence et de Genoude.

ἈΣΠΆΛΑΘΟΣ [Aspalathos]. AJONC-MARIN, AJONC. ULEX, Lin.

11. ἈΣΠΆΛΑΘΟΣ. — Ajonc-marin, Ajonc. — *Ulex Europæus*, Liu. (C.).

Théognis :   Ἀσπάλαθοί γε τάπησιν ὁμοῖον στρῶμα θανόντι.
(Sent., v. 1193, édit. de Leipzig.)

« Les *Ajoncs-marins* sont pour un mort une couverture qui vaut autant que les riches draperies. »

Théocrite :   Εἰς ὄρος ὅκχ' ἕρπεις, μὴ ἀνάλιπος ἔρχεο, Βάττε ·
Ἐν γὰρ ὄρει Ῥάμνοι τε καὶ Ἀσπάλαθοι κομόωντι.
(Idyl. IV, v. 56 et s.)

« Ne sois pas sans chaussure, cher Battus, quand tu grimpes à la montagne ; on n'y tronve que des Épines-blanches et des *Ajoncs*. »

. . . . Πῦρ μέν τοι ὑπὸ σποδῷ εὔτυχον ἔστω,
Κάγκανα δ' Ἀσπαλάθω ξύλ' ἑτοιμάσατ', ἢ Παλιούρω,
Ἢ Βάτω, κ. τ. λ.   (Idyl. XXIV, v. 86 et s.)

« Conservez soigneusement du feu sous la cendre, et préparez du bois sec d'*Ajonc*, ou bien de Paliure, de Ronces, etc. »

PREUVES.

Synonymes : Σκορπίος (*scorpion*), Théophr., liv. VI, ch. 1 et 3. — *Scorpio*, Plin., liv. XXI, ch. 54. — Ἐχινόπους (*aux pieds d'oursin*), Athénée, *Déipnos.*, liv. III, p. 97 ; Plutarque, *le Banquet*, liv. I, quest. 4, etc. — *Echinopus*, Plin., liv. XI, ch. 8 ; Honor. Belli, dans Théophr., liv. VI, ch. 3, *Notes*, p. 605, 2. — *Nepa*, Gaza, dans Théophr., liv. VI, ch. 1 et 3. — En français, *Ajonc-marin, Ajonc ;* vulgairement *Jonc-marin, Lande, Landier, Thuie*, etc.

Étymologie. L'*Aspalathos*, adjectif de ἄκανθα, *épine*, est ainsi nommé, dit le scoliaste grec de Théocrite, « à cause de la difficulté qu'il y a d'arracher ses épines des parties du corps où elles entrent. » Ce nom est donc composé de l'α privatif, du verbe σπάω, *tirer*, *arracher*, et de λάθω pour λανθάνω, *être caché*; littéralement, *épine cachée qui ne peut s'arracher.*

Le nom de *Scorpios* a été aussi donné à cet arbrisseau, à cause du danger des blessures que font ses épines, assimilées à celles que font les scorpions. Celui de *Nepa* dérive d'un mot hébreu qui signifie *enfler*, *gonfler*. Théophraste va nous dire plus loin que la piqûre de ces épines produit cet effet. Enfin, le nom d'*Echinopus* lui vient de la ressemblance que ses épines lui donnent avec l'oursin ou hérisson de mer, appelé en grec ἐχῖνος.

Circonstances. En l'absence de toute épithète caractéristique, nous ne pouvons chercher quelques lumières que dans l'étymologie de ce nom et dans les circonstances.

L'étymologie nous apprend que les épines de cette plante doivent être bien aiguës et bien déliées pour être si difficiles à voir dans la chair et à extraire : tels sont les aiguillons de quelques *Cactus*. Aussi semble-t-il d'abord que ce sont des aiguillons plutôt que des épines ligneuses.

Voici ce que Théophraste nous en dit : « Le *Scorpios* a la pointe de son épine d'abord blanche, et puis un peu rouge. Lorsqu'elle entre dans la chair, elle fait *enfler* la partie où elle pénètre (¹). » Dioscoride, de son côté, écrit

---

(¹) **Liv. VI, ch. 3.**

la phrase suivante du scorpion, animal : « La piqûre du scorpion fait *enfler* sur-le-champ la partie blessée (¹). » On le voit, il y a un accord parfait entre la qualité nuisible de la plante et celle de l'animal : c'est ce qui a fait donner à celle-là le nom de celui-ci.

Les piqûres de ces épines paraissaient aux anciens si dangereuses et si redoutables, que Platon, au livre 10 de sa *République*, raconte que les tyrans, dans les enfers, sont traînés pieds et poings liés, sur les épines de l'*Aspalathus*.

La première circonstance que nous avons à examiner est celle d'un tombeau couvert d'*Aspalathus*. On pourrait croire avant tout examen que c'est une plante qui répand ses rameaux à droite et à gauche sur la terre, comme la Ronce ; et le pluriel, employé par Théognis, semble annoncer qu'il en faut plusieurs pieds pour couvrir une tombe. C'est donc ou une plante rampante, ou une plante qui croît en nombre sur un petit espace et qui s'élève peu.

Dans la seconde circonstance il s'agit de l'épine qui a piqué le pied de Battus, comme nous venons de le voir dans l'article précédent, et son compagnon, pour le rendre prudent, lui cite les plantes épineuses les plus redoutables comme hérissant les flancs de la montagne.

Dans le dernier passage, Théocrite nous parle d'un bûcher qu'il fallait former de plantes ligneuses et épineuses : aussi, après avoir nommé l'*Aspalathus*, il cite trois autres plantes de même nature, qui peuvent nous donner une idée de la première. Ce sont le Paliure, la

(¹) Lib. Περὶ ἰοϐόλων, c. 6.

Ronce et le Prunellier. D'après cette assimilation seule on pourrait juger que l'*Aspalathus* est un arbrisseau ou un arbre ; du reste, Théocrite le dit textuellement par les mots Ἀσπαλάθω ξύλα. Nous avons vu à l'article du *Rhamnus* et dans le passage d'Orphée, un bûcher fait aussi d'arbrisseaux et d'arbres épineux. Les anciens brûlaient ces plantes nuisibles dans leurs sacrifices expiatoires.

Ces renseignements jettent sans doute quelque jour sur l'*Aspalathus ;* mais nous devons convenir qu'ils sont trop peu de chose pour le faire connaître. Laissons donc là les conjectures, et puisque les poëtes nous font défaut, consultons les botanistes.

Théophraste appelle cette plante *Scorpios*, à cause, ai-je dit, du danger des blessures que font ses épines. Voici ses paroles : « Parmi les plantes épineuses, les unes sont entièrement composées d'épines, comme l'Asperge sauvage (*Asparagus acutifolius*, Lin.), et le *Scorpios*, car ces deux plantes n'ont d'autres feuilles que des épines. Le nombre de ces plantes qui ne sont composées que d'épines est extrêmement petit, et il serait difficile peut-être d'en trouver d'autres que l'Asperge et le *Scorpios*. On les voit l'une et l'autre encore en fleur après l'équinoxe d'automne. Le *Scorpios* a la pointe de son épine d'abord blanche, et puis un peu rouge. Lorsqu'elle entre dans la chair, elle fait enfler la partie où elle pénètre. Il n'a qu'une racine, qui est courte et droite : » Τῶν ἀκανθικῶν δὴ, τὰ μὲν ἁπλῶς εἴσιν ἄκανθαι, καθάπερ Ἀσπάραγος καὶ Σκορπίος · οὐδὲ γὰρ ἔχουσι φύλλον οὐδὲν παρὰ τὴν ἄκανθαν (¹). — Ἐλάχιστον δὲ τὸ ἀκανθῶδες ὅλως, καὶ σχεδὸν οὐ

______

(¹) Liv. VI, ch. 1.

ῥᾴδιον λαβεῖν παρά τε τὸν Ἀσπάραγον καὶ τὸν Σκορπίον. Ἀμφό-
τερα δὲ ταῦτα ἀνθεῖ μετὰ ἰσημερίαν φθινοπωρινήν. Ὁ μὲν γὰρ
Σκορπίος ἐν τῷ σαρκώδει τὸ ἐξοιδίσκει ὑπὸ τὸ ἄκρον τῆς ἀκάν-
θης, ἔχων τὸ ἄκρον ἐξ ἀρχῆς μὲν λευκόν, ὕστερον δὲ ἐπιπορ-
φυρίζον (¹)..... Ὁ Σκορπίος μονόρριζον καὶ βραχύρριζον καὶ εὐ-
θύρριζον (²).

Cette description, appliquée à l'*Ajonc*, est d'une vérité
frappante, comme je vais le démontrer tout à l'heure,
et comme le sont, du reste, toutes celles de Théophraste.

Elle est confirmée par celle que Belli, savant botaniste italien du XVIᵉ siècle, fait de la même plante sous
le nom d'*Echinopus* (écrit à tort *Echinopoda*). « L'*Echinopoda*, dit-il, est une plante très commune, qui est dépourvue de feuilles et qui porte des fleurs jaunes. Elle
paraît tout entière de couleur verte, est étalée en rond,
et est entourée d'une infinité d'épines, qui lui donnent
d'une manière remarquable l'aspect d'un hérisson (³). »

On peut ajouter à ces détails que, d'après Pline, « les
abeilles ne vont point butiner sur ses fleurs (⁴). »

Dioscoride paraît avoir parlé de notre plante, mais
c'est en si peu de mots qu'on ne peut pleinement s'en
assurer. Après avoir brièvement décrit l'*Aspalathos* aromatique, il ajoute plus brièvement encore : « Il y a, de
plus, une autre *certaine* espèce d'*Aspalathos*, dont la tige
est blanche, ligneuse, sans odeur, et qui, certes, est bien

(¹) Le texte de cette phrase est horriblement corrompu dans l'édition de
Stapel, Amsterdam, 1644. J'ai cherché à le rétablir, uniquement guidé par
le fil de l'analogie et par le sens intime.

(²) Liv. VI, ch. 3.

(³) Cité par Stapel dans Théophraste, *Hist. des plant.*, p. 605, 2.

(⁴) Liv. XI, ch. 8.

loin d'être autant estimé que le premier : » Ἔστι δὲ τι καὶ ἕτερον εἶδος αὐτοῦ λευκὸν, ξυλῶδες, ἄνοσμον, ὃ δὴ καὶ χεῖρον καθέστηκε (¹).

Dans ce peu de mots je trouve deux nouveaux traits de lumière qui mettent la vérité de plus en plus en évidence. Cette seconde espèce d'*Aspalathus* a le *bois blanc*, et est *fort peu estimée*. L'*Ajonc* a, en effet, le *bois blanc* jusqu'à ses dernières ramifications, et cette blancheur de la tige et des branches contraste d'une manière remarquable avec la sombre verdure de ses épines fraîches. Et pour le cas que l'on fait de lui, qu'y a-t-il de moins estimé que l'*Ajonc?*

Remarquez la répugnance et l'hésitation de Dioscoride à l'assimiler au premier *Aspalathus*, lorsqu'il dit, *il y a encore une autre* certaine *espèce d'Aspalathus*, τὶ καὶ ἕτερον εἶδος.

Pline garde le silence sur notre plante. Celles qu'il mentionne sous le nom d'*Aspalathus* n'ont rien de commun avec celle que nous étudions. L'*Aspalathos* de Théophraste (liv. IX, ch. 7) est aussi une tout autre plante.

On me dira peut-être : Nous admettons que le *Scorpios*, le *Scorpio*, l'*Echinopus* et le *Nepa*, sont bien véritablement la même plante ; mais il vous reste à démontrer que l'*Ajonc* a été décrit ou mentionné sous ces divers noms par les botanistes anciens. C'est ce que je vais tâcher de prouver d'une manière assez claire pour entraîner la conviction. Il ne faut pour cela que montrer deux choses : la première, que tous les caractères donnés

(¹) Liv. I, ch. 19.

à la plante exprimée par ces noms conviennent parfaitement à l'*Ajonc* ; et la seconde, qu'ils ne peuvent rigoureusement s'appliquer qu'à lui.

Voici donc ces caractères. La plante à laquelle ils sont
attribués et qui nous est encore inconnue, est : 1° un arbrisseau ; 2° cet arbrisseau n'est composé que d'épines
et n'a point de feuilles, par conséquent ; 3° ces épines
sont vertes, très aiguës, très effilées, et blanchâtres quand
elles sont sèches, de manière à être difficilement aperçues
dans la partie du corps où elles entrent, et difficilement
arrachées ; 4° leur pointe rougit un peu en vieillissant ;
5° son bois est blanc, et néanmoins il paraît à quelques
pas être tout entier de couleur verte ; 6° ses rameaux sont
étalés en rond ; 7° les épines, qui l'entourent de tous
côtés, lui donnent l'aspect d'un hérisson ; 8° il porte des
fleurs jaunes qui durent jusqu'après l'équinoxe d'automne ;
9° quoique ces fleurs soient très nombreuses, les abeilles
n'y touchent point ; 10° enfin, il est peu estimé et très
commun en Europe.

Maintenant, je suppose que le lecteur connaît l'*Ajonc*,
car cet arbrisseau se voit dans les bois presque partout.
Faisons-lui l'application des dix caractères qui précèdent.

L'*Ajonc* est un petit *arbrisseau* de quatre à six pieds
de haut *entièrement composé d'épines*, car ses feuilles,
qui paraissent au printemps et qui sont fort petites et
pointues, durcissent bientôt et se convertissent en épines
persistantes ; ces épines sont *très aiguës*, longues, effilées,
vertes d'abord, et *blanchâtres* quand elles sont sèches, et
leur pointe devient *un peu rouge* en vieillissant ; ses ra-

linéaux s'étalent *en rond*, et quoique son bois soit *blanc*, ils forment une touffe d'un *vert* sombre, et tellement hérissée de piquants de tous côtés, qu'ils lui donnent sous ce rapport l'aspect d'un *hérisson ;* il croît en grand nombre dans un même lieu, et peut facilement *couvrir un tombeau ;* il porte des *fleurs jaunes*, et ces fleurs durent nonseulement jusqu'après l'*équinoxe d'automne*, mais encore jusqu'à l'hiver ; on n'aperçoit jamais d'*abeilles* sur ces fleurs ; enfin, l'*Ajonc* est *peu estimé* et *très commun* en Europe, dans les terrains stériles et les bois sablonneux.

On voit donc que tous les caractères sans exception fournis par les poëtes et les botanistes anciens et attribués à l'*Aspalathe* sous divers noms, conviennent à l'*Ajonc* sur tous les points. L'identité est évidente et ne laisse rien à désirer.

J'ajoute que ces caractères ne peuvent convenir entièrement qu'à lui. En effet, si l'on veut les rapporter à quelques autres plantes épineuses, telles que le *Spartium Scorpius* ou le *S. spinosum*, Lin., le *S. villosum* ou le *S. horridum*, Vahl., ou un des *Genista anglica, germanica* et *hispanica*, Lin., on trouvera qu'elles manquent toutes de plusieurs conditions indispensables. Par exemple, le *Spartium Scorpius* a les épines moins nombreuses et moins effilées que l'*Ajonc*, et ses petites feuilles ovales restent et ne se changent pas en épines, comme dans ce dernier. L'absence de cette seule particularité suffirait pour le faire rejeter, car il n'y a *point de feuilles* dans la plante des anciens. J'en dis autant des deux autres *Spartium* et des trois Genêts que j'ai nommés, qui tous conservent leurs feuilles et qui d'ailleurs ne sont ni *très communs*, ni en fleur après *l'équinoxe d'automne*, etc. Il n'y a, en effet, guère à choisir entre plusieurs, car Théophraste dit, comme nous l'avons vu, qu'il ne connaît que l'asperge sauvage et le *Scorpios* qui soient *sans feuilles et tout composés d'épines*.

Je dois remarquer, en passant, que le *Spartium villosum*, Vahl., en particulier, qui a été signalé à tort comme l'*Aspalathos* de Théocrite, est bien loin de présenter les caractères indiqués plus haut. Il a *des feuilles ternées* et assez grandes, ce qui lui ôte le caractère essentiel d'être *tout composé d'épines*. Celles-ci ne sont pas très communes dans cette plante et ne lui donnent pas assurément l'aspect d'un *hérisson*. Et puis, c'est une plante rare en Europe, qui pourrait abonder en Sicile sans se trouver aux environs de Crotone, théâtre de la 4e *Idylle* de Théocrite.

On doit exclure aussi toutes les herbes épineuses quelles qu'elles soient, comme les Chardons de toute espèce, etc., car l'*Aspalathus* est une plante *ligneuse*, un arbrisseau. Les Latins, en parlant de lui, disent *frutex*, Dioscoride dit *ligneux*, et Théocrite *du bois d'Aspalathos*.

Il n'y a donc que l'*Ajonc* qui remplisse parfaitement toutes les conditions nécessaires. On peut, par conséquent, le regarder sans la moindre hésitation comme le véritable *Aspalathos* des poëtes grecs (¹).

(¹) Ici se terminent les plantes de la IVe *Idylle* de Théocrite, dont le titre de cet opuscule annonce l'explication.

ΑΪΓΙΛΟΣ [Aïghilos].   CHÈVREFEUILLE.
LONICERA, Lin.

12. ΑΪΓΙΛΟΣ γλυκεῖα. — Chèvrefeuille ordinaire. —
Lonicera Caprifolium, Lin. (?)

Théocrite :   Ταὶ μὲν ἐμαὶ Κύτισόν τε καὶ Αἴγιλον αἶγες ἔδοντι,
Καὶ Σχῖνον πατέοντι, καὶ ἐν Κομάροισι κέονται.

(*Idyl.* V, v. 128 et s.)

« Mes chèvres se nourrissent de Cytise et de *Chèvrefeuille ;*
elles foulent aux pieds le Lentisque, et se reposent parmi les
Arbousiers. »

Babrius :   Μιᾶς ἀπειθοῦς ἐν φάραγγι τρωγούσης
Κόμην γλυκεῖαν Αἰγίλου τε καὶ Σχίνου.   (*Fabl.* III, v. 3 et s.)

« Une des chèvres faisait l'indocile, et broutait dans un précipice les douces sommités du *Chèvrefeuille* et du Lentisque. »

PREUVES.

Synonymes : Αἰγίνη (*plante aux chèvres*), *Addit.* à
Dioscor. au mot *Periclymenon.* — Περικλύμενον (*plante célèbre*), Dioscor., liv. IV, ch. 14. — *Periclymenos*, Pline,
liv. XXVII, ch. 94. — En français, *Chèvrefeuille*, vulgairement *Chèvrefeuille des jardins.*

Étymologie. Le mot Αἴγιλος a évidemment pour racine αἴξ, αἰγὸς, qui signifie *chèvre*, et fait entendre que
la plante exprimée par ce mot est agréable aux chèvres.
Mais si l'on en reste là, on n'explique point la terminaison
λος, qui est peut-être ici très expressive. En effet, cette
terminaison paraît n'être autre chose qu'une forme abrégée de l'adjectif λῶστος, qui signifie *très bon, excellent,*

ce qu'il y a de meilleur. D'après cela, Αἴγιλος serait mis, par abréviation, pour Αἰγιλῶστος, qui, considéré comme adjectif de θάμνος, *arbuste*, signifierait, à la lettre, *arbuste le meilleur pour la chèvre*, ou *arbuste favori de la chèvre.*

L'étymologie de l'ancien mot Αἰγίνη se tire aussi de celui d'αἴξ, *chèvre.*

Voici une plante poétique d'autant plus difficile à déterminer avec quelque certitude, que peu de poëtes en ont parlé sous le nom qu'elle porte ici, qu'elle n'est accompagnée dans leurs vers d'aucune épithète qui puisse peindre un de ses caractères, et qu'enfin son nom lui-même semble être plutôt un surnom tiré d'une particularité qui lui est propre, une dénomination vulgaire, qu'un véritable nom fixé dans le langage. Cependant elle était recherchée et avidement broutée par les chèvres, puisqu'elle est associée par Théocrite au Cytise, qui passait pour la première des plantes fourragères. Cet arbuste devait donc être bien connu et porter un autre nom. Il paraît même que celui d'Αἴγιλος, que l'on ne trouve que dans les deux poëtes cités plus haut, est un nom formé par Théocrite pour le besoin du vers, et tout à fait inconnu aux botanistes anciens. Tout élément matériel de conviction manque donc ici aux recherches, et nous sommes forcés de recourir à d'autres moyens d'investigation que les moyens ordinaires. L'étymologie et les circonstances de temps et de lieu vont seules nous guider et nous servir de fil conducteur dans ce nouveau labyrinthe.

Circonstances. Il faut donc remarquer, pour la plante que nous étudions, 1° que le nom d'*Égilos* est mis par

Théocrite dans la bouche d'un berger, c'est-à-dire dans la bouche d'un ignorant, qui sans doute n'en connaît pas le véritable nom; 2° que cette plante est associée à quelques autres plantes qui figurent parmi celles que les chèvres aiment le plus et broutent avec le plus d'avidité; 3° que celles-ci étant toutes des arbrisseaux, l'analogie nous porte à croire que l'*Égilos* est aussi un arbrisseau ou un arbuste; 4° enfin, que d'après le fabuliste Babrius, l'*Égilos* croît, avec le Lentisque, dans les lieux élevés, sur les bords des rochers, dans les ravines profondes et les précipices.

On peut dire sur ces quatre chefs : 1° Un des noms en grec du *Périclyménon* était Αἰγίνη, *de chèvre*, nom qui revient à ceux d'Αἴγιλος et de *Caprifolium*, qui signifient tous également *Plante aux chèvres*. Ces trois noms étaient d'abord des noms vulgaires, c'est-à-dire que le peuple seul employait, et qui ensuite ont pu passer dans le langage commun. Le nom même de Περικλύμενον, qui signifie *célèbre*, *plante célèbre*, semble annoncer que le *Chèvrefeuille*, qui n'a pas été cité par Théocrite, Virgile et autres, sous un nom qui nous le fasse facilement reconnaître, a dû jouir anciennement d'un grande réputation, et tout me porte à croire, par conséquent, qu'il a été célébré sous un autre nom par les poëtes. Au reste, le nom d'*Égilos* est un nom vulgaire, sans doute, mais il est bien plus doux, bien plus poétique et plus convenablement placé dans la bouche d'un berger, que le nom trop savant pour lui de *Périclyménon*. Le poëte a donc montré là son goût ordinaire en le choisissant.

2° On connaît l'amour de prédilection que les poëtes

attribuent à la chèvre pour le Cytise. Tous les agronomes et les poëtes bucoliques les moins anciens ont répété ce que Théocrite et Virgile en ont dit. C'est avec lui que l'*Égilos* se trouve ici placé dans les vers de Théocrite, comme une pâture qui non-seulement paraît être aussi agréable à la chèvre, mais qui semble l'emporter sous ce rapport sur le Cytise, puisque ce premier a pris son nom de la chèvre elle-même, pour exprimer son goût particulier pour cette plante.

Quant au Σχῖνος ou *Lentisque*, qui se trouve uni à l'*Égilos* dans le passage cité de Babrius, il est beaucoup moins connu comme une plante recherchée par les chèvres. Mais, attendu qu'il sort de mon sujet, je n'en dirai rien ici, et je renvoie, pour les éclaircissements nécessaires, à l'article du Σχῖνος.

3° On sait que les chèvres broutent de préférence les bouts tendres et les jeunes pousses des arbrisseaux et des arbustes avec les feuilles qui les accompagnent (¹), plutôt qu'elles ne mangent les graminées. Il ne s'agit donc pas en ce moment d'une fleur ni d'une plante herbacée, et tout nous annonce que l'*Égilos*, se trouvant associé à trois arbrisseaux aimés des chèvres, est un arbrisseau ligneux comme eux. Cette opinion s'accorde avec ce que le scoliaste de Théocrite dit sur les deux vers cités, que « ces quatre plantes sont des *arbrisseaux* que les chèvres broutent : » θάμνοι εἰσὶν οὕς ἐπινέμονται αἱ αἶγες. C'est dire assez que je ne regarde pas ce mot, ainsi que l'ont fait

____

(¹) *Nec Cytiso saturantur apes, nec fronde capellæ,* dit Virgile, *Egl.* X, v. 30.

quelques lexicographes grecs, comme synonyme d'Αἰγί-
λωψ, qui est une plante graminée.

4° Les chèvres ont une tendance naturelle à grimper
sans cesse [1], comme personne ne l'ignore, parce qu'elles
affectionnent particulièrement les plantes des rochers et
des montagnes; et Babrius fait entendre que celles dont
il parle dans sa *Fable* étaient sur une montagne, lorsque
l'accident qu'il raconte arriva à l'une d'elles. Elle était,
dit-il, ἐν φάραγγι, *dans une ravine profonde*, sur les bords
d'*un précipice* ou l'*escarpement* d'un rocher, où elle broutait les sommités agréables des rameaux de l'*Égilos* et du
Lentisque. Or on sait que le Lentisque ne croît spontanément que sur les montagnes. L'*Égilos* est donc un
arbrisseau ou un arbuste que l'on trouve sur les montagnes, dans les précipices et les fentes des rochers.

La question se réduit donc à trouver un arbrisseau ou
un arbuste, 1° que les chèvres aiment beaucoup, et qui
même, s'il est possible, porte leur nom; 2° qui croisse
sur les montagnes, dans leurs précipices et leurs rochers,
et assez abondamment pour pouvoir être bien remarqué
des bergers, et pour mériter qu'ils lui donnent le nom de
la chèvre, dont il est recherché avec tant d'ardeur.

Le *Chèvrefeuille* que j'ai cité réunit ces conditions.
C'est une plante des pays chauds de l'Europe, et, par
conséquent, de l'Italie, de la Grèce et de la Sicile. Les
chèvres le broutent avidement sur les collines et les mon-

---

[1] « Elles aiment les lieux montagneux : » Χαίρουσι τόποις ὀρεινοῖς,
Géoponiq., liv. XVIII, ch. 9. — *Capra in montosis locis et fruticibus pascit.*
Varron, liv. II, ch. 1.

tagnes, où il est assez commun partout dans le midi de la France, et où on le voit incliner ses rameaux épars dans tous les sens sur les rochers et les bords des ravins. Son nom latin et français répond parfaitement à l'*Égilos* des Grecs, et, quoi qu'on en ait dit, on ne peut pas douter qu'il ne lui ait été donné par les mêmes raisons qui autrefois ont imposé celui d'*Égilos* à cet arbuste.

ἌΧΕΡΔΟΣ [Akherdos]. PRUNELLIER. PRUNUS, Lin.

13. ἌΧΕΡΔΟΣ πνιγόεσσα. — Prunellier, Buisson noir, —
Prunus spinosa, Lin. (C).

Homère : Αὐτὸς δ'εἴμαθ'. . . . . . (τὴν αὐλὴν)
Ῥυτοῖσιν λάεσσι, καὶ ἐθρίγκωσεν Ἀχέρδῳ.
(*Odys.*, ch. XIV, v. 8 et 10.)

« Ce fut le pasteur lui-même qui fit cette cour et qui l'entoura d'un mur de pierres brutes, qu'il chaperonna (1) ensuite de *Buissons noirs*. »

Sophocle : Ἀφ' οὗ μέσος στὰς τοῦ τε Θορικίου πέτρου
Κοινῆς τ' Ἀχέρδου κ'απὸ λαίνου τάφου,
Καθέζετο.   (*OEdip. à Colon.*, v. 1595.)

« Là il s'assit entre le rocher Thoricien, un vil *Prunellier*, et un tombeau de pierre. »

Théocrite : . . . . . Πῦρ μέν τοι ὑπὸ σποδῷ εὔτυχον ἔστω,
Κάγκανα δ' Ἀσπαλάθω ξύλ' ἐτοιμάσατ', ἢ Παλιούρω,
Ἢ Βάτω, ἢ ἀνέμω δεδονημένον αὖον Ἄχερδον.
(*Idyl.* XXIV, v. 86 et s.)

« Conservez soigneusement du feu sous la cendre, et pré-

(1) Θριγκόω signifie ici *chaperonner* ou *couronner* un mur de clôture en pierres sèches de ces arbrisseaux épineux qui portaient le nom d'Ἄχερδος, c'est-à-dire de *Prunelliers*. Ces *Prunelliers* ou *Buissons noirs* étaient fixés sur le mur pour en défendre l'escalade. Ce n'était donc point une *haie d'épines*, ainsi que portent même les meilleures traductions d'Homère, termes qui, sans explication, font entendre naturellement une *haie vive*, c'est-à-dire plantée dans la terre, ce qui dénature le sens.

Au reste, ces murailles à pierre sèche servant de clôture et couronnées de Buissons épineux, étaient assimilées par les anciens aux haies vives et portaient en grec le même nom, αἱμασία. Voy. Théocr., *Idyl.* I, v. 47, *Idyl.* V, v. 93, et Longus, *Pastor.*, liv. IV, § 2.

L'opération exprimée par le grec θριγκοῦν Ἀχέρδῳ, est exprimée dans quelques parties du midi de la France par un seul mot, *embuissonner*. Ce verbe, nouveau pour la langue, est aussi expressif et aussi bon que emparez du bois sec d'Ajonc, ou bien de Paliure, de Ronces ou de *Prunellier*, cet arbrisseau sans cesse battu des vents. »

Anthologie : Οὐδὲ θανὼν ὁ πρέσϐυς ἑῷ ἐπιτέτροφε τύμϐῳ
Βότρυν ἀπ' Οἰνάνθης ἥμερον, ἀλλὰ Βάτον,
Καὶ πνιγόεσσαν Ἄχερδον, ἀποστύφουσαν ὁδιτῶν
Χείλεα καὶ δίψει καρφαλέον φάρυγα.
(*Épit.*, *Épigr.* 536.)

« Le vieillard que renferme ce tombeau y voit croître non la Vigne sauvage avec ses doux raisins, mais la Ronce, et le suffocant *Prunellier*, dont les fruits crispent les lèvres des voyageurs, et resserrent leur gosier desséché par la soif. »

PREUVES.

Synonymes : Ἀγρία Κοκκυμηλέα (*Prunier sauvage*), Théophr., liv. III, ch. 7. — Ῥάμνος μέλαινα (*Buisson noir*), *Ibid.*, ch. 17 ; Dioscorid., liv. I, ch. 119. — Βράϐυλα (les *Prunelles*), Théocrit., *Idyl.* VII, v. 146, et *Idyl.* XII, v. 3. — *Spinus*, Virgil., *Géorg.*, liv. IV, v. 145. — Προῦμνος, Galien, *De Simpl.*, liv. 7 et 2. — *Prunus sylvestris*, Plin., liv. XV, ch. 13, et liv. XXIII, ch. 68 et 69. — En français, *Prunellier*, *Prunier sauvage*, quelquefois *Prunier noir* (¹) ; vulgairement *Buisson noir*, *Épinenoire* : ses fruits, *Prunelles*.

Étymologie. Ἄχερδος est adjectif de θάμνος, *arbrisseau*, et signifie *Arbrisseau qui fait du mal ou qui cause de la douleur*, de ἄχος, *douleur*, et ἔρδω, *faire*, *causer*.

---

mieller, *empierrer*, *empailler*, *empoissonner*, *emplumer*, *engueniller*, *ensanglanter*, etc., verbes qui signifient tous, *couvrir ou garnir de la chose* qui sert à former ces mots.

(¹) Le nom de *Nerprun* ou *Noirprun*, que portait autrefois le *Prunellier*, est un abrégé de *Noir Prunier*, pour *Prunier noir*. Ce nom est uniquement appliqué depuis longtemps à un autre arbuste.

Cette plante, honorée de l'attention d'Homère, est une des plus difficiles de l'antiquité à déterminer avec certitude. Les lexicographes et les traducteurs ont été fort embarrassés. Les uns en font une *épine*, les autres un *chardon*, quelques-uns la nomment *Poirier sauvage* et *Aubépine*. Elle serait restée probablement dans d'épaisses ténèbres, si l'épigramme que j'ai citée ne venait jeter sur elle un faisceau de lumière, qui l'éclaire largement et qui en donne la connaissance. Nous allons nous en convaincre par l'examen suivant.

On vient de le voir, l'*Akherdos* est signalé dans les citations précédentes plutôt par ses qualités nuisibles que par ses caractères botaniques. Puisque ces caractères nous manquent, ayons recours à l'étymologie et aux circonstances qui peuvent nous éclairer.

L'étymologie nous fait assez entendre que c'est une plante *épineuse et malfaisante*.

Circonstances. Dans Homère, on se sert de cet arbrisseau pour clore et garantir une assez vaste cour, en le superposant sur la muraille sèche qui l'entoure, ce qui suppose que l'*Akherdos* est bien armé d'épines et qu'il est fort commun. Le *Prunellier*, avec ses fortes épines, est très convenable pour cela, et n'est rare nulle part. Il ne peut pas s'agir ici de l'Aubépine, puisque l'Aubépine portait le nom de *Rhamnos*, comme nous l'avons vu.

Dans Sophocle, c'est OEdipe qui, aveugle et exilé, va subir dans un moment sa destinée, et qui, prêt à mourir, s'asseoit tristement entre un âpre rocher, un *Akherdos* hérissé de pointes et un tombeau : objets lugubres, proprès à inspirer à ce roi malheureux des pensées conformes à sa situation (¹).

Dans Théocrite, c'est, comme je l'ai dit pour l'*Aspalathos*, un bûcher qui ne doit être composé que d'arbrisseaux ou d'arbustes épineux, tels que l'Ajonc, le Paliure, la Ronce, et le *Prunellier*, ou réunis ou séparés.

Quant à l'épithète *agité par les vents*, il faut se souvenir qu'on a rarement visité une montagne plus ou moins élevée sans y rencontrer le *Prunellier*. Quoiqu'il croisse partout, les hauteurs sont le domicile ordinaire et naturel de cet arbrisseau. Il y est donc, plus que ceux de la plaine, exposé au souffle des vents, et l'épithète est juste.

Enfin dans l'épigramme, c'est un poëte très ancien et très digne de foi qui nous parle d'un tombeau (sans doute celui d'un méchant homme) couvert de Ronces et d'*Akherdos*. Et ces *Akherdos*, il nous les décrit avec des couleurs si vives et des traits si ressemblants, qu'il est impossible de n'y pas reconnaître les *Prunelliers* de nos haies.

Remarquez que l'auteur de cette épigramme est Alcée

(¹) Ici je dois dire que l'épithète de κοίλης, donnée à l'Ἄχερδος dans toutes les éditions de Sophocle, m'a semblé une faute de copiste successivement répétée. Κοίλη, *creux*, appliqué là au *Prunellier*, ne dit rien, ou plutôt présente une image fausse, puisque cet arbrisseau est trop petit pour pouvoir, comme les gros arbres, avoir la tige *creuse*. D'ailleurs, qu'ajouterait au tableau cette idée ? J'ai donc pensé qu'il fallait κοινῆς au lieu de κοίλης; et cette persuasion m'a été suggérée par le sens intime de la phrase, et par la même épithète de κοίλης, qu'on voit trois vers plus haut, et que le poëte n'aurait pas voulu répéter si tôt, et fort inutilement, ce me semble.

Si je me trompe dans ma conjecture, je serai bien aise d'apprendre ce que signifie là Ἀχέρδου κοίλης, épithète qu'on ne trouve rendue dans aucune traduction française.

de Mitylène, rival illustre de Sapho. On doit supposer qu'un aussi bon poëte connaissait la valeur des termes qu'il employait, et qu'il a connu, par conséquent, la signification du mot *Akherdos*. Lorsqu'il le représente comme un arbrisseau armé d'épines, et portant des fruits très acides qui s'offrent, le long des chemins, aux yeux et à la main du voyageur altéré, il veut peindre évidemment le *Prunellier* ([1]).

Avant d'accorder moi-même à la démonstration qui précède une confiance entière, je me suis dit plus d'une fois : l'*Akherdos* ne pourrait-il pas être le *Poirier sauvage*, qui, comme le *Prunellier*, peut venir à peu près partout, dans les bois, dans les haies et sur les hauteurs; qui est épineux comme lui, et qui porte des fruits très acerbes, surtout avant leur complète maturité ; fruits bien capables, comme ceux du *Prunellier*, de produire sur les voyageurs qui en mangeraient, les effets dont nous parle l'épigrammatiste? Mais, après de sérieuses réflexions, je me suis convaincu du contraire par les raisons suivantes : 1° Le Poirier sauvage avait un nom ; il en portait même deux, ceux d'Ἀγρὰς et d'Ὄγχνη, qui ont été employés par les poëtes grecs, et même par quelques poëtes latins. Le *Prunellier*, au contraire, que les botanistes grecs appellent ἀγρία Κοκκυμηλέα, c'est-à-dire *Prunier sauvage*, n'a point de nom poétique connu, et l'on ne voit pas qu'il soit fait mention de lui nulle part dans aucun poëte grec, si son nom n'est pas Ἄχερδος; 2° Le Poirier sauvage est

---

([1]) Tout porte à croire que ces fruits *acerbes*, ces *Prunelles* dont il est question ici, sont les Βράβυλα, c'est-à-dire les *Prunes sauvages* dont parle Théocrite dans son *Idyl*. VII, v. 143, et dans l'*Idyl*. XII, v. 6.

moins épineux et moins commun que le *Prunellier*, et moins propre, par conséquent, à chaperonner une muraille sèche fort étendue, et il répond moins aussi à l'étymologie du nom grec ; 3° Est-il vraisemblable qu'un voyageur altéré porte à sa bouche, pour se rafraîchir, une poire sauvage dure encore, qu'il voit bien n'être point mûre, et qu'il s'attend, pour cette raison, à trouver très acerbe ? Il peut être trompé, au contraire, par la couleur noire des *Prunelles*, qui paraissent mûres sans l'être encore, et qui, lors même qu'elles le sont, ont une saveur très âpre et fort astringente.

En supposant (ce qui est fort douteux) que le Poirier sauvage soit aussi commun en Grèce sur le bord des chemins que le *Prunellier*, qui forme à lui seul avec l'Aubépine, les meilleures haies, et dont les fruits sont à tout le monde, il y a encore beaucoup plus de chances pour ce dernier, indépendamment de toutes les autres raisons.

En résumant ce qui précède, nous trouvons que l'*Akherdos* est : 1° un arbrisseau, d'après Théocrite ; 2° exposé au vent, c'est-à-dire croissant particulièrement sur les montagnes ; 3° armé de fortes épines, capables de garantir de l'escalade une muraille sèche qui en serait couronnée, et d'inspirer la tristesse par la vue d'un tombeau qui en serait couvert, ainsi que de Ronces ; 4° arbrisseau propre, par conséquent, à marcher de pair, pour les idées lugubres, avec un rocher sauvage et un tombeau de pierre ; 5° portant sur le bord des chemins des fruits tellement acerbes, qu'ils crispent les lèvres et ferment le gosier des voyageurs qui veulent en manger pour se désaltérer ; 6° il est très commun.

Voici maintenant ce que disent quelques auteurs anciens du *Prunellier*. Pline écrit : « Quant au Prunier sauvage (le *Prunellier*), il est certain qu'il croît partout : » *Pruna sylvestria ubique nasci certum est* ([1]). Galien dit de ses fruits : « Le fruit du *Prunellier* est d'une astringence remarquable, et il resserre le ventre : » Ὁ δὲ τῶν ἀγρίων (Κοκκυμηλέων) καρπὸς στυπτικὸς ἐναργῶς ἐστι καὶ σταλτικὸς γαστρὸς ([2]). On lit ceci dans un autre auteur ancien : « Si l'on mange des *Prunelles*, on tombera dans la crainte, dans la maladie, et l'on sera d'une humeur difficile en toutes choses. »

L'*Akherdos* des poëtes grecs est donc bien le *Prunellier*.

Je laisse maintenant à juger si, en donnant le *Panicaut* ou *Chardon-Roland* pour synonyme, la *Flore de Théocrite* a rencontré juste.

[1] Liv. XV, ch. 13.
[2] *De Simp.*, liv. VII.

ΒΆΚΧΑΡΙΣ [Backharis]. SCLARÉE. SALVIA, Lin.

11. ΒΆΚΧΑΡΙΣ. — Sclarée, Orvale, Toute-bonne. —
Salvia Sclarea, Lin. (C.).

Simonide :   Κ' ἠλειφόμην μύροισι καὶ θυώμασι καὶ Βακκάρει.
(Dans Athén., liv. 15.)

« J'étais inondé de parfums, d'odeurs, d'huile de *Sclarée*. »

Hipponax :   Βακκάρει δὲ τὰς ῥῖνας ἤλειφον · ἐσθ' οἵπερ Κρόκος.   (*Ibid.*)

« Je me suis frotté le nez avec de l'essence de *Sclarée* : elle a l'odeur du Safran. »

Eschyle :   Κἄγωγε τὰς σὰς Βακκάρεις τε καὶ μύρα.
    (*Fragm.* 292, éd. Didot, p. 252 ; et dans *Athén.*, liv. 15.)

« Et moi, tes essences de *Sclarée* et tes parfums. »

Sophocle :   Λούσαντα χρὴ καὶ Βακκάριδι κεκριμένον.
(Dans Athén., liv. 15.)

« Après s'être baigné et s'être frotté d'huile de *Sclarée*, il faut..... »

Μή ποτ' οὐκ ἔστι μύρον ἢ Βάκκαρις.   (Ibid.)

« N'y a-t-il donc point de parfum ou d'huile de *Sclarée?* »

Céphisodore :   Ἔπειτ' ἀλείφεσθαι τὸ σῶμά μοι πρίω μύρον
        Ἴρινον καὶ Ῥόδινον · ἄγαμαι, Ξανθία ·
        Καὶ τοῖς ποσίν χωρὶς πρίω μοι Βάκκαριν.
(Ibid., liv. 13.)

« Achète-moi, Xanthias, du parfum d'Iris et de Rose pour m'en frotter le corps ; tu sais combien je l'aime. Achète-moi aussi pour les pieds de l'huile de *Sclarée*. »

Ion :   . . . . Βάκκαρίς δὲ καὶ μύρα,
        Καὶ Σαρδιανὸν κόσμον εἰδέναι χροὸς
        Ἄμεινον, ἢ τὸν Πέλοπος ἐν νήσῳ τρόπον.   (*Ibid*, liv. 15.)

« J'aime mieux voir des essences, de l'huile de *Sclarée* et du

13

parfum de Sardes, qui embellit la peau, que la puissance de Pélops dans son île. »

ARISTOPHANE :   Ὦ Ζεῦ πολυτίμηθ', οἷον ἐνέπνευσ' ὁ μιαρός
                  Φάσκωλος εὐθὺς λυόμενός μοι τοῦ μύρου
                  Καὶ Βακκάριδος.
                  (*Fragm.* 303, éd. Didot, p. 487 ; et dans *Athén.*, liv. 15.)

« O vénérable Jupiter ! comme ce misérable petit sac, en se déliant tout à coup, m'a fait évaporer l'essence même de *Sclarée !* »

VIRGILE :   Errantes Hederas passim cum *Bacchare* Tellus
              Fundet.   (*Égl.* IV, v. 19.)

« La Terre te prodiguera partout le Lierre rampant avec la *Sclarée.* »

              Si ultra placitum laudàrit, *Bacchare* frontem
              Cingite, ne vati noceat mala lingua futuro.
                                       (*Égl.* VII, v. 27 et s.)

« Si, malgré lui, Codrus me loue, ceignez mon front de *Sclarée*, pour garantir un poëte futur du venin de sa langue. »

PREUVES.

Synonymes. Βάκχαρις, Dioscor., liv. III, ch. 44 ; — *Bacchar* et *Baccharis*, Plin., liv. XXI, ch. 16 et 77, et liv. XII, ch. 26. — En français, *Sclarée;* vulgairement *Orvale, Toute-bonne.*

Ce mot s'écrit en grec tantôt avec deux κκ, tantôt avec un κ et un χ; et en latin, tantôt *Bacchar* ou *Baccar*, et tantôt *Baccharis* ou *Baccaris*, avec ou sans *h*. L'étymologie prouve que la seule bonne manière de l'écrire dans les deux langues est Βάκχαρις et *Baccharis*, avec l'aspiration à la seconde syllabe.

Étymologie. On a cru longtemps que Βάκχαρις était pour Πάγχαρις, mot qui signifie *tout agréable, toute bienfaisante,* ou *Toute-bonne,* comme on l'a traduit d'abord, à cause de ses éminentes propriétés. Cette étymologie est spécieuse. En effet, la prononciation glisse facilement, par l'attrait des sons ou les lois de l'euphonie, de Πάγχα- ρις (composé de πᾶν, *tout*, et χάρις, *service, bienfait*) à Βάγχαρις, et de celui-ci à Βάκχαρις; car du π, consonne à intonation forte, on descend naturellement au β, qui est plus doux, et puis le ν se change en κ, lettre de même nature que le χ.

Quelque satisfaisante que paraisse au premier coup d'œil cette explication, je ne la crois pas la véritable. Βάκ- χαρις vient à coup sûr de Βάκχος et de χάρις, et signifie *charme* ou *joie de Bacchus*, parce que les couronnes faites de cette plante avaient l'utile propriété, entre plusieurs autres, selon les anciens, de calmer les pesanteurs et les douleurs de tête produites par l'ivresse, et de provoquer le sommeil, comme nous le verrons plus loin.

Le *Baccharis* est considéré sous deux rapports dans les vers que nous venons de lire. Dans les poëtes grecs, il n'en est parlé que comme d'une plante odorante fournis- sant un parfum liquide ou une huile, dont les anciens se frottaient le corps et principalement les pieds; le nom même de la plante était passé au parfum, ainsi qu'on le voit là. Dans Virgile, il n'en est fait mention que comme d'une plante chère à Bacchus, propre, comme le Lierre, à faire des couronnes pour les poëtes et les buveurs, et de plus, à détourner l'effet des maléfices et des enchante- ments. « Le *Bacchar*, dit Servius, est une herbe qui chasse la fascination [1]. » On doit induire de ces préten-

____

[1] Dans ses *Notes* sur la IV⁰ *Égl.*, v. 19.

dues propriétés que le *Baccharis* est une plante d'une odeur forte et pénétrante dans toutes ses parties. C'est sans doute cette odeur un peu trop sensible qui en faisait consacrer le parfum principalement aux pieds.

Virgile, en disant que la terre va produire partout le *Bacchar*, ne veut pas faire entendre précisément que cette plante fût bien rare en Italie, pas plus peut-être que le Lierre, avec lequel il l'associe dans le premier vers; il veut dire seulement que ces deux plantes, dont on couronnait les poëtes, croîtraient en abondance à la naissance du héros futur qu'il chante, l'une pour orner le front de tous ceux qui s'empresseraient de célébrer d'avance ses vertus et sa gloire, et l'autre pour mettre cet enfant illustre à l'abri des traits envenimés de l'envie et des langues malignes.

Parmi les anciens poëtes latins, Virgile étant le seul, comme on voit, qui parle du *Bacchar* (ou *Baccar*), je crois qu'il n'est pas hors de propos d'ajouter à ce que je viens de dire de cette herbe célèbre, que Sannazar, poëte latin moderne, l'a employée dans son petit poëme *De partu Virginis*, liv. III, dans le même sens que Virgile, c'est-à-dire comme un préservatif. Les bergers, dit-il, arrivés à la grotte de Bethléem pour y adorer le Sauveur qui vient d'y naître, en ornent tous les alentours de feuillage, suspendent de longues guirlandes au-dessus de l'entrée,

> « Et répandent au loin du Myrte et du *Baccar*. »
> *Et latè Italiam spargunt cum Bacchare Myrtum.*

Vanière aussi, dans son *Prædium rusticum*, liv. IX,

pose sur la tête d'un Lamoignon une couronne d'Ache et de *Baccar*.

Giraudeau, dans son poëme grec d'*Ulysse*, v. 456, couronne les prêtres de Cybèle de Laurier et de *Baccar*, dans des orgies en l'honneur de Bacchus.

Voyons maintenant ce que les botanistes anciens disent de cette plante. Théophraste n'en parle point. Dioscoride la décrit ainsi : « Le *Baccharis* est une *herbe* frutescente, odorante, et employée dans les couronnes. Ses feuilles sont *rudes* au toucher, d'une grandeur moyenne entre la Violette et la Molène ; sa tige est *anguleuse*, d'une coudée de haut, un peu rude, et entourée de rejetons ; ses fleurs sont *bleuâtres*, tirant sur *le blanc, odorantes*. Ses racines sont semblables à celles de l'Hellébore noir, et ont à peu près l'odeur de la cannelle. Elle aime les lieux secs et rocailleux : » Βάκχαρις βοτάνη ἐστὶ θαμνώδης, εὐώδης καὶ στεφανωματικὴ · ἧς τὰ φύλλα τραχέα, μέγεθος ἔχοντα μεταξὺ Ἴου καὶ Φλόμου, καυλὸς δὲ γωνιώδης πήχεως τὸ ὕψος, ὑπότραχυς, ἔχων παραφυάδας · ἄνθη δὲ ἐμπόρφυρα, ὑπόλευκα, εὐώδη · ῥίζαι δὲ ὅμοιαι ταῖς τοῦ μέλανος Ἑλλεβόρου, ἐοικυῖαι τῇ ὀσμῇ κινναμώμῳ · φιλεῖ δὲ τραχέα χωρία καὶ ἄνικμα (¹).

Voici maintenant la description française de la *Sclarée*, tirée d'un ouvrage moderne : « La Sauge *Sclarée* a été » longtemps placée, pour ses propriétés énergiques, à » côté de la Sauge officinale. Elle devait cette réputation » à son odeur très pénétrante, moins agréable que celle » de la Sauge, mais qui annonce des qualités de même

______

(¹) Liv. III, ch. 44.

» nature, et, par conséquent, à peu près les mêmes usa-
» ges, d'où lui est venu le nom de *Toute-bonne*, et celui
» d'*Orvale*. Ses propriétés sont peut-être encore plus ac-
» tives. C'est d'ailleurs une plante d'un port assez agréa-
» ble, sous un aspect rustique, surtout lorsqu'elle se montre
» parée de ses épis nombreux, composés de grandes fleurs
» bleuâtres ou mélangées de blanc. Sa racine est ligneuse,
» chevelue, noirâtre. La tige est dure, quadrangulaire,
» articulée, rameuse, haute de deux ou trois pieds. Les
» feuilles sont grandes, ridées, crénelées; les bractées
» concaves, teintes de violet; les dents du calice un peu
» épineuses.

   » Cette plante croît dans les sols stériles et pierreux, en
» Espagne, en Italie, dans les contrées méridionales de
» la France, etc. (¹). »

Si l'on veut bien comparer à cette description, due à
la plume élégante et facile d'un médecin, savant botaniste, celle du *Baccharis* de Dioscoride que nous venons
de lire, on trouve que tous les caractères de cette plante
se voient dans la *Sclarée*. Herbe odorante à racine frutescente ou ligneuse; feuilles grandes, rudes au toucher;
tige tétragone, d'une coudée ou de deux à trois pieds de
haut; fleurs bleuâtres, tirant sur le blanc; racines noires,
odorantes; se plaît dans les lieux secs et rocailleux : tels
sont les traits principaux attribués au *Baccharis* par le
botaniste grec, et ces traits conviennent de tout point à
la *Sclarée*.

Si nous consultons Pline, il embrouillera la question,

(¹) Joseph Roques, *Nouveau traité des plantes usuelles*, t. III, p. 58.

suivant son habitude. « Le *Bacchar*, nous dit-il, n'a que la racine d'odorante. On faisait autrefois des parfums avec cette racine. Aristophane, poëte de l'ancienne comédie, le témoigne. Quelques uns ont donné à tort l'épithète d'exotique à cette plante. L'odeur en est très voisine de celle du Cinnamome. Le *Bacchar* vient dans un sol maigre et non humide ([1]). » (*Trad. de M. Littré.*)

Cette description imparfaite, qui répète quelques caractères et même quelques expressions de Dioscoride, non-seulement est inexacte, mais encore elle omet plusieurs choses essentielles. Elle dit d'abord que le *Baccharis* n'a que la *racine* d'odorante, tandis que Dioscoride raconte que tout en lui est odorant, racine, tige et fleurs. Et puis, son emploi dans les couronnes, la grandeur et l'aspérité de ses feuilles, sa tige carrée et sa hauteur, ses fleurs bleuâtres, que sont devenus ces caractères? En commençant, Pline décrit là une plante, dont il trace quelques traits seulement, et immédiatement après, sans s'en douter, il en décrit une autre, en mêlant leurs caractères. Du reste, il donne à peu près ailleurs ([2]) au *Baccharis* les mêmes propriétés que Dioscoride.

L'erreur de Pline, qui, dans sa courte description, n'attribue de l'odeur qu'à la racine du *Baccharis*, qui ne parle point de *sa tige*, et qui confond là l'*Asarum*, plante sans tige, avec le *Baccharis*, pour revenir ensuite à ce dernier; cette erreur, dis-je, a fait croire à quelques personnes que ce naturaliste regardait l'*Asarum* comme le véritable *Baccharis* des anciens, quoiqu'il dise formelle-

[1] Liv. XXI, ch. 16.
[2] Liv. XXI, ch. 77.

ment le contraire au livre XXI, chapitre 6 de son *Histoire*. De là l'erreur de Dodoëns et de quelques autres botanistes, qui l'ont suivi.

Quant aux qualités du *Baccharis*, Dioscoride lui en attribue de remarquables : « Ses feuilles, dit-il, sont astringentes, et, appliquées sur le front, elles guérissent les maux de tête ; et de plus, son odeur jette dans le sommeil : » Τὰ φύλλα στυπτικὰ ὄντα καταπλασσομένα ὠφελεῖ κεφαλαλγίας... ἔστι δὲ καὶ ὑπνοποιὸς ἡ ὀσμή (¹). Pline dit : « Le *Bacchar* est utile contre les douleurs et les chaleurs de la tête ; son odeur attire le sommeil : » *Bacchar auxiliatur contrà capitis dolores fervoresque ; odor somnum gignit* (²). Plutarque rapporte (3 *Symp*. ch. 1) que les couronnes qu'on en faisait « plongeaient dans un profond sommeil ceux qui avaient trop bu : » Ἡ Βάκκαρις εἰς ὕπνον ἄλυτον ὑπάγει τοὺς πεπωκότας : « car il a, ajoute-t-il, une émanation douce et agréable : » ἔχει γὰρ ἀπορροὴν λείαν καὶ προσηνῆ.

Pline parle des parfums qu'on faisait avec sa racine. Dioscoride attribue, comme on l'a vu, à cette racine une odeur agréable. Lucien dit dans son Lexipharès (§ 8, édit. de Didot, p. 364) : « Quand nous eûmes bien bu, on nous frotta d'huile de *Baccharis*. » Malgré l'inexactitude de Pline, il ne faut point douter que son *Baccharis* ne soit bien le *Baccharis* des poëtes grecs et celui de Dioscoride. Le témoignage d'Aristophane qu'il invoque, et les phrases, les expressions mêmes du botaniste grec qu'il copie, le prouvent suffisamment.

(¹) Liv. III, ch. 44.
(²) Liv. XXI, ch. 77.

Nous retrouvons dans la *Sauge Sclarée* tous les caractères botaniques et toutes les propriétés réelles ou chimériques que les anciens ont attribuées au *Baccharis*. On sait que le nom de *Salvia, Sauge,* vient de *salvare, sauver ;* c'était la plante qui *sauvait*, qui guérissait de tous les maux.

L'enthousiasme pour ses propriétés s'est élevé à un tel point dans le moyen âge, que l'*École de Salerne* prétend qu'avec la Sauge l'homme serait immortel, s'il pouvait l'être :

> Cur moriatur homo cui Salvia crescit in horto ?
> Contra vim mortis non est medicamen in hortis.

« Pourquoi l'homme meurt-il quand la Sauge croît dans son jardin ? C'est qu'il n'y a point dans les jardins de préservatif contre la mort. »

Il s'agit ici de la *Sauge officinale*, mais n'oublions pas qu'on a attribué à la *Sauge Sclarée* des qualités et des vertus encore plus énergiques, comme je l'ai remarqué plus haut.

« La *Sauge officinale*, dit M. Roques, a une odeur forte,
» pénétrante, une saveur chaude, amère, aromatique.
» Elle contient beaucoup d'huile volatile camphrée, de
» couleur verte, avec une petite proportion d'acide gallique et de matière extractive.
» C'est une plante précieuse, salutaire, et ses vertus
» justifient en quelque sorte son étymologie.
» On fait avec ses feuilles une infusion théiforme, très
» utile dans bien des cas. On fait de la plante entière des
» sachets, des fumigations, des fomentations, des bains,
» pour stimuler le système musculaire.

» Les propriétés de la *Sauge Sclarée* sont peut-être en-
» core plus actives, et on peut l'employer dans la plupart
» des mêmes cas.

» Les fabricants de bière la substituent quelquefois au
» Houblon, pour communiquer à cette boisson sa qualité
» enivrante. Les Anglais en font des gâteaux (¹). »

Tout se réunit donc, caractères et vertus, pour convaincre le lecteur réfléchi que l'*Orvale* ou *Sclarée* est bien
le *Baccharis* des poëtes anciens. Stapel, dans ses *Notes
sur Théophraste*, livre IX, chapitre 7, page 1023, 2,
dit : « Des hommes très savants ont pensé que la *Sclarée*,
que quelques personnes appellent *Grande Sauge*, était le
Baccharis des anciens. » Plusieurs botanistes ont cru le
reconnaître dans d'autres plantes, mais il a fallu pour cela
ne tenir aucun compte de l'autorité de Dioscoride, et regarder comme non avenue la description assez complète
qu'il en fait.

Récapitulons et concluons. Le *Baccharis* des anciens
était, d'après les poëtes et Dioscoride : Une herbe, 1° à
tige frutescente, c'est-à-dire presque ligneuse, tétragone,
odorante dans toutes ses parties, d'une coudée de haut,
un peu rude au toucher, et toujours entourée de rejetons ;
2° à feuilles d'une grandeur moyenne entre celles de la
Violette et celles de la Molène ; à fleurs bleuâtres tirant
sur le blanc, c'est-à-dire d'un bleu cendré, odorantes ;
3° à racines noirâtres, aussi odorantes ; 4° enfin, croissant
dans les lieux secs et rocailleux.

Que l'on compare ces caractères botaniques à ceux que

______

(¹) *Traité des plantes usuelles*, t. III, p. 54-59.

présente la *Sclarée*, et l'on sera bientôt convaincu que l'identité est parfaite.

Ici se présente une objection redoutable, qui, si elle pouvait être sérieuse, renverserait de fond en comble, comme un vain échafaudage, tout ce que je viens d'écrire sur cette identité de signification entre la *Sclarée* et le *Baccharis*, ainsi que toutes les recherches des botanistes du moyen âge sur ce sujet. Pourquoi, pourrait-on me dire, le *Baccharis Dioscoridis* de Linné ne serait-il pas véritablement le *Baccharis* du botaniste grec, et, par suite, celui des poëtes anciens? A cela que me serait-il possible de répondre, et me conviendrait-il de m'élever contre l'autorité de l'illustre Linné? Heureusement on s'aperçoit bientôt que ce savant botaniste a attaché peu d'importance aux noms de ses plantes, comme je l'ai fait observer plusieurs fois, et qu'il ne s'est point appliqué à les faire concorder avec ceux des anciens, c'est-à-dire à leur faire exprimer toujours exactement les mêmes plantes que les anciens avaient en vue ou qu'ils décrivaient. Cette étude longue et difficile n'entrait point dans son plan, ou du moins n'y entrait que comme un accessoire. Entre autres preuves qu'on pourrait en citer, on en trouve une dans ce nom ; car, si son *Baccharis Dioscoridis* n'a point les caractères de celui de Dioscoride, il faut en conclure qu'il n'a point attaché d'importance au nom qu'il impo-sait à cette plante, et qu'il n'a pas entendu la donner réellement comme celle de Dioscoride, car personne mieux que lui n'était capable de voir la différence de leurs caractères botaniques. En effet, son *Baccharis* n'a ni la tige *carrée*, ni les feuilles *raboteuses*, ni les fleurs *bleuâtres, tirant sur le blanc,* etc. Cessons donc de craindre pour la *Sauge Sclarée,* et que le nom de *Baccharis Dioscoridis* ne nous ébranle point.

On a rapporté tour à tour au Baccharis plusieurs plantes qui n'ont pas tardé à perdre la confiance des connaisseurs, telles que la *Pulmonaire,* la *Julienne* ou *Cassolette,* la *Benoîte de montagne,* un *Gnaphalium,* une *Valériane,* un *Erigeron* ou *Inula,* l'*Asarum* ou *Cabaret,* la *Capucine,* et enfin la *Digitale pourprée.* Aucune de ces plantes ne remplit toutes les conditions, et toutes, y compris la dernière, font défaut par quelques-unes des plus importantes et des plus indispensables. Il est facile aux botanistes de s'en assurer. Le *Baccharis* a dû sa grande réputation à son *odeur* forte et pénétrante, qui lui a fait supposer par les anciens des vertus éminentes et peu communes. Il est bon et convenable, par conséquent, en étudiant cette plante, de tenir compte, avant tout, de cette qualité.

ἘΛΊΧΡΥΣΟΣ [Hélicrussos]. IMMORTELLE.
GNAPHALIUM, Lin.

13. ἘΛΊΧΡΥΣΟΣ πολυδευκής. — IMMORTELLE JAUNE. —
Gnaphalium Stœchas, Lin. (C).

ALCMAN : Καί τιν εὔχομαι φέροισα
Τόνδ' Ἐλιχρύσω πυλέωνα. (*Fragm.* 25, éd. Boisson.)

« Je t'adresse ma prière, la tête couverte de cette couronne
d'*Immortelles jaunes.* »

IBYCUS : Μύρτα τε καὶ Ἴα καὶ Ἐλίχρυσις,
Μᾶλά τε καὶ Ῥόδα
Καὶ τέρεινα Δάφνα. (*Fragm.* 4, éd. Boisson.)

« Des fruits de Myrte, des Violettes et l'*Immortelle jaune*, des
Pommes, des Roses et le tendre Laurier. »

CRATINUS : Ἑρπύλλῳ, Κρόκοις, Ὑακίνθοις, Ἐλιχρύσου κλάδοις.
(Dans *Athén.*, liv. 15.)

« Avec du Serpolet, du Safran, des fleurs d'Iris et des rameaux
d'*Immortelle jaune.* »

THÉOCRITE : Τοῖς δ' ἦν ξανθοτέρα μὲν Ἐλιχρύσοιο γενειάς.
(*Idyl.* II, v. 78.)

« Un duvet blond, plus beau que la fleur de l'*Immortelle do-
rée*, fleurissait sur leur menton. »

NICANDRE : Μὴ σύ γ' Ἐλιχρύσοιο λιπεῖν πολυδεύκεος ἄνθην.
(*Thériaq.*, v. 625.)

« Garde-toi d'oublier la fleur si agréable de l'*Immortelle
jaune.* »

PREUVES.

Synonymes. Ἐλίχρυσος, Théophr., liv. IX, chap. 21 ;
Dioscor., liv. IV, chap. 57 : — *Heliochrysum* et *Helio-*

chrysos, Plin., liv. XXI, chap. 24, 38 et 96. — En français, *Immortelle jaune*.

Étymologie. Le mot Ἐλίχρυσος pris substantivement vient, comme on le verra à l'article Κισσός, de ἔλη, *éclat du soleil*, et χρύσος, *or*, et signifie par conséquent, *Fleur d'un jaune d'or éclatant*.

La plante qui nous occupe ici a été décrite avec assez de détail par les anciens botanistes, pour être facilement reconnaissable. Dioscoride surtout et Pline laissent, à cet égard, peu de chose à désirer. Je vais transcrire d'abord ce que Théophraste en a dit le premier.

« *L'Hélichryse* a la fleur de couleur d'or et la feuille menue. Sa tige est petite et sèche, et sa racine est déliée et à la surface du sol : » Ἔχει δὲ ὁ Ἐλίχρυσος τὸ μὲν ἄνθος χρυσοειδὲς, φύλλον δὲ λεπτὸν · καὶ τὸν καυλὸν δὲ λεπτὸν καὶ σκληρὸν, ῥίζαν δὲ ἐπιπόλαιον καὶ λεπτήν (¹).

Voici la description de Dioscoride : « *L'Hélichryse*, que d'autres appellent *Chrysanthème* et d'autres *Amarante*, et dont on couronne les statues des dieux, a une petite tige blanchâtre, un peu verte, droite, ferme; ses feuilles sont étroites et éparses, comme celles de l'Aurone; ses fleurs sont rondes, réunies en bouquets scarieux, ont l'éclat de l'or, et forment parasol; sa racine est menue. Elle croît dans les lieux escarpés et les ravins : » Ἐλίχρυσον, οἱ δὲ Χρυσάνθεμον, οἱ δὲ καὶ τοῦτο Ἀμάραντον καλοῦσιν, ᾧ καὶ τὰ εἴδωλα στεφανοῦσι, ῥαβδίον λευκὸν χλωρὸν, ὀρθὸν, στερεόν · φύλλα στενὰ ἐκ διαστημάτων ἔχον πρὸς τὰ τοῦ Ἀβροτόνου, κόμην κυκλοτερῆ, χρυσοφαῆ, σκιάδιον περιφερὲς, ὥσπερ

(¹) Liv. IX, ch. 21.

κορύμβους ξηρούς, ῥίζαν λεπτήν. Φύεται ἐν τραχέσι καὶ χαραδρώ-
δεσι τόποις (¹).

Pline dit de cette plante à peu près les mêmes choses;
j'en copie la traduction : « L'*Hélichryse*, nommée par
d'autres *Chrysanthémon*, a de petits rameaux blancs et
les feuilles blanchâtres, semblables à celles de l'Aurone.
Les bouquets, disposés en rond, et brillant comme l'or
aux rayons du soleil, *pendent* en grappes et ne se flétrissent jamais ; aussi en fait-on des couronnes pour les
dieux, usage auquel Ptolémée, roi d'Égypte, fut con-
stamment fidèle. Elle croît parmi les *buissons*. » Il dit
ailleurs : « L'*Hélichryse* a la fleur couleur d'or, la feuille
menue, la tige grêle, mais dure : » (*Trad. de M. Littré.*)
*Helichrysum, quod alii Chrysanthemon vocant, ramulos
habet candidos, folia subalbida Abrotono similia : ad solis
repercussum, aureæ lucis in orbem veluti corymbis depen-
dentibus, qui nunquam marcescunt : quâ de causâ deos co-
ronant illo, quod diligentissimè servavit Ptolemæus, rex
Ægypti. Nascitur in frutetis* (²). — *Helichrysos florem
habet auro similem, folium tenue, cauliculum quoque gra-
cilem, sed durum* (³).

Les principaux traits de ce tableau sont confirmés par
le scoliaste de Théocrite, qui dit : « L'*Hélichryse* est
une espèce de plante dont la fleur est de couleur safranée
et comme de couleur d'or : » Ὁ Ἑλίχρυσος εἶδος φυτοῦ οὗ τὸ
ἄνθος ὅμοιον Κρόκῳ καὶ οἷον χρυσοειδὲς (⁴). Paul d'Egine dit

(¹) Liv. IV, ch. 57.
(²) Liv. XXI, ch. 96.
(³) Liv. XXI, ch. 38.
(⁴) Sur la 1ʳᵉ *Idyl.*, v. 30.

aussi, en parlant de l'*Hélichryse* : « C'est une plante à couronne qui porte un bouquet de fleurs de couleur d'or : » Στεφανοματικόν ἐστι φυτὸν κόμην ἔχον χρυσοφανῆ (¹).

Ces descriptions peignent assez bien la plante que nous étudions, malgré quelques inexactitudes, surtout de la part de Pline. Par exemple, il dit que ses fleurs sont disposées en bouquets ou grappes *pendantes*, ce qui est faux, et qu'elle naît dans les *buissons*, ce qui est faux également. Dioscoride est bien plus dans le vrai que le botaniste latin.

Je dois remarquer encore que Pline écrit toujours *Heliochrysos* au lieu d'*Helichrysos* : ces deux noms se trouvent aussi confondus souvent dans les textes grecs. C'est une faute, due sans doute aux copistes grecs, mais une faute d'autant plus grave que ces deux noms signifient deux plantes bien différentes, l'une *de marais*, qui fleurit au printemps, et l'autre *de montagne* fleurissant en été. C'est de cette dernière seulement qu'il s'agit ici, et c'est ce qui m'a porté à écrire son nom toujours de la même manière dans les trois langues, c'est-à-dire sans *o* après la seconde syllabe. Le nom de la première plante doit rester invariable par la même raison, puisque ce nom exprime par lui-même une *fleur de marais*, ce que l'autre n'exprime point.

L'épithète de πολυδευκὴς que Nicandre donne à l'*Héli-chryse* a pour objet de relever l'agrément et le mérite de cette fleur, soit à cause de sa longue durée, puisqu'elle est immarcessible, soit à cause de sa couleur d'or, qui était une des couleurs favorites des anciens.

(¹) Dans Théophr., édit. Stapel, p. 1177, 2.

On peut ici se demander si l'*Holochryse* (¹) de Pline est une autre plante que la nôtre. Comme tout ce que Pline en dit est que *le nom seul de cette fleur (toute or) en exprime la couleur*, que les renseignements, si petits qu'ils soient, manquent ailleurs, et que, d'un autre côté, les fleurs d'un beau jaune d'or sont nombreuses dans la nature, on ne peut raisonnablement se prononcer sur une question pareille.

Après ce qu'on vient de lire, après surtout la description si détaillée et si exacte de Dioscoride, il est impossible de douter que l'*Hélichryse* des anciens poëtes grecs, cette petite plante *à couronne*, ne soit bien réellement l'*Immortelle jaune* appelée par Linné *Gnaphalium Stœchas*.

Cette *Immortelle* (il y a plusieurs plantes de ce nom et de couleurs différentes) croît spontanément dans le midi de la France et les contrées chaudes de toute l'Europe, dans les lieux particuliers indiqués par Dioscoride. Elle est en fleur tout l'été.

Je vais maintenant passer à l'*Héliochryse*, plante qui, à cause de la ressemblance du nom, semble devoir faire la suite nécessaire de celle-ci.

(¹) Liv. XXI, ch. 24 et 85.

ἘΛΕΙΌΧΡΥΣΟΣ [Héléiochrussos].   POPULAGE.
CALTHA, Lin.

16. ἘΛΕΙΌΧΡΥΣΟΣ. — Populage, Souci des marais. —
Caltha palustris, Lin. (C.).

PREUVES.

Synonymes. Ἐλειόχρυσος, Théophr., liv. VI, chap. 7 ;
— *Heliochrysos* (le premier), Plin., liv. XXI, ch. 38 ;—
en français, *Populage*, vulgairement *Souci d'eau, Souci
des marais*.

Étymologie. Le mot Ἐλειόχρυσος est composé de l'adjectif ἕλειος, *de marais*, et de χρυσὸς, *or*, et signifie, par
conséquent, *Or* ou *Fleur d'or des marais*.

La première réflexion qui se présente ici en lisant les
mots qui sont en tête de cet article, dépourvu, comme on
voit, de toute citation poétique, est celle-ci : comment
se fait-il qu'aucun poëte n'ait employé ce nom, qui exprime une très belle fleur, assez commune partout? L'auraient-ils confondu avec celui d'Ἐλίχρυσος, qu'ils ont employé quelquefois, et qui, pourtant, pour la signification
en diffère beaucoup? Cela n'est point vraisemblable. Ils
connaissaient la plante de montagne exprimée par ce
dernier mot, et ils n'auraient pas confondu avec elle sous
le même nom une plante de marais fort remarquable. Il
est plus raisonnable de penser que le mot Ἐλειόχρυσος ne
pouvait pas entrer dans leurs vers pour la mesure, à
cause de la voyelle brève du milieu, et qu'ils n'ont point
pu, par conséquent, parler sous ce nom de la plante
aquatique qui nous occupe.

Quoi qu'il en soit, Théophraste a fait mention de notre plante sans la décrire, et Pline aussi, sans s'en douter probablement. Au livre VI, chapitre 7 de son *Histoire*, Théophraste énumère un certain nombre de plantes remarquables qui fleurissent au printemps, et parmi elles, il compte l'*Héliochryse* en question. Pline, copiste servile mais infidèle de Théophraste et de Dioscoride, range aussi l'*Héliochryse* parmi les fleurs du printemps qui se montrent les premières. C'est très bien sans doute et parfaitement conforme à la nature ; mais ce qui est mal, et ce qu'on ne lit point dans Théophraste, c'est, tout en parlant des fleurs du printemps, de décrire sous ce même nom une plante qui ne fleurit qu'en été, l'*Immortelle jaune* dont j'ai traité dans l'article précédent. Et puis il ajoute : « Telles sont les fleurs du printemps : » *Et verni quidem flores hi sunt* (¹).

Théophraste, après avoir nommé les premières fleurs du printemps qui, dit-il, devancent de beaucoup toutes les autres dont on se sert pour faire des couronnes, ajoute qu'à *leur suite se présente la Violette noire* ou de mars, *et, parmi les fleurs sauvages* ou qu'on ne cultive point, l'*Héliochryse et une espèce d'Anémone qui vient dans les prés :* Ἐπεὶ δὲ τούτοις, dit-il,... τὸ Μελάνιον, καὶ τῶν ἀγρίων ὅ τε Ἐλειόχρυσος, καὶ τῆς Ἀνεμώνης ἡ Λειμωνία καλουμένη (²). Pline répète ces paroles : *Sequitur... Melianthum* (³) : *ex*

<hr>

(¹) Liv. XXI, ch. 38.

(²) Liv. VI, ch. 7.

(³) Ici Pline a mal lu ou mal entendu. Au lieu de *Melanion* (Violette noire), comme dans Théophraste, il écrit par erreur *Melianthum*, mot suspect à tous égards.

silvestribus Heliochrysos. Deindè alterum genus Ane-mones, quæ Limonia vocatur ([1]).

Que cette Anémone printanière dont il est parlé dans ces passages soit la *nemorosa* ou la *ranunculoïdes* de Linné ou bien toute autre, peu importe ici. L'essentiel, c'est de remarquer la saison, et, pour ainsi dire, le mois où fleurissent ces plantes. Voilà donc la floraison de l'*Héliochryse* placée par Théophraste et par Pline à l'époque de celle de la Violette ordinaire, c'est-à-dire au mois de mars ou d'avril. Et qu'on remarque bien qu'ici Théophraste écrit Ἐλειόχρυσος, sans variante dans le texte, et Pline, *Héliochrysos*.

Or, le *Populage* ou *Souci des marais* fleurit au mois de mars ou d'avril, et mérite, plus que toute autre plante aquatique, par la grandeur et la beauté de sa fleur d'un jaune vif, le nom poétique et brillant de *Fleur d'or des marais*.

Maintenant remarquons que Théophraste, ayant placé l'*Héliochryse* au nombre des plantes printanières, sans la décrire, dans le premier passage cité, ne peut point décrire sous le même nom une plante différente dans le second passage, et c'est ce qu'il ne fait point. Le nom d'Ἐλίχρυσος s'y trouve d'abord écrit correctement ; et si, quelques lignes plus bas, on le voit écrit Ἐλειόχρυσος, c'est par la faute d'un ignorant copiste, assurément. Théophraste peut être souvent obscur parce qu'il est bref, mais il ne faisait point de méprises capitales, et ne confondait point deux plantes différentes en tout. On peut

______

([1]) Liv. XXI, ch. 38.

tirer une induction de cette vérité du nom même des autres végétaux dont il parle dans le dernier chapitre cité plus haut, car toutes ces plantes auxquelles il associe l'*Hélichryse* sont des plantes d'été, comme lui.

Quant à Pline, qui connaissait fort peu les plantes qu'il décrit, et qui confond les noms et gâte bien souvent les textes qu'il traduit avec fort peu de soin, il n'emploie que le nom d'*Héliochrysos*, comme je l'ai dit ailleurs, pour exprimer et la plante de marais qui fleurit au printemps, et la plante de montagne qui fleurit en été.

Si l'on m'objectait que les deux mots Ἐλίχρυσος et Ἐλειόχυσος sont synonymes et que les anciens s'en sont servis indifféremment pour exprimer la même plante, je répondrais qu'il est impossible que la chose soit ainsi. En effet, les anciens botanistes ont décrit assez longuement l'*Hélichryse*, et leur description nous fait connaître suffisamment la forme de la tige, des feuilles et des fleurs, et nous dit, en outre, que c'est une plante de montagne. L'*Héliochryse*, au contraire, est une plante de marais, d'après l'étymologie de son nom, qui signifie *Fleur d'or des marais*. Comment donc pourrait-on vouloir qu'une plante fût tout à la fois plante des montagnes et des marais? Cette explication manque par la base, on le voit, et l'étymologie y répugne et s'y oppose formellement.

Si ce qui précède est fondé en raison, il en résulte évidemment que le mot Ἐλειόχρυσος est le seul qui doive être employé dans le chapitre 7 du livre VI de Théophraste, ainsi que le mot latin correspondant de Pline dans la première partie du chapitre 38 de son XXI⁰ livre;

et que le mot Ἐλίχρυσος, au contraire, doit uniquement figurer dans tout le chapitre 21 du IXᵉ livre de Théophraste, ainsi que son synonyme latin dans la dernière partie du chapitre de Pline dont je viens de parler, et dans le chapitre 96 du même livre. Par là, sera rétablie la différence qui doit se trouver entre les deux noms, comme elle existe dans la nature pour les deux plantes.

On peut aussi conclure avec assez de certitude, ce me semble, de tout ce que je viens de dire, que l'*Hélio-chrysos* de Théophraste et de Pline, cette *Fleur d'or des marais*, est le *Caltha palustris* de Linné, appelé vulgairement *Souci des marais*.

Cette plante a de larges feuilles en cœur, orbiculaires et crénelées, et porte un grand nombre de belles fleurs jaunes, qui, par leur ampleur et leur éclat, se dessinent vivement sur la verdure et attirent les regards. Elle est assez commune en France et dans toute l'Europe dans les prés marécageux et sur les bords inondés des rivières et des ruisseaux.   Voy. HÉLICHRUSSOS.

ΚΙΣΣΌΣ ου ΚΙΤΤΌΣ [Kissos ou Kittos]. LIERRE. HEDERA, Lin.

17. ΚΙΣΣΌΣ ἕλιξ. — LIERRE GRIMPANT. — *Hedera Helix*, Lin. (C.)

HOMÈRE :
. . . . . . Ἀμφ' ἱστὸν δὲ μέλας εἱλίσσετο Κισσός,
Ἄνθεσι τηλεθάων, χαρίεις δ' ἐπὶ καρπὸς ὀρώρει.
(*Hymn.* VII, à *Bacch.*, v. 40 et s.)

« Autour du mât s'élève un *Lierre* verdâtre chargé de fleurs, parmi lesquelles se montrent de beaux fruits. »

Κισσοκόμην Διόνυσον, ἐρίβρομον, ἄρχομ' ἀείδειν.
. . . .
Κισσῷ καὶ Δάφνῃ πεπυκασμένος.
(*Hymn.* XXV, à *Bacch.*, v. 1 et 9.)

« Mes chants vont commencer par le bruyant Bacchus à la chevelure ornée de *Lierre*. — Il est couronné de *Lierre* et de Laurier. »

NICARQUE :
. . . . . Ὑπὸ στεφάνοις μέγαρ' ἔβρυεν, εἶχε δὲ Κισσῷ
Μέτωπον ὥσπερ καὶ σὺ κεκροκωμένον.
(*Anthol. grecq.*, liv. XIII, *Epigr.* 29.)

« Tes temples, divin Bacchus, sont remplis de couronnes, et comme toi leurs murailles sont toutes jaunissantes de *Lierre*. »

THÉOCRITE :
Τῶ περὶ μὲν χείλη μαρύεται ὑψόθι Κισσός,
Κισσὸς ἑλιχρύσῳ κεκονισμένος · ἁ δὲ κατ' αὐτὸν
Καρπῷ ἕλιξ εἱλεῖται ἀγαλλομένα Κροκόεντι.
(*Idyl.* I, v. 29 et s.)

« Sur les bords de cette coupe s'étend un *Lierre*, un *Lierre* aux feuilles panachées de taches d'or ; et de la il se roule tout autour d'elle en descendant, fier de ses fruits d'un jaune safrané. »

. . . . Καὶ ὁ τὸν Κροκόεντα Πρίηπος
Κισσὸν ἐφ' ἱμερτῷ κρατὶ καθαπτόμενος. (*Inscript.* III, v. 3)

« Et l'aimable Priape le front ceint d'un *Lierre* jaunissant. »

VIRGILE :   Pastores, *Hederâ* crescentem ornate poetam,
           Arcades.   (*Églog.* VII, v. 25.)

« Bergers d'Arcadie, ornez de *Lierre* le front d'un poëte naissant. »

     . . . . . . *Hederæ* pandunt vestigia nigræ.
                 (*Géorg.*, liv. II, v. 258.)

« On en trouve une marque dans la présence des *Lierres* noirs. »

     . . . . *Hederæ*. . . . .
     . . . . . excedunt ad summa cacumina lentæ,
     Pinguntque aureolos viridi pallore corymbos.
                (Le Mouch., v. 141 et s.)

« Le *Lierre* se roule aux branches du Peuplier, et, s'élançant jusqu'au faîte en spirales flexibles, il relève par le vert pâle de leurs feuilles ses grappes couleur d'or. »

     *Hederæ*que nitor, pallente corymbo.   (*Ibid.*, v. 404.)

« Là se trouve aussi le *Lierre* aux brillantes couleurs, avec ses pâles grappes. »

     Nerine Galatea,. . . . .
     . . . . *Hederâ* formosior albâ.
              (*Églog.* VII, v. 37 et s.)

« Charmante Galatée, plus belle que le *Lierre* blanc. »

HORACE :   Me doctarum *Hederæ* præmia frontium
           Dis miscent superis.   (*Od.* I, liv. I, v. 29.)

« Le *Lierre* qui orne le front des poëtes me fait participer au bonheur des dieux. »

     . . . . Est in horto,
     Phylli, nectendis Apium coronis ;
         Est *Hederæ* vis
     Multa, quâ crines religata fulges.   (*Od.* II, liv. IV.)

« J'ai dans mon jardin, Phyllis, de l'Ache pour tresser des couronnes, et le *Lierre*, dont tu aimes le brillant feuillage dans tes cheveux, y croit en abondance. »

Sidoine Apollinaire :   Flectis penniferos *Hederis* bicoloribus armos.
(*Panégyr.*, v. 339.)

« Tu charges leurs flancs ailés de *Lierres* bicolores. »

In castris *Hederâ* ter aureatus (¹).
(*Ibid.*, *Fratri*, v. 2158.)

« Trois fois couronné dans les camps d'un *Lierre* de couleur d'or. »

PREUVES.

Synonymes: Κιττὸς, Ἕλιξ, Théophr., liv. III, ch. 18 ; Κισσὸς, Ἕλιξ, Dioscor., liv. II, ch. 210 ; — *Hedera*, *Helix*, Plin. liv. XVI, ch. 62 : — En français, *Lierre*.

Étymologie: On fait dériver Κισσὸς de Κὶς, g. κιὸς, *petit ver* qui ronge le bois et les grains et y fait de petits trous. Le *Lierre* a été ainsi nommé, à cause de la *nature poreuse* de son bois, qui ne peut pas retenir le vin, ni même longtemps l'eau, dit-on. On donne la même étymologie au mot Κισσηρὶς, *pierre ponce*, à cause des petits trous dont cette sorte de pierre est toute criblée.

(¹) Je ne pense pas qu'il soit ici question d'une couronne de *Lierre en or*, donnée par trois fois en récompense au guerrier dont il s'agit. Si cela eût été, le poëte se serait exprimé autrement, sans aucun doute. *Aureatus*, comme *auratus* et *aureus*, signifie aussi bien la *couleur d'or* que l'or même. Il est donc plus naturel, ce me semble, d'entendre ici le *Lierre* des poëtes, que Pline appelle, comme nous le verrons bientôt, *chrysocarpos*, *Lierre à fruit doré* ou *à baies couleur d'or*.

Cette observation n'empêche pas qu'il ne soit vrai que les anciens Romains couronnaient les vainqueurs à la guerre d'une couronne d'or, représentant tantôt une plante, tantôt une autre. Il en était de même dans la Grèce pour ceux qui remportaient la victoire dans les combats ou dans ses jeux solennels, ainsi que le dit en particulier Pindare, *Olymp.*, *Od.* XI, v. 13 ; *Némé.*, *Od.* I, v. 26-7 ; *Pyth.*, *Od.* X, v. 61, etc.

Le *Lierre* est trop connu de tout le monde pour qu'il soit nécessaire d'en parler ici longuement. Le *Lierre*, avec son feuillage toujours frais, toujours verdoyant, était beaucoup aimé des anciens, et parmi leurs poëtes il y en a peu qui ne l'aient chanté comme un objet d'utilité ou d'agrément, ou qui n'en aient fait le sujet d'une aimable comparaison. On sait qu'il était consacré à Bacchus, et qu'on en formait des couronnes pour les poëtes et pour les buveurs, qui, dans les festins et les orgies, en portaient chacun une sur la tête. Sa verdure perpétuelle était pour le poëte un symbole de l'immortalité de ses vers, et la fraîcheur de ses feuilles était pour les autres, disait-on, un préservatif ou un remède contre les fumées du vin et les pesanteurs de tête produites par l'ivresse.

Mais ce qui est généralement moins connu, c'est qu'on faisait avec le bois de *Lierre* de grandes coupes ou des vases où l'on mettait du lait, et qui étaient particulièrement à l'usage des bergers. Telle était la coupe (Κισσύβιον) dont il est question dans le passage de Théocrite cité plus haut. On s'en servait rarement pour mettre du vin, et c'était pour une bonne raison. En effet, Caton rapporte et Pline (¹) après lui, que ces sortes de vases, quoiqu'ils retinssent l'eau, laissaient passer le vin. Voici les paroles de Caton : « Voulez-vous savoir si on a mêlé ou non de l'eau à votre vin ? Faites faire un vase en bois de *Lierre*, et emplissez-le avec le vin que vous soupçonnez avoir été sophistiqué. Quand il contient de l'eau, le vin filtre au

____

(¹) Liv. **XVI**, ch. **63**.

travers des parois du vase et l'eau reste, car le bois de
Lierre laisse passer le vin ([1]). »

Il serait utile ou curieux, dans plusieurs occasions,
d'avoir un pareil vase.

Quoi qu'il en soit, ce fut, selon Homère, dans un vase
de *Lierre* que le pasteur Eumée servit du vin trempé
d'eau à Télémaque et à Ulysse, et dans une coupe semblable que le roi d'Ithaque, dans la caverne de Polyphême, ce berger d'une autre espèce, versa le vin rouge
qui enivra le Cyclope et qui lui causa la perte de son
œil ([2]).

Du reste, qu'on ne s'étonne pas que les anciens pussent
faire de grands vases avec du bois de *Lierre*. Le tronc
du *Lierre* atteint quelquefois un pied de diamètre ; on en
cite qui avaient la grosseur d'un homme.

Le principal objet que j'ai eu en vue en travaillant à
cet article, a été la description que fait Théocrite de sa
coupe pastorale, dans la première *Idylle*, description qui
m'a paru mal comprise de tous les traducteurs. Ce *Lierre*
qui s'enroule tout autour avec ses feuilles *panachées de
jaune*, a été pour eux une pierre d'achoppement, et le
mot ἐλιχρύσῳ les a a fort embarrassés. Je vais tâcher de
donner quelques éclaircissements sur ce passage, et
d'expliquer l'espèce ou variété de *Lierre* dont il s'agit.

Pour me rendre plus intelligible, je vais avoir recours
au mot à mot, et expliquer chaque expression du poëte :

([1]) *Économ. rurale*, ch. 111.

([2]) *Odyss.*, ch. XVI, v. 52, et ch. IX, v. 346. — Euripide raconte que
cette coupe de Polyphême avait trois coudées de largeur, et paraissait en
avoir quatre de profondeur. (*Le Cyclop.*, v. 390-1.)

« Autour des bords de cette coupe s'étend dans la partie supérieure un *Lierre*, un *Lierre* parsemé (ou bigarré) d'un jaune éclatant ; et cet arbrisseau volubile (ἀ Ἕλιξ) s'enroule autour d'elle en descendant, fier de son fruit couleur de safran. »

On voit dans cette traduction littérale que je conserve avec soin la répétition du mot *Lierre* (Κισσός), mise à dessein par le poëte pour faire entendre que ce n'est pas du *Lierre* ordinaire qu'il parle, mais d'un *Lierre* d'ornement qui a les feuilles *panachées* de taches couleur d'or. Je prends donc ἐλιχρύσῳ, non pour une *plante*, comme plusieurs ont fait, mais pour *une couleur d'un jaune d'or*, d'un jaune éclatant.

L'adjectif ἐλίχρυσος se compose de la racine ἕλη, *éclat du soleil*, χρύσος, *or*. Il a pour synonyme ἡλιόχρυσος, dont le sens est absolument le même. Le neutre ἐλίχρυσον, pris substantivement, ou ayant pour substantif le mot χρῶμα, *couleur*, sous-entendu, signifie, par conséquent, *la couleur d'or*, *un jaune d'or éclatant*, comme τὸ λευκὸν et τὸ μέλαν signifiant le *blanc* et le *noir*, et comme parmi les mots composés, ἰοχρόλευκον signifie *un jaune pâle*, νίφαργον, *un blanc de neige*, φλογόφαιον, *un rouge brun*, πυρίχρως, *une couleur de feu*, etc.

C'étaient donc dans Théocrite, des *taches d'or* qui brillaient comme le *soleil* sur la verdure des feuilles de son *Lierre*.

On m'objectera peut-être que Théophraste et Dioscoride parlent d'une plante à fleur jaune qu'ils nomment Ἐλίχρυσος ou Ἐλειόχρυσος. A cela on peut répondre que ces deux noms, que plusieurs auteurs ont confondus, pris comme substantifs au masculin, ou plutôt au féminin, expriment, il est bien vrai, chacun une plante différente à fleur jaune, ainsi que nous l'avons vu à leur article. Mais cela n'empêche point que le neutre ne puisse être employé pour exprimer une couleur jaune, comme le neutre μέλαν exprime à la fois un objet noir et la couleur noire, c'est-à-dire, l'*encre* et le *noir*.

Théocrite, après avoir écrit deux fois Κισσὸς, se garde bien de le répéter une troisième. Il a recours à une périphrase et prend un terme équivalent : ά Ἕλιξ, *cet arbrisseau volubile* se roule autour de la Coupe jusqu'en bas, κατ' αὐτὸν, etc. D'après cette explication, ni ἑλίχρυσος, ni Ἕλιξ, ne seront des plantes nouvelles. Il ne restera donc que le *Lierre*.

Maintenant examinons, dans les vers suivants, quels sont les objets représentés par le ciseau dans les intervalles laissés par les différentes circonvolutions de ce *Lierre;* car c'est de cet espace seulement que parle Théocrite par le mot d'ἔντοσθεν, et non du *dedans de la Coupe*, comme traduit Gail ([1]). On y voyait une femme entourée de jeunes hommes ; un pêcheur traînant un lourd

---

([1]) Ἔντοσθεν signifie ici non *dans la coupe*, mais *dans l'intervalle des festons, entre les tours* ou les *circonvolutions du Lierre, dans l'espace intermédiaire*, en latin *intrà* et non *intùs*. Remarquez bien que Théocrite vient de parler du *Lierre* seulement, et que c'est du *Lierre* qu'il parle encore ici, et non de la Coupe. Virgile, en décrivant ses Coupes pastorales, ouvrage d'Alcimédon, et en parlant du cep de Vigne, du *Lierre* et de la branche d'Acanthe dont elles sont entourées, dit (*Égl.* III, v. 40 et 46), au lieu d'ἔντοσθεν, *in medio*. C'est absolument le même sens. Ceux qui ont traduit ἔντοσθεν par *dans la coupe*, et *in medio* par *au milieu*, ont donc très mal compris. Les deux passages se servent d'éclaircissement l'un à l'autre.

J'ajouterai, puisque l'occasion s'en présente : 1° que ce n'est point dans

filet sur un rocher, d'où il s'apprête à le lancer à la mer ; une belle vigne remplie de raisins ; un petit enfant qui la garde, assis sur le mur de clôture et occupé à construire une cage pour des sauterelles ; deux renards, dont l'un mange les grappes déjà mûres, et l'autre rôde auprès de la pannetière de l'enfant pour lui ravir son déjeuner ; et outre tout cela, un léger rameau d'Acanthe se déployait dans tous les sens autour de la Coupe.

Voilà, certes, un tableau déja bien chargé : si vous y ajoutez encore une plante, en prenant pour telle l'ἐλίχρυσος, vous risquez d'arriver à la confusion dans un espace aussi resserré. Il est donc plus naturel de regarder ce mot comme exprimant une couleur. Le texte et le

l'intérieur des vases qu'on met les ciselures ; cette partie doit être toujours unie ; 2ª que dans le vers 45 de l'*Églogue* de Virgile que je viens de citer, vers ainsi conçu :

Et molli circum est ansas amplexus Acantho,

le régime de *amplexus est* n'est point *ansas*, comme il le semble d'abord, mais le pronom *illa* sous-entendu ; et que *circum* doit se placer devant cet accusatif *ansas* et se traduire par *près, au niveau* ou *à la hauteur* des anses, ou *à partir* des anses. *Circum* marque ici le point de départ des tours de l'Acanthe pour se continuer et descendre jusqu'au bas des Coupes. Théocrite fait commencer les tours du *Lierre* de sa Coupe aux *bords mêmes* du vase, περὶ χεῖλ...... ὑψόϑι, et les fait continuer *jusqu'au bas*, κατ' αὐτόν.

Il résulte de cette explication que ce sont les *Coupes* et non les *anses* qui sont entourées par la branche d'Acanthe, laquelle, partant des anses, se roule évidemment jusqu'au bas des deux Coupes, à l'imitation du *Lierre* de Théocrite. En effet, l'Acanthe, roulée autour des anses seulement, eût laissé le reste de la Coupe nu, et l'espace eût manqué entre les tours pour y représenter *Orphée avec les forêts qui le suivent*. Il ne servirait de rien de dire que c'est dans cet espace nu, *au milieu de la coupe, in medio,* qu'Orphée était représenté. *In medio* ne signifie point ici *au milieu de la coupe,* mais *au milieu des tours,* c'est-à-dire *entre les tours. dans l'espace intermédiaire des tours* ou *des circonvolutions*; car, remarquez, comme dans Théocrite,

sens intime, loin de s'y opposer, semblent le demander, au contraire.

Revenons à notre *Lierre* à feuilles bigarrées de jaune. Quelle est donc cette espèce ou cette variété qui a les feuilles ainsi panachées et les fruits couleur d'or? Voici ce qu'on lit dans le *Voyage du Levant* de Tournefort : « Le *Lierre à fruit jaune* se trouve aussi communément à Constantinople que le *Lierre* ordinaire à » Paris. On en faisait un noble usage, car Pline assure » que l'espèce de *Lierre à fruit doré* était consacrée à Bacchus et destinée à couronner les poëtes. Ses feuilles, » comme le remarque cet auteur, sont d'un vert plus gai

que ce n'est pas en venant de parler des *Coupes* que Virgile dit *in medio*, mais bien en venant de parler des *circonvolutions de l'Acanthe*. C'est donc de la plante qu'il s'agit encore par les mots *in medio*.

Cette interprétation est d'autant plus vraie, que l'expression *in medio* se présente deux fois après la mention de *plantes qui se roulent*. On peut être sûr, après tout, que dans ces menus détails, assez difficiles à saisir au premier coup d'œil, Virgile a imité de point en point Théocrite, quoique sa description soit moins explicite et beaucoup moins claire que celle du poëte grec. Aucune traduction, à ma connaissance, n'a rendu fidèlement la pensée des deux poëtes.

Je crois utile d'ajouter, pour compléter l'explication de la Coupe de Théocrite, 1 que dans les mots κατ' αὐτὸν du vers 30, αὐτὸν est pour αὐτὸ, le ν étant ajouté attiquement, et se rapporte, par conséquent, à κισσύβιον et non à Κισσός : κατὰ n'y signifie point *circa*, *autour*, comme on a traduit, mais *jusqu'au bas* (d'elle, de la Coupe); ici même sens que κάτω ; 2° que si, par le mot ἑλίχρυσῳ du même vers, Théocrite avait voulu exprimer une nouvelle plante entremêlée avec le *Lierre*, il ne se serait pas servi du verbe κονίζω, qui signifie proprement *saupoudrer*, *parsemer*, *tacheter*, *moucheter*. Remarquez encore que dans cette supposition, ces deux plantes auraient été accompagnées d'une troisième, une branche d'Acanthe, qui, d'après le vers 55, enveloppait la Coupe dans toute son étendue.

Cette description, pas plus que celle de Virgile, n'a été bien comprise ni par les traducteurs, ni par le scoliaste de Théocrite.

» que celles du *Lierre* commun, et ses bouquets *couleur*
» *d'or* lui donnent un éclat particulier.

» Pline, qui a nommé cette plante *Lierre à fruit doré*,
» a pris tout ce qu'il en a dit de Théophraste et de Dios-
» coride, qui n'ont donné qu'une histoire confuse du
» *Lierre*. On n'a jamais vu celui qu'ils décrivent à feuilles
» blanches et à fruits blancs ; cependant il devait se trou-
» ver dans la Grèce. Pour celui qu'ils appelaient *Lierre à*
» *feuilles panachées* ou *Lierre de Thrace*, nous en avons
» vu quelques pieds sur les côtes de la mer Noire. Il n'est
» pas surprenant que les Bacchantes aient autrefois
» employé le *Lierre* pour garnir leurs thyrses et leurs
» coiffures : toute la Thrace est couverte de ces sortes de
» plantes (¹). »

On lit dans le *Bon Jardinier*, année 1813 et suivantes,
article *Lierre*, cette remarque : « On distingue le *Lierre*
» de l'Archipel grec par ses baies *jaunâtres*. Cette espèce
» ou variété semble avoir été le *Lierre* des poëtes. Elle a
» non-seulement les baies jaunâtres, mais encore ses
» feuilles sont *panachées en blanc ou en jaune.* » Théophraste lui donne l'épithète de ποικίλη, *bigarrée*, comme
on va le voir, et Linné l'appelle *poetica.* « Elle est culti-
» vée avec soin dans l'Europe occidentale, comme objet
» d'ornement et de curiosité. » Elle était cultivée aussi
autrefois, puisque Élien, dans ses *Histoires diverses* (²),
parle d'un *Lierre sauvage* et le distingue des autres, ce
qui fait naturellement supposer qu'il y en avait de *culti-*

______

(¹) Tournefort, *Voyage du Levant*, t. II, lett. 12, p. 246 et 247.
(²) Liv. I, ch. 8.

vées. Et Virgile le déclare expressément, lorsqu'il dit que s'il chantait les Jardins, il n'oublierait ni les *Lierres jaunissants,* ni les Myrtes, amis des rivages (¹). Horace le dit encore plus clairement dans les vers que j'ai cités (²).

Voici maintenant ce que dit Théophraste : « Il y a plusieurs espèces de *Lierres* grimpants : des trois espèces principales la dernière est *bigarrée* de diverses couleurs ; quelques personnes l'appellent *Lierre de Thrace.* Parmi les variétés de cette espèce, les unes ont la feuille plus grande, les autres plus petite, et diffèrent par la forme et la nature des *taches :* » Εἴδη δ'ἐστὶ πλείω τῆς Ἕλικος· τρίτη, ἡ ποικίλη, ἣν δὴ καλοῦσί τινες Θρᾳκίαν. — Τῆς ποικίλης, ἡ μὲν μεῖζον, ἡ δ'ἔλαττον τὸ φύλλον, καὶ τὴν ποικιλίαν διαφέρουσα (³).

Dioscoride écrit : « Le *Lierre* noir, qu'on appelle communément *Lierre de Bacchus,* a le fruit noir ou couleur de *Safran.* » Ὁ δὲ μέλας (Κισσὸς) φέρει τὸν καρπὸν μέλανα ἤ Κροκίζοντα, ὅν δὲ καὶ ἰδιῶται Διονύσιον καλοῦσι (⁴).

Pline en parle ainsi : « Une variété du *Lierre* noir a la graine noire, et une autre la graine *safranée.* C'est avec ce dernier *Lierre* que les poëtes font leurs couronnes : les feuilles en sont moins foncées ; quelques–uns nomment cette espèce *Lierre de Nysa,* et d'autres, *de Bacchus :* « *Alicui et semen nigrum, alii crocatum : cujus coronis poetæ utuntur, foliis minùs nigris ; quam quidam Nysiam, alii Bacchicam vocant* (⁵). »

(¹) *Géorg.*, liv. IV, v. 124.

(²) *Od.* II, lib. IV. — Voyez aussi Properce, liv. I, *Élég.* II, v. 10 ; Pline le jeune, liv. V, lettre 6 ; Columelle, liv. XI, § 2.

(³) Liv. III, ch. 18.

(⁴) Liv. II, ch. 210.

(⁵) Liv. XVI, ch. 62.

Un peu plus loin il appelle cette variété *Chrysocarpos*, à *baies couleur d'or*, *baccis aurei coloris*, comme il le dit au livre XXIV, chapitre 47. L'auteur du *Supplément* à Dioscoride l'appelle aussi χρυσόκαρπος, *à fruit doré*. Apulée dit que les Grecs l'ont nommé *Chrysocarpos*, « parce qu'il porte des baies couleur d'or : » *quòd grana aurei coloris ferat*.

Pour la bigarrure des feuilles, voici ce que dit Pline : « La troisième espèce de *Lierre* a les feuilles *panachées* ; on l'appelle *Lierre de Thrace*. Elle varie par ses feuilles plus ou moins grandes et par la nature de leurs *taches*. » *Tertia, versicolori folio, quæ Thracia vocatur.* — *Majora quoque aut minora sunt folia, macularumque habitu distant* (¹). On voit que tout ceci n'est que la traduction de Théophraste et de Dioscoride.

Tout ce que j'ai voulu prouver par ces dernières citations, c'est que les anciens connaissaient une espèce ou variété de *Lierre* à fruits *jaunes* ou *couleur de Safran*, et à feuilles *panachées* ou tachetées. Théophraste ne dit pas de quelle couleur étaient les taches de ces feuilles, mais Théocrite nous apprend que son *Lierre* les avait d'un *jaune brillant* ou *couleur d'or*. On trouve la même pensée fortement exprimée dans les vers cités de Nicarque, *des murs tout jaunissants de Lierre*. Le botaniste grec nous autorise à supposer cette couleur aussi bien qu'une autre, en disant que les variétés du *Lierre* de Thrace différaient par la grandeur des feuilles et par leur *bigarrure* ou la nature de leurs taches, τὴν ποικιλίαν διαφέρουσα.

(¹) Liv. XVI, ch. 62.

Le dernier vers de Virgile, tiré de son petit poëme intitulé *Culex* ou le *Moucheron*, semble venir à l'appui de cette interprétation. *Hederæ nitor*, qui est pour *Hedera nitida*, indique évidemment la *couleur brillante* des feuilles de ce *Lierre*, et *pallente corymbo* exprime la couleur *jaune pâle* ou légèrement *safranée* de son bouquet de fruits. Il y a ici antithèse, ce qui annonce que dans cette variété la couleur jaune des feuilles était beaucoup plus brillante que celle des fruits, ce que les premiers vers cités de Théocrite font entendre aussi assez clairement, si l'on veut y faire attention. De là vient qu'Aristophane caractérise ce *Lierre* par les feuilles seulement, en l'appelant *Lierre aux belles feuilles*, Κισσὸς εὐπέταλος ([1]).

Ces explications doivent suffire pour donner une claire intelligence du passage de Théocrite, et, en général, de tous ceux des poëtes grecs ou latins où il est parlé avec éloges de la beauté des fruits ou des feuilles du *Lierre*.

Du reste, ce *Lierre des poëtes* ne paraît pas être autre chose qu'une simple variété de notre *Lierre* ordinaire, *Hedera Helix*, Lin.

Quant au *Lierre blanc* de Virgile et des botanistes anciens, je prie le lecteur de se rappeler ce que Théophraste en a dit le premier. Il divise d'abord les espèces de *Lierres* en deux grandes sections, *Lierres terrestres* ou qui ne grimpent point, et *Lierres* qui *s'élèvent en l'air*, ou qui *grimpent* en s'accrochant ou en se roulant. Il sousdivise ces derniers en trois espèces principales, le *blanc*, le *noir*, et celui qui *s'enroule* toujours, qu'il appelle *He-*

([1]) *Thesmophor.*, v. 1000.

lix. Il semble annoncer par ces paroles que, selon lui, la nature des deux premiers est de *s'accrocher* seulement, et celle du dernier de *s'enrouler* autour des corps voisins. Puis il ajoute : « Chacune de ces espèces a plusieurs variétés : parmi celles du blanc, l'une n'a que le fruit blanc ; l'autre, outre le fruit, a aussi les feuilles blanches (ou *marquées de blanc*). Parmi celles qui n'ont que le fruit blanc, celle-ci porte des fruits (les *grains* ou *baies*) gros, serrés et ramassés en forme de boule, disposition que quelques personnes appellent *corymbe* (*bouquet* ou *grappe*) : celle-là a les fruits plus petits et plus épars, tels que ceux du *Lierre* noir : » Εἴδη δὲ ἑκάστον τούτων πλείω · λευκός γὰρ, ὁ μὲν τῷ καρπῷ μονῷ, ὁ δὲ καὶ τοῖς φύλλοις ἐστί. Πάλιν δὲ τῶν λευκοκαρπῶν μόνον, ὁ μὲν ἁδρὸν καὶ πυκνὸν καὶ συνεστηκότα τὸν καρπὸν ἔχει, καθάπερ εἰς σφαῖραν · ὃν δή καλοῦσί τινες κόρυμβον · ὁ δὲ, ἐλάττω, διακεχυμένον, ὥσπερ καὶ ὁ μέλας (¹).

Après avoir dit que le *Lierre* noir a aussi beaucoup de variétés, Théophraste passe aux *Lierres qui s'entortillent*, Ἕλικες. Il voit dans ceux-ci, comme dans les autres, des variétés nombreuses, l'*herbacée*, la *blanche*, et la *bigarrée*, dont j'ai parlé plus haut, variétés qu'il décrit rapidement.

Que conclure de ce qu'on vient de lire? On peut y trouver sans trop de témérité, ce me semble, beaucoup de confusion, comme le dit Tournefort. Il n'y en a pas moins dans Pline, qui fort souvent se borne à copier ou à traduire. Tout ce qu'on peut en tirer, selon moi, c'est

____

(¹) Liv. III, ch. 18.

que les anciens connaissaient des espèces ou plutôt des variétés de *Lierres* qui *grimpaient* en s'accrochant, et auxquels ils donnaient le nom générique de Κισσὸς ; et d'autres qui *s'enroulaient* d'une manière plus particulière autour des corps voisins, auxquels ils appliquaient le nom d'Ἕλιξ (¹) ; que parmi les unes et les autres, il y en avait à feuilles *noires* ou d'un vert sombre et à baies *noires ;* c'était le *Lierre* ordinaire, le *Lierre noir :* d'autres avaient les feuilles d'un vert plus gai, bigarrées de *jaune* ou de *blanc*, et leurs fruits étaient aussi d'un *jaune* plus ou moins foncé. De là sans doute, pour les anciens, leur *Lierre poétique*, à feuilles marquées de *taches d'or* et à fruits *safranés ;* et leur *Lierre blanc*, qu'ils séparaient peu de celui-là, quand ces taches étaient d'un blanc saillant et leur fruit blanchâtre. C'est la manière la plus naturelle d'expliquer ces variétés.

Maintenant, si l'on veut penser que le *Lierre blanc* de Virgile est autre chose qu'un *Lierre*, une herbe, par exemple, comme le *Muflier faux Cabaret* (*Antirrhinum Asarina*, Lin.), auquel on l'a rapporté, je ferai observer que Théophraste, dans sa grande division des *Lierres* en *terrestres* ou *herbacés* qui ne grimpent point, et en espèces qui *s'élèvent en l'air* en s'appuyant, εἰς ὕψος αἰρό- μενοι, place le *Lierre blanc* dans cette dernière catégorie. Cela suffit pour exclure une petite plante herbacée telle que le Muflier dont il s'agit, qui ne grimpe ni ne se roule ; qui, d'ailleurs, n'est connu d'aucun berger proba-

---

(¹) Oppien unit ce dernier nom au premier pour exprimer la *spirale* ou l'*enroulement* du *Lierre*, Ὑγρὸς ἕλιξ Κισσοῖο. (La *Pêche*, liv. IV, v. 294.)

blement, et qui, pour la beauté, est loin d'être digne d'entrer dans une comparaison aussi noble que celle qu'emploie ici Virgile. Le *Lierre*, surtout dans ses belles variétés, par la fraîche verdure de son feuillage éternel, plaisait à l'imagination et aux yeux de tout le monde sous un climat brûlant. Le *Lierre blanc*, Κισσὸς λευκὸς et *Hedera alba*, ne paraît donc être, comme celui de Théocrite, qu'une variété du *Lierre ordinaire*, *Hedera Helix*, Lin.

ΚΡΊΝΟΝ [Crinon]. LIS, PERCE-NEIGE, etc.
LILIUM, GALANTHUS, etc., Lin.

18. ΚΡΊΝΟΝ λευκὸν. — Galanthine, Perce-neige. —
Galanthus nivalis, Lin. (C.)

Théocrite :
  . . . . Ἔφερον δέ τοι ἢ Κρίνα λευκὰ,
  Ἢ Μάκων' ἁπαλὰν, ἐρυθρὰ πλαταγώνι' ἔχοισαν·
  Ἀλλὰ τὰ μὲν θέρεος, τὰ δὲ γίνεται ἐν χειμῶνι,
  Ὥστ' οὐκ ἄν τοι ταῦτα φέρειν ἅμα πάντ' ἐδυνάθην.
       (*Idyl.* XI, v. 56 et s.)

« *Si j'avais des nageoires*, je te porterais ou des *Lis* blancs
(des *Perce-neige*), ou le Pavot rouge, dont on fait claquer sur
la main les tendres pétales ; mais je ne pourrais pas t'offrir ces
deux fleurs à la fois, puisque celle-ci se montre en été, et l'autre dans l'hiver. »

PREUVES.

Synonymes : Λευκόϊον, Théophr., liv. VI, ch. 7, et
liv. VII, ch. 13 ; Théocrite, *Idyl.* VII, v. 64 ; — *Viola
alba*, Plin., liv. XXI, ch. 38 ; — en français, *Galanthine,
Perce-neige*.

Étymologie : Κρίνον paraît être le participe neutre du
verbe Κρίνω, et adjectif du mot ἄνθος, *fleur*, sous-entendu.
D'après cela, ἄνθος Κρίνον signifierait *Fleur qui met en
cause* ou *qui défie* (les autres fleurs pour la beauté).

Les deux mots Κρίνον et Λείριον, qui signifient *Lis*,
avaient chez les Grecs une acception très étendue. On
les employait pour exprimer un grand nombre de fleurs
de couleurs différentes qui avaient avec le *Lis* une ressemblance de forme seulement. Le mot Κρίνον surtout s'appli-

quait à ces sortes de fleurs, qui, dans nos méthodes botaniques, sont répandues dans des genres divers, mais qui appartiennent, en général, à la famille des Liliacées : celui de Λείριον semble ,˙ d'après son étymologie (*objet tendre, délicat, brillant*), n'avoir été qu'un surnom, une qualification poétique. De là vient, sans doute, que toute fleur en général, les Κρίνα aussi, par conséquent, était dans la langue grecque un Λείριον. En effet, Nicandre nous dit ceci : « Les Lis, qu'on nomme Κρίνα, des poëtes les appellent Λείρια (¹). » D'un autre côté, Lucien écrit : « Les fleurs (en général), si j'ai bonne mémoire, s'appellent *Lis*, Λείρια (²). » Suidas dit aussi : « Le mot Λείριον signifie *fleur* en général (³). »

Ces observations n'ont d'autre objet que de montrer que le mot de Κρίνον a un sens très étendu, et qu'il donne toute latitude aux conjectures et aux recherches. Elles pourront fournir le moyen d'arriver plus facilement à la connaissance de quelques belles plantes, ou de quelques fleurs modestes des anciens qui ne sont pas sans intérêt, et qui ont été méconnues par les modernes.

Je ne me propose pas de traiter en ce moment du *Lis* proprement dit ; j'ai seulement dessein ici d'éclaircir un passage de Théocrite, et de jeter le jour sur une petite fleur qui a fort embarrassé les interprètes, pour avoir été confondue avec le *Lis* blanc ordinaire. La plupart ont

---

(¹) Ἄ Κρίνα, Λείρια δ'ἄλλοι ἐπιφθέγγονται ἀοιδῶν. *Fragm.* II, v. 27. Biblioth. grecq. Didot, *Poët. bucol. et didact.*, p. 158.

(²) Λείρια καλεῖται, εἴ γε μέμνημαι, τὰ ἄνθη. LV. *Préf. Hercul.*, ch. 4, p. 599. Biblioth. grecq. Didot.

(³) C'est dans ce sens que Pindare l'a pris, *Ném.*, *Od.* VII, v. 116.

voulu absolument que cette plante inconnue fleurît en été, quoique Théocrite dise formellement qu'elle ne fleurit qu'en hiver. On va voir que leur erreur a été grande, et que tout ce que le poëte dit de cette fleur et de celle qu'il nomme avec elle, est de tout point conforme à la nature.

Le Cyclope dit à Galatée : « *Si j'avais des nageoires*, je te porterais ou des *Lis* blancs, ou le Pavot rouge, dont les tendres pétales éclatent sur la main ; mais je ne pourrais pas t'offrir ces deux fleurs à la fois, puisque celle-ci se montre en été, et l'autre dans l'hiver : »

Ἀλλὰ τὰ μὲν θέρεος, τὰ δὲ γίνεται ἐν χειμῶνι.   (V. 58.)

Comme il est sûr que les mots Μάκων ἐρυθρὰ signifient le *Pavot rouge* ou *Coquelicot*, appelé aussi *Ponceau*, qui fleurit en été et qui est si commun dans les moissons, toute la question porte sur cette *fleur blanche* nommée Κρίνον, sur cette espèce de *Lis qui fleurit en hiver*. Or, il est évident que ce n'est point le *Lis* ordinaire (*Lilium candidum*, Lin.), car la fleur de celui-ci paraît au mois de juin : il faut donc en chercher une autre.

Le scoliaste grec, peu botaniste sans doute, ne donne aucun éclaircissement sur cette plante, et a l'air de la prendre pour le *Lis* ordinaire. Les commentateurs et les traducteurs ont marché sur ses traces, sans se rendre compte de la contradiction des termes, et les ont expliqués dans le même sens. Cependant quelques éditeurs modernes, choqués de voir le *Lis blanc* annoncé par Théocrite comme une *fleur d'hiver*, et connaissant aussi peu sans doute le *Pavot rouge* que ce *Lis*, après avoir inutilement cherché à changer le texte grec sur ces deux plantes, ont cru n'avoir rien de mieux à faire, dans leur traduction latine, que de gâter le sens et d'intervertir pour chacune d'elles la saison ; de manière qu'ils font fleurir la *Perce-neige* en été, et le *Coquelicot* en hiver!!...

En effet, quoique la signification de τὰ μὲν... τὰ δὲ, *ceux-ci... ceux-là*, soit bien connue de tout le monde, ils font rapporter, contre toutes les règles, dans le vers 58, que je viens de citer, les mots τὰ μὲν à l'objet le plus éloigné, c'est-à-dire aux *Lis* dont il est question, et τὰ δὲ au plus proche ou aux fleurs de Pavot. Ils ont pu être induits en erreur par une note inepte d'un scoliaste moderne, qui, se trouvant dans le même embarras qu'eux, dit sur le vers cité : Τὰ μὲν, τὰ Κρίνα... Τὰ δὲ, ἤγουν τὰ τῆς Μήκωνος φύλλα · « Τὰ μὲν, c'est-à-dire les *Lis*... Τὰ δὲ, c'est-à-dire les pétales du Pavot. » Cette explication, où s'est laissé entraîner le célèbre Geoffroy, outre qu'elle est contre les règles de la grammaire, augmente la difficulté, au lieu de la lever. Laissons donc le *Coquelicot* fleurir en été, selon sa coutume, et cherchons une sorte de *Lis* qui fleurisse en hiver.

Qu'est-ce donc que ce *Crinon* si mal compris ?

Puisqu'il n'y a point de *Lis* qui fleurisse en hiver, il faut chercher notre plante, non plus parmi les *Lis* proprement dits, mais parmi les Liliacées ou autres fleurs d'une forme à peu près semblable. Elle n'est pas difficile à trouver, car il y a très peu de fleurs blanches ou autres qui paraissent en hiver. Théophraste dit que « la première fleur qui se montre au printemps est le Leucoïon (*Violette blanche*). Elle s'épanouit lorsque l'air devient plus doux, même avant la fin de l'hiver; elle ne paraît

qu'après, lorsque le temps demeure rude : » Τῶν δ'ἄνθων
τοῦ μὲν ἦρος πρῶτον ἐκφαίνεται τὸ Λευκόϊον, ὅπου μὲν ὁ ἀὴρ
μαλακώτερος, εὐθὺς τοῦ χειμῶνος · ὅπου δὲ σκληρότερος, ὕστερον (¹). Pline dit à peu près la même chose : « La Violette
blanche est la première des fleurs qui annoncent le printemps : dans les localités un peu chaudes, elle s'épanouit même en hiver : » *Florum prima ver nuntiantium,
Viola alba. Tepidioribus verò locis etiàm hyeme emicat* (²).

Maintenant, pour trouver notre *Crinon*, nous avons à
opter entre deux petites plantes à fleur blanche, appelées
l'une et l'autre *Perce-neige*, le *Leucoion vernum*, Lin.,
et le *Galanthus nivalis*, Lin. Comme cette dernière fleurit
plus tôt que l'autre, c'est-à-dire plus dans l'hiver ; qu'elle
porte dans la science un nom spécifique plus significatif
à cet égard ; qu'elle mérite davantage, par conséquent,
son nom de *Perce-neige*, et qu'elle est plus commune dans
tous les pays, dans les prés et les bois des montagnes, où
elle se montre ordinairement en abondance, la préférence
lui est due, ce me semble, sur la première. Théocrite
avait remarqué sans doute cette petite fleur sur les pentes
de l'Etna, dont les poëtes ont fait le séjour de Polyphème.
Il paraît l'avoir désignée ailleurs sous le nom de *Leucoion* (³), comme Théophraste.

Après ces diverses explications, si l'on veut bien, pour
nouvel éclaircissement, se rappeler ce que j'ai dit à l'article du *Ligustrum, Remarque 3ᵉ*, sur le pluriel employé
par les poëtes en parlant d'une plante, et sur le secours

(¹) Liv. VI, ch. 7.
(²) Liv. XXI, ch. 38.
(³) *Idyl.* VII, v. 64.

que nous pouvons en tirer pour la reconnaître, on admettra comme certain ou que celle qui nous occupe est à tige multiflore, ou qu'il s'agit ici de plusieurs individus. Or, la *Perce-neige* étant uniflore, le pluriel nous annonce le second cas. Et ici paraît le jugement de Théocrite. Faire porter à Galatée un seul pied de *Perce-neige*, qui est une très petite plante, eût été ridicule assurément, surtout offert par Polyphème ; c'était donc une réunion en bouquet de ces gentilles fleurs qu'il fallait lui offrir, et l'emploi du pluriel était ici nécessaire.

Quant au singulier employé en nommant le *Pavot rouge*, comme sa tige est grande et multiflore et qu'un seul pied eût pu suffire, à la rigueur, pour l'épreuve à laquelle le Cyclope fait allusion, on peut entendre, si l'on veut, une tige de *Coquelicot* ornée de ses fleurs ; quoiqu'ici le singulier puisse fort bien annoncer un pluriel, comme lorsqu'on dit : La *fleur de ces OEillets est magnifique*, etc.

D'après tout ce qui précède, on peut donc tirer du texte seul de Théocrite, comme propres à notre plante, les caractères suivants : 1° Plante herbacée ; 2° à fleur blanche ; 3° fleurissant en hiver ; 4° trop petite pour pouvoir être offerte en présent autrement qu'en nombre et en bouquet ; 5° commune dans les bois des montagnes.

Tous ces caractères conviennent à la *Perce-neige*, qui est une petite plante bulbeuse, à corolle renversée en forme de clochette, à fleur d'un *blanc de lait*, d'où lui est venu son nom latin de *Galanthus, fleur de lait*, malgré quelques lignes vertes dont elle est rayée intérieurement ; qui fleurit dans les *premiers jours de février*, c'est-à-dire

en *hiver;* qui ne peut être offerte comme ornement que
réunie en bouquet ; et qui, enfin, est assez commune en
Europe dans les bois des montagnes pour que le Cyclope
ait pu la remarquer et la connaître.

Il est bien facile maintenant, pour tout lecteur un peu
botaniste, de voir clairement que la plante de Théocrite
que nous venons d'étudier, ne peut être ni le *Lis blanc*
ordinaire (*Lilium candidum*, Lin.), ni la *Giroflée blanche*
ou *Violier blanc* (*Cheiranthus incanus*, Lin.), auxquels
on l'avait un peu au hasard rapportée.

Je termine par un passage de Chateaubriand où, sous
le nom de *Lis*, il est évidemment question de notre *Perce-
neige*.

« Il cueillit en marchant une plante de *Lis* sauvage,
» dont la cime commençait à percer la neige, et il me dit :
» Cette fleur... croît naturellement plus belle parmi ces
» bois que dans un sol moins exposé aux glaces de l'hiver :
» elle efface la blancheur des frimas qui la couvrent, et
» qui ne font que la conserver dans leur sein, au lieu de
» la flétrir (¹). »

(¹) Les *Martyrs*, liv. 7, à la fin.

ΜῶΛΥ [Môlu]. AIL. ALLIUM, Lin.

19. ΜῶΛΥ ἀλκτήριον. — MÔLY, AIL MAGIQUE. —
Allium magicum, Liu. var. (C.)

HOMÈRE : Ῥίζῃ μὲν μέλαν ἔσκε, γάλακτι δὲ εἴκελον ἄνθος·
Μῶλυ δέ μιν καλέουσι θεοί· χαλεπὸν δέ τ' ὀρύσσειν
Ἀνδράσι γε θνητοῖσι · θεοὶ δέ τε πάντα δύνανται.

(Odyss., ch X, v. 304 et s.)

« Cette plante était noire par sa racine, mais sa fleur était blanche comme le lait ; les dieux la nomment *Moly :* sans doute il est difficile aux hommes de l'arracher, mais tout est possible aux immortels. » (*Traduct. de M. Dugas Montbel.*)

ANTHOLOGIE : . . . . . . Λαβεῖν θεόθεν ψυχοσσόον εὔχομαι ἄνθος,
Μῶλυ, κακῶν δοξῶν ἀλκτήριον.   (Liv. XV, *Épigr.* 12.)

« Tout ce que je désire, c'est de recevoir de la main d'un dieu le *Moly*, cette plante amie de l'âme, qui protége contre les desseins funestes. »

UN ANONYME : Μῶλυ δὲ ῥιζοτομηθὲν ἀρεῖς πρὸς φάρμακα λυγρὰ ·
Φαρμακίδων χαλεπῶν καὶ βάσκανα φῦλ' ἀνθρώπων,

. . . .

. . . . ἐναλίγκιον ἄνθεϊ λευκῷ
Ὡς γάλα, λαμπόμενον, καρποτρόφον, αὐτὰρ ἔνερθεν
Ναρκίσσῳ ἴκελον, ῥίζῃ ζοφοειδὲς ἰδέσθαι.
Πάντα γὰρ ἐξακέσιις βροτοφθόρα φάρμακα λυγρά.
Τὴν βοτάνην περὶ σῶμα φορῶν ἐχθροὺς ὑπαλύξεις.

(Carmen de Herb., p. 173, n° 13, in Bibl. græc.)

« Il vous faut arracher avec sa racine le *Moly*, et vous vous en servirez contre les charmes pernicieux des perfides magiciennes et contre les innombrables sortiléges des hommes. Sa fleur est blanche comme le lait ; il est brillant et porte un fruit ; mais, profondément enfoncée, sa racine, semblable à celle du Narcisse, a un aspect noirâtre. Cette plante est un remède contre tous les charmes funestes qui font périr les hommes. Si vous la portez sur vous, vous repousserez au loin vos ennemis. »

Ovide :   Pacifer huic dederat florem Cyllenius album ;
            Moly vocant Superi ; nigrâ radice tenetur.
                        (*Métam.*, liv. XIV, v. 291 et s.)

« Le dieu qui porte le caducée lui avait donné la plante à la blanche fleur et à la noire racine que les immortels appellent *Moly.* »

Rapin :   Carminibus *Moly* Arcadium flos dictus Homero (¹).
                        (*Les Jard.*, ch. 1ᵉʳ.)

« Et toi, *Moly*, présent de l'Arcadie, fleur qui dois à Homère un nom immortalisé par ses vers. »

PREUVES.

Synonymes : Μῶλυ, Théophr., liv. IX, ch. 15 ; — *Moly*, Plin., liv. XXV, ch. 8 ; — En français, *Moly*, *Ail magique.*

Étymologie : Le mot de *Moly* paraît venir du verbe Μωλύω, *combattre, neutraliser*, et n'être que l'abrégé du participe neutre Μόλυ-ον, signifiant, par conséquent, *Plante qui combat, qui repousse*, sous-entendu *les charmes* ou *les enchantements*, car c'est de cela seulement qu'il s'agit dans le passage d'Homère (²).

Le *Moly*, comme plante homérique, a excité l'attention et la curiosité des commentateurs aussi bien que des botanistes. Parmi les premiers, plusieurs n'ont vu dans le passage d'Homère qu'une allégorie sur la science ou la vertu, tels sont Eustathe, Maxime de Tyr, et Érasme,

---

(¹) Le petit nombre de poëtes qui aient parlé du *Moly* m'a engagé à y joindre Rapin, quoiqu'il n'appartienne pas à l'ancienne littérature.

(²) Le scoliaste de ce poëte dit que le *Moly* a été ainsi nommé παρὰ τὸ μωλύειν τὰς νόσους, « à cause de la vertu qu'il possède de calmer les maladies. » Dans les citations poétiques qui précèdent il n'est pas question d'au_ tres maladies que d'affections mentales.

dans ses *Adages*. On s'accorde assez généralement aujourd'hui à reconnaître une véritable plante dans le *Moly* d'Homère, admis en cette qualité par Théophraste, par Dioscoride et par Pline. Nous allons voir en peu de mots ce que ces botanistes en ont dit.

On lit dans Théophraste : « Le *Moly* croît aux environs de Phénée et sur le mont Cyllène, en Arcadie. On dit qu'il est tel qu'Homère l'a décrit : racine ronde, en tout semblable à un ognon, feuille comme celle de la Scille. On ajoute qu'il est employé comme préservatif contre les charmes et les opérations magiques, et qu'il n'est pas aussi difficile à arracher que le dit Homère : » Τὸ δὲ Μῶλυ περὶ Φενεὸν καὶ ἐν τῇ Κυλλήνῃ. Φασὶ δ'εἶναι καὶ ὅμοιον ὡς Ὅμηρος εἴρηκε · τὴν μὲν ῥίζαν ἔχον στρογγύλην, προσεμφερὲς Κρομμύῳ, τὸ δὲ φύλλον ὅμοιον Σκίλλῃ· χρῆσθαι δὲ αὐτῷ πρός τε τὰ φάρμακα (¹) καὶ τὰς μαγείας· οὐ μὴν ὀρύττειν γε εἶναι χαλεπὸν ὡς Ὅμηρός φησι (²).

Dioscoride décrit sous le nom de *Moly* une plante bien différente de celle d'Homère et de Théophraste. Il lui donne « des feuilles de gramen couchées à terre, des fleurs blanches de la grandeur de celles de la Violette ordinaire, une tige blanche de quatre coudées de haut, portant à son sommet quelque chose qui ressemble à une tête d'ail, enfin une racine petite et bulbeuse (³). »

Pline décrit le *Moly*, avec plus de détail, tout en copiant Théophraste : « La plante la plus célèbre, dit-il,

---

(¹) Je change ἀλεξιφάρμακα en φάρμακα. Le premier est évidemment une faute.

(²) *Hist. Plant.*, liv. IX, ch. 15.

(³) Liv. III, ch. 47.

est, d'après Homère, celle qu'il croit être appelée *Moly*
par les dieux : ce poëte en attribue la découverte à Mercure, et il en signale l'efficacité contre les plus puissants
maléfices. Aujourd'hui, dit-on, elle croît aux environs
du lac Phénée, et dans la contrée de Cyllène en Arcadie.
Elle est semblable à la description d'Homère : elle a la
racine ronde et noire, de la grosseur d'un ognon, et la
feuille de la Scille ; on a de la peine à l'arracher. Des
auteurs grecs nous en peignent la fleur tirant sur le jaune,
tandis qu'Homère a dit qu'elle était blanche : » (*Trad.
de M. Littré.*) *Laudatissima herbarum est, Homero teste,
quam vocari à diis putat Moly, et inventionem ejus Mer-
curio assignat, contraque summa veneficia demonstrat.
Nasci eam hodiè circa Pheneum et in Cyllene Arcadiœ
tradunt, specie illâ Homericâ, radice rotundâ nigrâque,
magnitudine cœpœ, folio Scillœ ; effodi autem difficulter.
Grœci auctores florem ejus luteum pinxére, cùm Home-
rus candidum scripserit* (¹).

Ptolémée Héphestion, en parlant du *Moly* d'Homère,
l'appelle *herbe*, βοτάνη, c'est-à-dire *plante herbacée ;* et il
ajoute *qu'il a une fleur blanche*, καὶ τὸ ἄνθος ἔχει
λευκὸν.

Tout ce que nous pouvons tirer des citations poétiques
et des descriptions incomplètes qui précèdent, c'est que
la plante dont il s'agit avait, entre autres, les caractères
suivants : 1° c'était une herbe ; 2° à fleur très blanche ;
3° à racine ronde comme celle de l'ognon, profondément
enfoncée dans la terre, et d'un aspect noirâtre ; 4° à

______

(¹) Liv. XXV, ch. 8.

feuilles semblables à celles de la Scille ; 5° enfin, à station tout à la fois de plaine et de montagne.

Il a régné beaucoup d'incertitude autrefois sur la synonymie à donner au *Moly* d'Homère, à cause de la différence des caractères assignés à cette plante célèbre par Théophraste, par Dioscoride et par Pline. Pour éclaircir un peu la question, on a supposé le texte de Dioscoride gravement corrompu, et l'on y a fait quelques changements, qui sont loin encore de faire concorder sa description avec celle de Théophraste et celle de Pline. Aussi est-il à peu près généralement reconnu aujourd'hui que le *Moly* de Dioscoride et celui de Galien, qu'on regarde comme la même plante, sont tout autre chose que le *Moly* d'Homère, de Théophraste et de Pline, et que celui-ci est une espèce d'*Ail*. Ce dernier sentiment était celui d'Hippocrate. La difficulté se réduit donc à choisir entre les diverses espèces que renferme ce genre, celle qui répondra le mieux aux caractères que je viens d'énumérer.

On doit reconnaître, avant d'aller plus loin, qu'aucune espèce de *Rue*, ni le *Peganum Harmala*, Lin., en qui on avait cru retrouver le *Moly*, ne peuvent remplir les conditions nécessaires. La forme de la racine et des feuilles, sans parler du reste, s'y oppose évidemment.

Parmi les différentes espèces d'*Aulx* que nous connaissons, une se distingue de toutes les autres par une tendance continuelle à se montrer sous une multitude de formes diverses ou de variétés plus ou moins remarquables : c'est l'*Ail magique*, *Allium magicum*, Linn. De ces transformations ou formes variées sont nés dans

les temps modernes plusieurs noms spécifiques, qui plus
tard se réuniront sans doute en un seul. En effet, « nul
» doute que toutes ces *prétendues* espèces à fleurs purpu-
» rines, verdâtres ou blanches, avec ou sans bulbes axil-
» laires, à fleurs sans bulbes, ou à bulbes sans fleurs, ne
» soient de *simples* variétés de l'*Allium magicum* plus ou
» moins caractérisées, et dans lesquelles on reconnaît le
» type de cette espèce capricieuse, que presque tous les
» auteurs ont observée dans un état différent.

　　» J'ajouterai qu'Homère parle de cette espèce d'*Ail*
» sous le nom de *Moly*, et lui attribue dans l'*Odyssée*,
» liv. X, une racine noire, *qu'il était difficile aux mortels*
» *d'arracher*. On est toujours surpris de l'instruction
» d'Homère. En effet, les restes de l'ancienne bulbe,
» dans notre variété du moins, prennent une couleur noi-
» râtre très remarquable, et lorsqu'elle a végété quelques
» années dans le même sol, sa bulbe se trouve à une telle
» profondeur, qu'il faut fouiller très avant, très pénible-
» ment la terre pour l'enlever.

　　» Théophraste mentionne aussi le *Moly* au liv. IX,
» chap. 15 de son *Histoire des Plantes ;* et comme Mer-
» cure, dans Homère, le donne à Ulysse pour se préser-
» ver des charmes de Circé, il le recommande sérieuse-
» ment comme un très bon spécifique contre les sortiléges
» des magiciens (¹). »

　　Je trouve la remarque suivante dans un ouvrage estimé
de botanique : « D'après l'observation de Draparnaud,
» presque tous les *Aulx* peuvent devenir bulbifères, sur-

----

¹) Saint-Amans, *Flore Agenaise*, p. 134 et suiv.

» tout dans les années pluvieuses : alors les ombelles, au
» lieu de capsules, portent des bulbes : ces bulbes sont
» sessiles au centre des ombelles, ce qui annonce que la
» nature les forme avec les sucs nourriciers destinés pour
» le développement des fleurs, des pédoncules et des
» capsules. Lorsque l'*Allium magicum* devient bulbifère,
» la tige ne se développe pas, et le faisceau des bulbes
» est sessile au milieu des feuilles radicales [1]. »

Je lis aussi dans Gouan cette note : « Le *Moly Home-*
» *ricum* n'est pas (comme l'a cru Wedel) le *Nymphea*,
» mais bien l'*Allium Monspessulanum*, c'est-à-dire le
» *magicum* de Linné, le *multibulbosum* de Jacquin [2]. »

Ces deux observations viennent à l'appui du sentiment que j'émets.

L'*Ail magique*, avec ses variétés à fleurs, peut donc
répondre, selon moi, à toutes les exigences des caractères botaniques tirés des auteurs anciens et rapportés
plus haut : Plante herbacée, fleur blanche, racine semblable à celle de l'ognon, profondément enfouie dans la
terre et d'un aspect noirâtre, feuilles larges et longues
comme celles de la Scille, tout s'y trouve exactement.
Aussi je ne doute point de la vérité de la concordance
synonymique que j'ai donnée en commençant au célèbre
Moly d'Homère.

Ici on me demandera peut-être pourquoi le *Moly* d'Homère n'est pas l'*Allium Moly* de Linné. A de semblables
questions il faut toujours répondre que Linné ne prenait
pas les noms de ses plantes dans les poëtes, et ne s'atta-

[1] Poiret, *Histoire des plantes de l'Europe*, t. III, p. 267.
[2] *Traité de botanique et de matière médicale*, 2ᵉ partie, p. 134.

chait pas à fixer la concordance dont nous nous occupons ici. Il prenait ces noms dans les botanistes qui l'avaient précédé, sans s'inquiéter du plus ou moins de vérité qu'il pouvait y avoir dans les rapports où il les trouvait placés. Il se bornait à classer dans son *Système* les plantes qui les portaient et à les décrire ; là se terminait sa tâche. Il en est, par conséquent, à peu près de cette plante comme nous avons déjà vu du *Ligustrum*, du *Vacinium*, de l'*Hyacinthus*, du *Baccharis*, etc. Le nom spécifique de *Moly* donné à un autre *Ail* par ce grand botaniste ne doit donc pas ébranler l'opinion du lecteur, comme elle n'ébranle point la mienne.

Cette opinion, je la dois en grande partie à l'homme érudit, au naturaliste judicieux qui fut mon maître en botanique et qui voulut bien m'associer à ses travaux dans la composition de sa *Flore*, à l'estimable Saint-Amans. Sa mort a jeté le deuil parmi toute la jeunesse studieuse de son pays, dont il était l'ami sincère et le conseil, et y a produit un vide bien senti qui n'a pu encore être comblé. Si une douceur inaltérable, une bonté parfaite et une aménité rare unies au savoir, ont le droit de charmer et de s'attacher à jamais les cœurs, la mémoire de cet aimable guide sera toujours chère à ceux qui, comme comme moi, ont eu le bonheur de vivre longtemps dans son intimité, et ne cessera, jusqu'à leur dernier moment, d'exciter leurs regrets et de leur rappeler de purs et touchants souvenirs (¹).

(¹) Voyez sa *Flore agenaise* à la page citée, et le *Recueil des travaux de la Société d'agricult., scienc. et arts d'Agen*, t. I, p. 79. — Voy. aussi Poiret, ouvrage et tome cités, p. 280.

ΠΌΛΙΟΝ [POLION]. SANTOLINE. SANTOLINA, Lin.

20. ΠΌΛΙΟΝ βαρύοδμον. — SANTOLINE, PETIT-CYPRÈS. —
Santolina Chamæ-Cyparissus, Liu. (C.).

ORPHÉE :   Μανδραγόρης, Πόλιον τ', ἐπὶ δὲ ψαφαρὸν Δίκταμνον.
(*Argon.*, v. 922.)

« Là se trouvait la Mandragore, la *Santoline* et le poudreux
Dictame. »

NICANDRE :   Ἢ Πόλιον βαρύοδμον, ὃ δὴ ῥίγιστον ὄδωδεν.
(*Thér.*, v. 64.)

« Ou l'odorante *Santoline*, dont l'odeur est si puissante. »

Μηδέ σέ γε χραίσμη Πολίου λάθοι.   (*Ibid.*, v. 584.)

« Sache aussi que tu trouveras un grand secours dans la
Santoline. »

Ἆσαι δὴ Πολίοιο μυοκτόνου ἄργεος ἄνθην.   (*Alex.*, v. 305.)

« Emploie la fleur de la blanche *Santoline*, dont l'odeur fait
mourir les souris. »

ANONYME :   Δεῖ δέ σε καὶ περὶ σῶμα φορεῖν Πολίοιο κόρυμβον
Πρὸς τὸν ἀπαυλισμὸν τὸν, κ. τ. λ.
(*Carm. de Herb.*, n° 12, *in* Bibl. græc. Didot.)

« Il te faut aussi porter sur toi un bouquet de *Santoline*,
comme un préservatif contre l'égarement d'esprit qu'on appelle mal sacré, vertige, etc. »

PREUVES.

Synonymes : Πόλιον, Théophr., liv. I, ch. 16; liv. VII,
ch. 10, et liv. IX, ch. 21 ; Dioscor., liv. III, ch. 114 ;
— *Polion*, Plin., liv. XXI, ch. 20, 21 et 84; — *Chamæ-
Cyparissos*, *Id.*, liv. XXIV, ch. 86; — en français, *San-*

toline, Petit-Cyprès ; vulgairement, *Garde-robe, Citron-*
nelle.

Étymologie : Πόλιον est adjectif de φυτὸν, *plante,* et
signifie, par conséquent, *Plante blanche.* En effet, toute
cette plante est blanche, à l'exception des fleurs, qui sont
jaunes.

Pline dit, après Théophraste, que le *Polion* des Grecs
est une *herbe* qui a été célébrée par Musée et Hésiode,
qui la disent bonne à tout, etc.

Cette plante aurait été bien difficile à déterminer sans
quelques traits fournis comme au hasard par Théophraste.
Ce savant observateur, en traitant des différentes formes
des feuilles, dit : « Elles sont comme *charnues* dans le
Cyprès et la Bruyère, pour la classe des arbres ; et pour
celle des herbes, dans l'Orpin (*Sedum*) et le *Polion,*
qu'on place entre les vêtements pour les garantir des vers
qui les rongent. » Ces quelques mots, unis aux caractères
fournis par les poëtes, suffisent pour faire reconnaître la
plante. Mais revenons, et commençons par ceux-ci.

Jugeant fort inutile de chercher le nom du *Polion* dans
le prétendu Musée moderne, poëte bien postérieur à Pline,
je l'ai cherché avec plus de confiance dans Hésiode, mais
en vain. Il m'est donc impossible de tirer aucun parti de
ses vers, que je n'ai pu citer.

Dans le passage d'Orphée, il s'agit d'un bois sacré où
le poëte place un grand nombre de plantes plus ou moins
renommées, parmi lesquelles il mentionne le *Polion*
comme une herbe célèbre et de grande vertu, et il l'associe en cette qualité à la Mandragore et au Dictame.

Dans Nicandre, nous voyons que le *Polion* est une

plante : 1° à odeur forte et d'une vertu énergique ; 2° très efficace comme alexipharmaque ou contre-poison ; 3° d'un aspect blanchâtre, portant des fleurs, et donnant la mort aux rats, par son odeur probablement.

L'Anonyme, avec sa crédulité ordinaire et sa superstition, vante le *Polion* porté en amulette comme un puissant préservatif contre les plus terribles maladies.

Voici maintenant les paroles de Théophraste sur cette plante : « Parmi les arbres, quelques-uns ont les feuilles comme *charnues*, par exemple, le Cyprès et la Bruyère ; et parmi les herbes, telles sont les feuilles de l'Orpin et du *Polion*, qui est utile contre les vers qui .rongent les habits. — Il y a quelques plantes dont les feuilles sont persistantes ou ne tombent point, comme le *Polion*, etc. — C'est une sottise et une absurdité de croire que certaines plantes communément appelées alexipharmaques, portées sur soi ou suspendues dans sa maison, puissent être d'aucune utilité. C'est ainsi qu'on raconte, sur l'autorité d'Hésiode et de Musée, que le *Polion* est propre à faire exécuter de grandes choses : » Τὰ δὲ (δένδρα) οἶον σαρκόφυλλα, οἶον Κυπάριττος, Μύρικη · καὶ τῶν ποωδῶν, Ἀείζωον, Πόλιον, τοῦτο δὲ καὶ πρὸς τοὺς σῆτας τοὺς ἐν τοῖς ἱματίοις, ἀγαθόν (¹). — Ἀείφυλλα ἔστιν ἔνια (φυτὰ), καθάπερ τὸ Πόλιον, κ. τ. λ. (²). — Καὶ ὡς δή φασι τὸ Πόλιον καθ' Ἡσίοδον καὶ Μουσαῖον εἰς πᾶν πρᾶγμα σπουδαῖον χρήσιμον εἶναι (³).

Dioscoride décrit le *Polion* de la manière suivante : « Il y a deux espèces de *Polion* : l'un est celui de mon-

tagne, auquel on donne le nom de Teuthrion, et qui est
en usage. C'est un petit arbuste, blanc, de neuf pouces
de haut, produisant beaucoup de graines. Il porte au bout
de ses tiges une petite tête qui (avec ses voisines) représente une espèce de bouquet ; elle est blanche comme la
chevelure d'un vieillard, d'une odeur forte, sans être
dépourvue d'agrément » : Πόλιον τὸ μὲν ἐστιν ὀρεινὸν, ὃ καὶ
Τεύθριον καλεῖται, οὗ καὶ ἡ χρῆσις. Θάμνιον δὲ ἐστιν λεπτὸν,
λευκὸν, σπιθαμιαῖον, καρποῦ πλῆρες, ἔχον κεφάλιον ἐπ' ἄκρου
κορυμβοειδὲς μικρὸν ὡς πολιὰν τρίχα, βαρύοσμον μετὰ ποσῆς εὐω-
δίας (¹).

Si par le mot de κεφάλιον, *petite tête*, semblable à la
tête blanche d'un vieillard, on prétendait que Dioscoride
a voulu parler de la couleur des fleurs, on risquerait fort
de se tromper. Le calice de la *Santoline* est blanc, comme
toute la plante, et arrondi en tête, ce qui a pu donner lieu
à la comparaison du botaniste grec. Remarquez bien qu'il
ne nomme pas la fleur ; il est donc probable qu'il n'a pas
parlé de sa couleur. Il dit seulement que les petites têtes
du *Polion* portées au bout des tiges ou des rameaux sont
blanches, ce qui est conforme à la vérité, surtout avant
l'épanouissement de la fleur. Ces petites têtes, arrivant
toutes à la même hauteur, forment, comme le dit Dioscoride, une *espèce* de bouquet, par leur rapprochement.

Cette description, quoique incomplète, puisqu'il n'y
est parlé ni des feuilles, ni de la fleur, est donc très
exacte dans ses autres détails.

Pline répète une partie de ce que disent là Théophraste

_____

(¹) Liv. III, ch. 114.

et Dioscoride, en y mêlant des contes d'enfant sur le changement de couleur des feuilles du *Polion* et sur ses propriétés ; mais il touche peu aux caractères spécifiques de la plante, et fournit, par conséquent, peu de renseignements utiles. Il est même en contradiction avec Théophraste sur la forme des feuilles. Tout ce qu'on peut en tirer de positif, c'est qu'on aimait beaucoup à la placer dans les vêtements, à cause de son odeur, ainsi que le dit Théophraste ([1]).

Isidore de Séville appelle cette plante *Polios*. Voici ce qu'il en dit : « Le *Polios*, ainsi nommé par les Grecs, a reçu des Latins le nom d'*Omnimorbia*, parce qu'il est un bon remède dans plusieurs maladies. Il naît sur les montagnes et dans les sites rocailleux. De sa racine sortent une multitude de fibres menues qui produisent de nombreux rejetons. Il porte au bout de ses tiges des espèces de bouquets blanchâtres, d'une odeur forte et assez agréable. La décoction de cette plante guérit ceux qui ont été mordus par des serpents ; et lorsqu'on la répand dans une maison, ou qu'on la brûle, elle met en fuite tous ces reptiles ([2]). »

En récapitulant les caractères épars que nous venons de voir, nous trouvons que le *Polion* est une petite plante 1° de moins d'un pied de haut ; 2° à tige non pas précisément *herbacée*, comme l'expression de πόωδες de Théophraste et le mot *herba* de Pline pourraient le faire croire, mais *sous-ligneuse*, et semblable à celle du Thym ; 3° d'un aspect blanchâtre ; 4° à feuilles comme charnues et per-

---

([1]) Pline, liv. XXI, ch. 20, 21 et 84.
([2]) *Origin.*, liv. XVII, ch. 9.

sistantes, à peu près semblables à celles du Cyprès, de la Bruyère et de l'Orpin ; 5° portant des fleurs ; 6° d'une odeur forte et énergique, quoique non dépourvue d'agrément ; 7° employée pour la conservation des habits et pour en éloigner les mites ; 8° regardée comme un puissant alexipharmaque et un très bon préservatif contre un grand nombre de maladies.

La *Santoline* nommée par Linné *Petit-Cyprès* (*Santolina Chamæ-Cyparissus*) a tous les caractères énumérés, et remplit toutes les conditions. Elle est couverte d'un duvet blanchâtre dans toutes ses parties, la corolle seule exceptée ; ses feuilles, en manière de *filet charnu*, comme dit Lamarck, ressemblent tellement à celles du Cyprès, que ce caractère lui a fait donner son surnom de *Petit-Cyprès* en latin et en français ; comme celles du Cyprès, elles sont persistantes ; son odeur forte et balsamique lui a mérité aussi le nom de *Citronnelle*, et elle a été longtemps employée, et l'est sans doute encore, pour garantir les vêtements de l'atteinte des vers, ce qui lui a fait donner le nom vulgaire de *Garde-robe*. Enfin, on lui a attribué de grandes vertus médicales, auxquelles de nos jours l'expérience a fait renoncer pour la plupart.

Un médecin botaniste, dont l'autorité est grande en pareille matière et que j'ai déjà cité, entre autres choses dit ceci de cette plante : « La *Santoline Faux-Cyprès* est » un arbrisseau touffu, *odorant*, dont les tiges rameuses, » cylindriques et *blanchâtres* se garnissent de feuilles » alternes, sessiles, *étroites, allongées, cotonneuses*, ras-» semblées par *paquets*, munies à leurs bords de petites » dentelures disposées sur quatre rangs.

» Les fleurs sont d'un jaune de soufre, solitaires au
» sommet des pédoncules ; elles ont un involucre *hémi-*
» *sphérique et pubescent.*

» Cette jolie plante conserve sa verdure toute l'année :
» on la cultive dans les bosquets d'hiver, en choisissant
» un sol léger, exposé au midi. On l'appelle vulgairement
» *Aurone femelle, Santoline, Petit-Cyprès, Garde-robe.*

» Son *odeur aromatique* très expansive, et sa saveur
» amère, annoncent de *grandes vertus*, d'où lui vient le
» nom de *Santoline,* c'est-à-dire *Herbe sainte, Herbe sa-*
» *crée* (¹). »

On voit dans cette courte description les principaux
caractères du *Polion*.

On a rapporté au *Polion* des anciens le *Teucrium Po-
lium* de Linné. Mais les qualités botaniques et les vertus
de cette espèce de Germandrée, et surtout la forme de
ses feuilles, d'un aspect bien différent de celles du Cyprès
et de la Bruyère, et leur caducité, s'opposent formellement à cette assimilation, qui d'abord a été faite par des
botanistes du moyen âge, et qui, malgré son fondement
ruineux, présente au premier coup d'œil, il faut l'avouer,
un petit nombre de caractères assez spécieux de vérité,
et est encore inconsidérément adoptée par quelques botanistes modernes.

La *Santoline Petit-Cyprès* croît sur les collines des pays
chauds, en France, en Grèce, en Italie. Elle est cultivée
dans les jardins sous le nom particulier de *Garde-robe* ou
Citronnelle.

____

(¹) J. Roques, *Nouveau traité des plantes usuelles,* t. II, p. 378.

ΣΧΙΝΟΣ [Skhînos]. LENTISQUE. LENTISCUS, Lin.

21. ΣΧΙΝΟΣ. — Lentisque. — *Pistacia Lentiscus*, Lin. (C.).

Théocrite : Ταὶ μὲν ἐμαὶ Κύτισόν τε καὶ Αἴγιλον αἶγες ἔδοντι,
Καὶ Σχῖνον πατέοντι, καὶ ἐν Κομάροισι κέονται.
(*Idyl*. V, 128 et s.)

« Mes chèvres se nourrissent de Cytise et de Chèvrefeuille ;
elles foulent aux pieds le *Lentisque*, et se reposent parmi les
Arbousiers. »

. . . . Ἔν τε βαθείαις
Ἀδείας Σχίνοιο χαμευνίσιν ἐκλίνθημες,
Ἔν τε νεοτμάτοισι γεγαθότες οἰναρέοισι.
(*Idyl*. VII, v. 132 et s.)

« Là nous eûmes le plaisir de dormir sur un lit de feuillage
frais, fait d'une couche épaisse de feuilles de Vigne et de celles
de l'agréable *Lentisque*. »

Πενθεὺς δ' ἀλιβάτου πέτρας ἄπο πάντ' ἐθεώρει,
Σχῖνον ἐς ἀρχαίαν καταδὺς, ἐπιχώριον ἔρνος.
(*Idyl*. XXVI, v. 10.)

« Cependant Penthée observait tout du haut d'un roc escarpé,
où il s'était caché dans le feuillage d'un gros *Lentisque*, arbrisseau commun dans le pays. »

Babrius : Μιᾶς ἀπειθοῦς ἐν φάραγγι τρωγούσης
Κόμην γλυκεῖαν Αἰγίλου τε καὶ Σχίνου.
(*Fabl*. III, v. 3 et s.)

« Une des chèvres faisait l'indocile et broutait dans un précipice les douces sommités du Chèvrefeuille et du *Lentisque*. »

Cicéron : Jam verò semper viridis semperque gravata
Lentiscus, triplici solita est grandescere fœtu :
Ter fruges fundens, tria tempora monstrat arandi.
(*De la Divinat*., liv. I, n. 9.)

« Le *Lentisque*, toujours vert et toujours chargé de fruits, a
coutume de porter une triple récolte : par son triple produit, il
indique les trois époques du labourage. »

Ovide :   Hinc calidi fontes *Lentisciferumque* tenentur
            Liternum.   (*Métam.*, liv. XV, v. 713.)

« Il aperçoit tour à tour Baïes aux sources d'eaux thermales,
Literne et ses champs couverts de *Lentisques.* »

Martial :   Foditque tonsis ora laxa *Lentiscis.*   (Liv. VI, *Épigr.* 74.)

« Il fouille ses mâchoires entr'ouvertes avec des cure-dents
de *Lentisque.* »

            Lentiscum melius : sed si tibi frondea cuspis
                Defuerit, dentes penna levare potest. (Liv. XIV, *Épigr.* 22.)

« Le cure-dent de *Lentisque* est meilleur : mais, au défaut
de ce bois, vous pouvez vous servir d'une plume. »

PREUVES.

Synonymes : Σχῖνος, Théoph., liv. IX, ch. 1; Dioscor.,
liv. I, ch. 89 ; — *Lentiscus*, Plin., liv. XII, ch. 36, et
liv. XXIV, ch. 28 ; — En français *Lentisque.*

Étymologie : Le mot Σχῖνος paraît être composé de la
première syllabe du verbe σχίζω, *fendre, diviser en éclats*
ou en morceaux, et de la dernière syllabe du mot ἔρνος,
rameau, rejeton. En prenant cette dernière syllabe et le
passif du verbe, on trouve la signification de *Plante dont*
on fend les rejetons. On peut inférer de cette étymologie
que la coutume de faire des cure-dents avec le bois de cet
arbrisseau était générale autrefois.

Le latin *Lentiscus* a une autre origine. Il vient, suivant les apparences, du verbe *lentesco, être visqueux* ou
devenir visqueux, à cause de l'état de viscosité où il se
trouve lorsqu'il en découle la résine qu'on appelle *Mastic.*

Ici la signification de Σχῖνος n'est point douteuse.
Cependant, outre celle de *Lentisque,* ce mot signifie auss-

Squille ou *Scille*, plante herbacée et bulbeuse, communément appelée *Ognon de Scille*. Il exprime donc à la fois, comme le mot Σμίλαξ, un *arbre* et une *herbe*, fait qui m'a servi de présomption en faveur du *Ligustrum*. On lui donne encore quelquefois le sens de *Jonc;* mais alors il paraît mis pour Σχοῖνος, avec lequel il a été confondu par une conformité vicieuse de prononciation. Ces trois diverses significations rendent le sens obscur et la traduction difficile dans certains cas. C'est ainsi que la seconde signification est quelquefois préférée, mais à tort, à la première pour un passage d'Aristophane (*Plutus*, vers 720), et la troisième presque toujours pour un vers de Callimaque (*Hymne à Diane*, v. 201). Il n'est question pour moi en ce moment que de la première.

Si l'on faisait, d'après ce que dit ici Martial, des cure-dents de *Lentisque* de préférence à tout autre bois, c'est que le *Lentisque* a une qualité astringente très prononcée, et que les anciens s'en servaient contre les maux de dents et le relâchement des gencives. Pline dit « qu'on en mâchait les feuilles dans les maux de dents, et qu'on les employait en décoction quand les dents étaient mobiles (¹). » Dioscoride en dit autant (²).

Le motif qui faisait employer la feuille de *Lentisque* plutôt que d'autres pour les lits de feuillages, est sans doute la verdure toujours fraîche de cette feuille, dont la surface est luisante comme celle du lierre, et qui, comme elle, ne se flétrit jamais. Elle est d'une forme agréable et

(¹) Liv. XXIV, ch. 28.
(²) Liv. I, ch. 89.

répand une odeur aromatique qui plaît. De là l'épithète d'*agréable* (ἡδεῖα), dans Théocrite.

On peut remarquer encore que l'usage dont je viens de parler et le vers d'Ovide annoncent que cet arbrisseau était commun en Grèce et en Italie.

Quant au goût des chèvres pour le *Lentisque*, il est impossible d'en douter. En parlant des chèvres, Columelle dit : « Pour leur procurer du lait en abondance, il faudra leur donner de la graine d'Orme, ou du Cytise, ou du Lierre, ou même des cimes de *Lentisque* (*vel etiam cacumina Lentisci*), et d'autres feuillages légers [1] »

Palladius fait à peu près la même recommandation pour les chevreaux : « Outre le lait, dit-il, dont on ne laissera pas manquer les chevreaux, il faudra encore leur donner souvent du Lierre, et des cimes d'Arbousier et de *Lentisque* (*Hedera et Arbuti et Lentisci cacumina sunt sæpè præbenda*) » [2].

Pline raconte que le médecin Damocrate, dans la maladie de Considia, la mit avec succès à l'usage prolongé du lait de chèvres qu'il nourrissait avec du *Lentisque* (*quas Lentisco pascebat*) [3].

Enfin Dioscoride dit ce qui suit : « le lait de chèvre est celui qui fatigue le moins le ventre : cela vient de ce que cet animal se nourrit en grande partie d'arbisseaux astringents, de Rouvre, de *Lentisque*, de frondes d'Olivier et de Térébinthe ; c'est ce qui le rend ordinairement très convenable à l'estomac [4]. »

[1] Liv. VII, § 6.
[2] Liv. XII, § 13.
[3] Liv. XXIV, ch. 28.
[4] Liv. II, ch. 75.

Cet arbrisseau communique donc au lait une qualité styptique, que les anciens médecins recherchaient dans le traitement de plusieurs maladies ; et, comme on vient de le lire, les chèvres ne faisaient aucune difficulté de s'en nourrir.

Après des témoignages si positifs et de pareilles autorités, on est étonné de voir un très savant helléniste de notre temps écrire sur les deux vers de Babrius la note suivante : « *Quis capras vidit Pistaciam Lentiscum tondentes? Est in Idyllio ac Fabulâ herba vel frutex, ni fallor tamen.* » Ce qui veut dire en français : « Qui a jamais vu des chèvres brouter le *Lentisque?* Dans l'Idylle et dans la Fable il est question, par le mot de Σχῖνος, d'une herbe ou d'un arbuste, si toutefois je ne me trompe. » On vient de s'assurer que c'est bien du *Lentisque* qu'il s'agit là.

Cet arbrisseau s'élève peu. Il est beaucoup moins fort et moins grand que l'Olivier, et l'on sait que les chèvres atteignent facilement et broutent les branches basses de ce dernier. Le *Lentisque* se divise, un peu au-dessus du sol, en rameaux nombreux et touffus, qui forment une cyme arrondie en tête, et qui sont presque toujours à portée de la voracité des chèvres. Il pousse, d'ailleurs, du pied de la tige un grand nombre de rejetons.

Cet arbrisseau croît naturellement dans les contrées méridionales de l'Europe, en France, en Grèce, en Italie, etc.

17

CERINTHA. GAILLET. GALIUM, Lin.

22. Cerintha *ignobilis*. — Gaillet ou Caille-lait jaune. —
Galium verum, Lin. (C.).

Virgile : . . . . . Hùc tu jussos asperge sapores,
Trita Melisphylla et Cerinthæ ignobile gramen.
(*Géorg.*, liv. IV, v. 62.)

« Jette çà et là dans cet endroit les plantes odorantes qui sont requises, de la Mélisse broyée et du *Gaillet*, cette petite herbe gazonnante si peu remarquée. »

PREUVES.

Synonymes : Κήρινθον, Théophr., liv. VI, ch. 7 ; — Γάλιον, ou Γάλλιον, ou Γαλλέριον, ou Γαλατίον, Dioscor., liv. IV, ch. 94 ; Galien, des *Simpl.*, liv. VI ; —? *Cerinthe*, Plin., liv. XXI, ch. 41. — En français, *Gaillet* ou *Caille-lait jaune*, *vrai Caille-lait*.

Étymologie : *Cerintha* ou *Cerinthe* vient du grec Κη-ρὸς, *cire*, ou plutôt de Κηρίον, *gâteau de cire*, et de ἄνθος, *fleur*, Κήρι-νθον, et signifie littéralement *Fleur à la cire*, parce qu'elle a l'odeur de la cire, et peut-être aussi parce qu'elle est aimée des abeilles, et qu'elle est propre à faire de la cire.

Voici une petite et frêle plante bien négligée, bien peu connue des anciens, qui n'a que de petites fleurs jaunes très peu remarquables et des feuilles fort menues, et qui cependant a attiré les regards et l'attention de l'aimable et tendre Virgile. Seul entre les grands poëtes latins ou grecs, il a daigné jeter sur elle un coup d'œil, et lui accorder, avec une épithète de pitié, une place honorable dans un immortel poëme. Elle a donc, au défaut de la beauté ou de la grâce, quelque qualité utile et assez recommandable, pour avoir mérité de sortir aussi glorieusement de son obscurité.

Il faut remarquer que par le terme de *gramen*, Virgile veut distinguer cette herbe des plantes *herbacées* proprement dites, telles que la Mélisse, la Menthe, le Narcisse, etc., c'est-à-dire de celles qui tiennent le milieu entre les végétaux ligneux et les graminées. Le *Cerintha* est donc une de ces dernières, c'est-à-dire une de ces herbes menues, à tige débile, qui forment gazon, ou, tout au moins, une herbe qui leur ressemble. S'il avait voulu désigner une plante herbacée telle que celles dont je viens de parler, il n'aurait pas employé le mot de *gramen*, et rien ne l'aurait empêché de mettre *ignobilis herbam* au lieu de *ignobile gramen*, après le mot *Cerinthæ*, pour terminer le vers.

C'est donc parmi les graminées ou les petites plantes qui leur ressemblent, que nous devons chercher le *Cerintha*. Il faut, de plus, que celle que nous prendrons sente la cire d'une manière bien prononcée.

Voyons d'abord ce que les auteurs ont dit du *Cerinthe* ou *Cerintha*.

Servius, sur le vers de Virgile, écrit, pour expliquer l'adjectif *ignobile*, les mots *vile, ubique nascens*, « commun, naissant partout, » ce qui n'est pas tout à fait le sens et pèche contre la vérité. *Ignobile* me paraît signifier ici *négligé, peu connu, peu remarqué*. Le *Caille-lait jaune*, sans être rare dans aucune partie de l'Europe méridionale, n'est cependant assez commun nulle part, pour qu'on puisse dire avec raison qu'il y vient *partout*.

Pomponius Sabinus, sur le même vers, dit : « Le *Cerintha* est une herbe à feuille blanche, recourbée, à *tête concave* pleine d'un suc mielleux. Elle vient en grande abondance dans l'île d'Eubée. » Et puis, expliquant le mot *ignobile*, il donne pour synonyme *sylvestre* « sauvage », parce que, dit-il, le *Cerinthe* n'est pas cultivé (¹).

Un autre commentateur dit : « Le *Cerinthe* est la fleur jaune d'une herbe qui est très commune dans l'île d'Eubée (²). »

On voit que ces explications sont très peu satisfaisantes, et que dans ces deux courtes descriptions le sens du mot *gramen* n'est pas compris et n'est compté pour rien. Il faut donc chercher ailleurs.

Ouvrons d'abord Pline. Sa description est à peu de chose près celle de Pomponius, qui la lui a empruntée : « Le *Cerinthe*, dit-il, a la feuille blanche et recourbée, une coudée de haut, la fleur offrant une *concavité* pleine d'un suc mielleux. Les abeilles sont très avides de la fleur de ces plantes, etc. (³). » Ici Pline copie Varron (⁴), qui donne l'énumération des végétaux qu'aiment les abeilles, et qu'il conseille de semer à proximité des ruches. Pline fait à cette énumération quelques changements, et y ajoute, entre autres plantes, le *Cerinthe*, dont Varron ne parle point. Il le fait, sans doute, sur la foi de Colu-

(¹) *Commentaires de Servius sur Virgile, Géorg.*, liv. IV.
(²) *Ibid.*
(³) **Liv. XXI, ch. 41.** (*Traduction de M. Littré.*)
(⁴) *De l'Agricult.*, liv. III, ch. 16

melle (¹), qui cite le vers de Virgile, mais qui ne décrit
point le *Cerintha* de ce poëte. Or, il est douteux que ce
Cerintha soit celui de Pline.

En supposant que la plante de Pline soit le *Cerinthe
major* de Linné, comme des botanistes le croient, elle ne
peut être par cela même celle de Virgile ; car comment y
trouver le sens du mot *gramen*, qui est si caractéristique ?
Les *Cerinthe* de Linné ne sont point des gramens, il s'en
faut bien, et n'ont avec eux aucun trait de ressemblance.
Ce sont des plantes domiciliées le plus souvent des hautes
montagnes, qui n'ont aucune *odeur de cire*, et qui, si elles
pouvaient prospérer autour des ruches, plairaient mé-
diocrement aux abeilles, sans aucun doute. Le nom latin
de *Cerinthe* leur convient peu, par conséquent, et aussi
peu le nom français de *Mélinet*.

Dodoëns, trompé par Pline, rapporte la plante de Virgile à celle que Linné a nommée plus tard *Cerinthe
major*. Mais, en qualité de botaniste exact, il fait une
réflexion remarquable. « Par ces paroles, dit-il, ou le
poëte *abuse* ici du mot de *gramen* (ce qui est vraisemblable), ou il veut faire entendre un autre *Cerinthe* qui
soit une espèce de gramen : » *Quibus verbis, aut graminis nomine poeta (quod verisimile est) abutitur, aut aliam
vult intelligi Cerinthen quæ graminis sit species* (²). Le
mot est naïf. L'embarras, certes, doit être grand, lorsque,
pour se tirer d'affaire, on en est réduit à supposer qu'un
écrivain comme Virgile se permette d'abuser des mots de
sa langue et d'en dénaturer le sens.

(¹) *De l'Agricult.*, liv. IX, § 8.
(²) *Pemptad.*, **p.** 632.

Ruel n'est pas plus heureux en voyant dans le *Cerinthe* la *grande Pâquerette*, autrement appelée *grande Marguerite* (*Chrysanthemum Leucanthemum*, Lin.). Il n'y a là ni *odeur de cire*, ni forme de *gramen*. Le P. Rapin en fait dans son poëme, la *Pâquerette ordinaire* (*Bellis perennis*, Lin.) (¹).

On le voit, il faut absolument en venir à trouver une herbe grêle, chétive, effilée, communément dédaignée, qui ait la forme d'un *gramen* et qui sente la *cire* d'une manière bien sensible. Aucune plante ne peut mieux remplir ces conditions que le *Gaillet* ou *Caille-lait jaune*, ou *vrai Caille-lait*. C'est ce qu'a parfaitement compris M. Paulet, dans sa *Flore de Virgile*.

Le *Caille-lait jaune* est une petite plante herbacée, figurée dans le *Pemptades* de Dodoëns, pag. 355, dans la *Flore* dont je viens de parler, planch. 2, dans Clusius, et ailleurs. On le trouve dans les prés secs et sur le bord des chemins et des bois.

« Toute la plante, dit M. Roques, exhale une odeur » aromatique, approchant de celle du miel. — Les fleurs » ont des *nectaires* remplis d'une sorte de *miel* qui s'ai- » grit par une dessiccation lente, et passe à l'état d'acide » acétique; ce qui pourrait expliquer la propriété qu'ont » ces fleurs de faire cailler le lait (²). »

Ne peut-on pas voir dans le *nectaire* dont il est question ici, la *concavité* et la *tête concave* de la fleur *pleine de miel* dont parlent Pline et Pomponius?

(¹) *Les Jardins*, ch. 1.
(²) *Traité des plantes usuelles*, t. II, p. 267.

Quoique les secours à l'aide desquels on détermine cette plante ne soient pas bien nombreux, ils me paraissent suffisants pour ne laisser dans l'esprit aucun doute.

VIBURNUM. VIORNE, CLÉMATITE.
CLEMATIS, Lin.

23. Viburnum *lentum*. — Clématite Vigne-blanche. --
Clematis Vitalba, Lin. (C.).

Virgile :   . . . . Hæc tantùm alias inter caput extulit urbes,
    Quantùm lenta solent inter Viburna Cupressi.
                                  (*Eglog.* I, v. 25 et s.)

« Rome élève autant sa tête entre les autres villes, que les Cyprès entre les *Viornes* rampantes. »

Calpurnius :   Nos quoque, te propter, Donace, cantabimur Urbi ;
    Si modò coniferas inter Viburna ([1]) Cupressos,
    Atque inter Pinos Corylum frondescere fas est.
                                  (*Églog.* IX, v. 85 et s.)

« Et nous aussi, à cause de toi, Donacé, nous deviendrons célèbres à la ville, si toutefois il est permis aux *Viornes* de se couvrir de feuilles parmi les Cyprès ornés de fruits, et au Coudrier de croître parmi les Pins. »

Saint Paulin :   Si confers fulices cygnis et aedona parræ,
    Castaneis Corylos æques, Viburna Cupressis,
    Me compone tibi.   (*Épitr. à Auson.*, III, v. 35 et s.)

« Si tu mets au même rang les foulques et les cygnes, le moineau et le rossignol ; si tu égales les Coudriers aux Châtaigniers, les *Viornes* aux Cyprès, tu peux me comparer à toi. »

([1]) Remarquez la construction de ce vers. A l'exemple de Virgile, Calpurnius y place la préposition *inter* après son régime et devant un autre nom, qu'elle semble d'abord gouverner. Mais dans Virgile, le verbe suit ce nom (qui d'ailleurs est au singulier) et ôte par là tout embarras au sens ; tandis que dans son imitateur, l'absence du verbe après ce nom, qu'un autre nom accompagne, fait croire, si l'on n'y réfléchit, que les deux mots *inter Viburna* vont ensemble, ce qui serait un contre-sens. Il y a donc ici une véritable amphibologie.

PREUVES.

Synonymes : *Vitis alba*, Ovid., *Métam.*, liv. XIII, v. 800 ; — *Vitalba*, Dodon., *Pempt.*, p. 404 ; — et *Viburnum*, ibid., p. 188 ; — en grec, Κλημ.ατῖτις (*Clématite*), Ἄμπελος λευκὴ (*Vigne blanche*) ? — En français, *Viorne* (¹), *Clématite ;* vulgairement *Vigne blanche* (²).

Étymologie. On donne ordinairement au mot *Viburnum* une étymologie latine, et on le fait dériver du verbe *vieo, lier, attacher.* Le naturaliste Adrien Junius dit : *planta sic dicta à viendo, id est, ligando ;* étymologie répétée par d'autres savants. *Viburnum* signifierait, d'après cela, *plante qui lie, ou propre à lier.*

Mais, outre qu'on ne rend pas compte ainsi des deux dernières syllabes du mot et qu'on se borne à la première, cette racine de *vico* ne paraît pas incontestable. Je préfère tirer cette étymologie du grec, où je la trouve plus complète, plus vraisemblable, et sans doute plus certaine.

Viburnum est donc composé, selon moi, du verbe ἱέω, ἱήμι, *jeter, répandre, étaler,* de βοῦ, *beaucoup,* et de ἔρνος,

---

(¹) Le nom de *Viorne* a été aussi donné postérieurement à la *Mentiane* ou *Lantana* des Italiens. Nous verrons plus loin, à la discussion des noms, que c'est indûment et par erreur. Ce nom s'écrivait autrefois *Viourne,* le *b* seul étant retranché.

(²) Le nom vulgaire de *Vigne-blanche,* qu'on lui donne quelquefois, semble lui avoir été appliqué abusivement, ce nom appartenant d'une manière spéciale à la Bryone. Cependant ses branches sarmenteuses ont pu la faire assimiler sous ce rapport à la Vigne. Il n'est pas douteux, en effet, quelle que soit la confusion qui règne sur ce nom, qu'Ovide ne désigne la *Clématite* et non la Bryone par les mots de *Vitis alba,* dans le vers que je cite plus loin.

rameau ou *sarment*, et signifie littéralement *plante qui étale beaucoup* ou *qui jette çà et là ses sarments*. Cette étymologie s'accorde mieux avec l'idée que nous en donne Virgile.

Parmi les grands poëtes latins, Virgile est le seul, comme on le voit ici, qui ait parlé du *Viburnum*. Les deux citations qui suivent ses vers sont de simples imitations.

Cette plante est très facile à déterminer : on a donc lieu de s'étonner que Dodoëns le premier ait pu prendre le change à son égard, et qu'il ait si facilement dévoyé ceux qui, pour arriver à sa connaissance, l'ont pris imprudemment pour guide. Il a beau dire, en parlant de la *Clématite :* « Cette plante n'est pas l'arbuste qu'on appelle en français *Viorne*, et que les Latins ont appelé *Viburnum* (¹). » Il ne fournit aucune preuve de son dire, et sans preuves aussi il cite le *Lantana* (*Viburnum Lantana*, Lin.) comme la plante que Virgile appelle *Viburnum*. Il est permis sans doute de ne pas l'en croire sur parole.

Les données nécessaires nous manquent, il est vrai; néanmoins il nous sera facile encore de découvrir la vérité par les moyens d'investigation plus ou moins éloignés que j'ai mis à mon usage. Nous allons donc examiner le *Viburnum* sous les divers rapports : 1° de son étymologie, comparée avec la seule épithète que nous ayons; 2° du contraste que Virgile a voulu établir pour la hauteur entre les Cyprès et les *Viburnum ;* 3° de l'*habi-*

____

(¹) *Pemptad.*, p. 404.

tat ordinaire des uns et des autres ; 4° des vraisemblances; 5° enfin, des autorités pour ou contre.

L'étymologie nous fait entendre que la plante que nous étudions jette de côté et d'autre ses branches sarmenteuses, et les étale sur la terre ou sur les buissons qui l'entourent. Ces rameaux ou ces sarments doivent donc être débiles, souples et flasques, et doivent se courber et ramper sur la terre lorsqu'ils manquent d'appui. C'est bien là ce que fait la *Clématite*. Mais l'adjectif *lentus* a-t-il bien ici cette signification? Pour en juger, examinons les différents passages où Virgile l'a employé. Dans cette même première *Églogue*, vers 4, *lentus in umbrâ* ne signifie-t-il pas *couché, étendu à l'ombre?* Plus loin il donne la même épithète dans le même sens à la Vigne, au Saule, à l'Osier, à des Genêts, à de faibles branches qui plient, et il dit *lenta Vitis* (¹), la *Vigne flexible, aux pampres pliants; lenta Salix* (²), le *Saule aux rameaux recourbés; lentum Vimen* (³), l'*Osier flexible; lentæ Genistæ* (⁴), les *Genêts aux rameaux inclinés; lentis ramis* (⁵), des *branches qui plient.* On voit que, dans tous ces passages, l'adjectif *lentus*, appliqué à des branches d'arbrisseaux, signifie *flexible, pliant, incliné, pendant.*

Si tels sont les rameaux du *Viburnum*, comme ils le sont en effet, ils doivent former un arbuste peu élevé et couché, en partie, sur la terre. On comprend qu'un

(¹) *Églog.* III, v. 38 ; et *Géorg.*, liv. I, v. 265.

(²) *Ibid.*, v. 83 ; et *Églog.* V, v. 16. Il s'agit ici de petits Saules dont les branches peuvent servir d'Osier.

(³) *Géorg.*, liv. IV, v. 34.

(⁴) *Ibid.*, liv. II, v. 12.

(⁵) *Ibid.*, liv. IV, v. 558.

pareil arbuste est bien propre à faire contraste avec le Cyprès, dont les branches montent verticalement et dont la cime pyramide vers le ciel. Il l'est beaucoup plus sans contredit que le *Lantana*, arbrisseau qui s'élève jusqu'au delà de huit pieds, et dont les branches se dirigent en haut et ne retombent point vers la terre. Avec le *Lantana* l'opposition n'eût pas été bien tranchée et la pensée bien juste, et le goût si pur de Virgile se fût trouvé en défaut.

Quoiqu'il ne soit pas nécessaire que les Cyprès et les *Viburnum* aient été rapprochés et, pour ainsi dire, à côté les uns des autres, pour que les bergers de Virgile aient pu, en les voyant à la fois, comparer facilement leur grandeur réciproque, il peut bien se faire qu'ils les eussent vus ensemble ; car la *Clématite* croît communément dans les haies, et celles qui fermaient les jardins des Latins où les Cyprès étaient plantés, pouvaient fort bien en contenir. Pour les *Lantana*, ils ne pouvaient se trouver que plus difficilement dans le voisinage des Cyprès, car cet arbrisseau ne vient guère que dans les bois, et n'est pas cultivé.

Il est donc bien plus probable que Virgile a comparé ici, sous un rapport opposé, un arbre droit, élevé, qui s'élance vers le ciel, à un arbuste bas, comme sans tige, à jets sarmenteux, longs, débiles et traînants, et qui est fort commun dans les haies, plutôt qu'à un arbrisseau des bois qui a une tige droite, assez élevée, et dont les rameaux sont redressés ; arbrisseau qui, en outre, est peu remarqué et peu connu des ignorants. Toutes les vraisemblances sont pour le premier.

Pline ne nous fournira aucune lumière sur cette plante, car il n'en écrit pas le nom dans toute son *Histoire naturelle*. Servius l'explique d'une manière trop laconique pour n'être pas incomplète. Il se borne à dire : « Le *Viburnum* est très bas (*brevissimum*), et le Cyprès est un arbre très élevé (*maxima*). » Mais nous trouvons que les anciens dictionnaires donnent du *Viburnum*, avec le nom français de *Viorne*, une définition qui convient à la *Clématite* et nullement au *Lantana*. Martinius, dans son savant *Dictionnaire philologique*, dit : « *Viburnum*, espèce d'arbuste qui est petit, bas, souple et pliant. » Adr. Junius, dont il cite les paroles, dit beaucoup plus clairement : « Je pense que le *Viburnum* est cette espèce de *Clématite* (ou de plante sarmenteuse) qui, en conservant des traces de ce nom, s'appelle *Viorne* en français. » Le Brun, *Dict. fr.-latin*, et le *Gradus ad Parn.* de Noël, portent : « *Viburnum*, *Viorne*, plante boiseuse très flexible qui s'entortille autour des arbres, » définition qui est celle du *Dictionnaire de l'Académie*, 4ᵉ édition, qui ajoute cette phrase : *Un panier fait de Viorne*. Danet, dans son *Grand Dict. lat.-franç.*, dit : « *Viburnum*, *Viorne*, espèce d'arbrisseau rampant contre terre. » Enfin, Dodoëns, *l'empl.*, p. 188, écrit ces mots remarquables, qu'il contredira plus loin, p. 781 : « Virgile et Némésien annoncent le *Viburnum* comme un arbuste d'une espèce particulière, petit, bas, flexible et pliant. » C'en est assez, je pense. On voit qu'il n'y a rien là qui puisse se rapporter au *Lantana* qui est un petit arbre haut de sept à huit pieds, qui ne *s'entortille point autour des arbres voisins*, et qui ne *rampe point contre terre*.

Ovide a parlé de la *Clématite* sous le nom de *Vigne-blanche (Vitis alba)*, synonyme de *Viburnum*. Parmi les nombreuses qualifications qu'il fait donner à Galatée par Polyphème, il lui fait dire :

Lentior et Salicis virgis et Vitibus albis.

(*Métam.*, liv. XIII, v. 800.)

« Tu es plus trompeuse que les rameaux flexibles de l'Osier et de la *Vigne-blanche*, qui se dérobent sous la main. » Il semble qu'Ovide fait ici allusion à un homme tombé dans l'eau qui se prend aux branches du rivage. La pensée ne viendrait pas sans doute à cet homme de saisir des branches ou des tiges de Bryone, car la Bryone est une plante herbacée à tige molle et sans consistance. Il ne peut donc être question d'elle dans ce passage. La *Clématite*, plante ligneuse et associée ici à une autre plante de même nature, est beaucoup plus dans les vraisemblances.

Maintenant que Dodoëns nous dise que la *Clématite* n'est pas la plante que les Français appellent *Viorne* et les Latins *Viburnum*, et qu'il rapporte ce dernier nom au *Lantana*, avec quelques autres botanistes, son opinion ne saurait nous ébranler. Il ne nous aurait pas donné cet avertissement, si le sentiment contraire n'avait déjà été établi de son temps. Sa décision ne saurait prévaloir contre ce sentiment, qui est appuyé de preuves et de présomptions nombreuses, dont plusieurs viennent de passer sous nos yeux.

On peut ajouter qu'il est évident que le nom français de *Viorne* n'appartient proprement qu'au *Viburnum* des

anciens, c'est-à-dire, selon moi, à la *Clématite* ordinaire.
Puisque le *Lantana* le porte aussi bien que la *Clématite*,
reste à décider laquelle de ces deux plantes doit seule se
l'attribuer, en qualité de véritable *Viburnum*. Après ce
qui précède, l'option n'est pas difficile, ce me semble, et
l'on ne peut pas balancer. La *Clématite* a eu le nom de
Viorne dans tous les âges de notre langue, comme on
peut s'en assurer dans les vieux dictionnaires ; et ce n'est
que bien tard, au xve ou xvie siècle, que les botanistes
modernes l'ont transporté à tort au *Lantana* des Italiens.
De là la confusion, augmentée encore par Linné, qui,
laissant les choses en l'état où il les trouvait, a donné,
dans son *Système*, le nom de *Viburnum* à un genre de
plantes bien différentes de la *Viorne* des anciens.

De tout ce qui précède on peut donc conclure sans hésiter que le *Viburnum* de Virgile et des poëtes qui l'ont
suivi, est bien la *Clématite* de nos haies, qui a porté autrefois et porte encore le nom de *Viorne*, et qui est commune partout et connue de tout le monde.

J'arrête ici mon travail, et me borne pour à présent à
cette vingtaine de plantes. J'aurais pu facilement en
augmenter le nombre, en choisissant parmi les plantes
poétiques celles qui se distinguent particulièrement ou
par la beauté des fleurs, ou par quelque autre qualité brillante, prenant toujours entre les moins connues et les plus
difficiles. Mais celles-ci suffiront, je le pense, pour sonder
le terrain de l'opinion. Si elles ont le bonheur et le mé-

rite de plaire au public, et d'intéresser non-seulement les botanistes, mais encore les amateurs de la belle littérature, rien n'empêchera d'y ajouter successivement et de grossir ce volume.

Toutefois, pour donner plus d'intérêt à cet opuscule et le rendre plus utile, je crois bien faire de signaler ici, sous forme de simple aperçu et en manière de revue, un petit nombre d'autres plantes poétiques dont les noms ont été jusqu'aujourd'hui mal compris et mal expliqués, selon moi. Ces noms seront plus tard discutés avec le même développement et le même soin que ceux qui précèdent.

APERÇU.

24. ἌΚΑΝΘΟΣ ὑγρός, ACANTHUS *mollis*. — ACACIA. —
Mimosa Nilotica, Lin. (?).

A l'*Acanthe* si célèbre de Théocrite, de Virgile, de Properce, d'Ovide, de Stace, etc., on donne, en désespoir de cause, pour synonyme l'*Acanthus mollis* de Linné. Cette synonymie ne peut être la vraie : le bon sens y répugne.

Que les anciens aient eu deux genres d'*Acanthe*, cela paraît hors de doute : l'*Acanthe* ordinaire ou des prosateurs, qui est une *herbe*, et l'*Acanthe* des poëtes, qui est un *arbre* épineux.

Suivant cette opinion, la première (*Acanthus mollis*, Linn.) est celle de Vitruve, de Pline le jeune, de Columelle, etc.

La seconde ou l'*Acanthe* des poëtes (*Mimosa*) est celle de Théocrite, de Virgile, de Properce, d'Ovide, de Stace, de Lactance, d'Ausone, etc.

En supposant cette distinction fondée en raison, le nom d'Ἄκανθος (*Acanthus*) serait encore pour les poëtes un nom caractéristique, un simple nom de guerre, en un mot, un nom purement poétique, et signifierait *Plante épineuse* par excellence. Cette étymologie ne convient pas à la plante herbacée, et convient parfaitement à l'arbre.

Ce qui, de plus, ne convient pas à la feuille si large, si commune et si peu agréable de l'*Acanthus mollis*, et qui convient à la feuille élégante et délicate du *Mimosa*, c'est l'emploi qu'en faisaient les anciens dans la ciselure sur les vases et les coupes. Les épithètes d'ὑγρὸς, *mollis*, *ridens*, que lui donnent Théocrite et Virgile, ne signifiaient pas autre chose que cette élégance et cette délicatesse. Or, l'*Acanthe* de Linné n'a rien de délicat dans le feuillage ni dans la fleur. Il suffit de la connaître pour être bien convaincu que ces épithètes ne lui conviennent nullement et ne peuvent pas lui être appliquées. Ses larges feuilles, qui ressemblent à celles d'un Chardon, sont certainement peu propres à être gravées et à figurer sur une coupe. Une seule envelopperait la coupe tout entière et ne laisserait de place pour rien autre chose.

Autre réflexion. Si les poëtes avaient entendu parler de la feuille de l'*Acanthe*, *herbe*, qui n'a rien de gracieux ni d'intéressant, si ce n'est peut-être sous le rapport de l'architecture, comment n'auraient-ils rien dit de son épi de fleurs, qui est si beau et si remarquable? Ce silence équivaut à une preuve.

S'il n'est pas question dans les poëtes de la fleur de l'*Acanthe*, c'est que les *Mimosa*, qui ont presque tous un feuillage extrêmement gracieux, sont loin, en général, de briller par les fleurs, qui, dans plusieurs espèces, sont très peu apparentes.

Et puis, avec l'*Acanthus* de Linné, où trouver ce *vimen Acanthi* des *Géorgiques* de Virgile (liv. IV, v. 123), qui exprime les rameaux souples et pliants du *Mimosa*, s'étalant dans leur jeunesse et retombant vers la terre?

D'un autre côté, si l'on veut admettre que le mot Ἄκανθα a été souvent pris en poésie pour Ἄκανθος, comme synonyme, ce qui est très probable, on trouvera dans un passage de Théocrite une présomption de plus en faveur du feuillage léger du *Mimosa*. Ce poëte dit (*Idyl.* VI, v. 15 et 16) que *Galatée se dessèche* (se consume d'amour) *pour Polyphème, comme les feuilles arides tombées de l'Acanthe sont desséchées en été par les feux ardents du soleil.* Il suffit d'avoir vu les petites folioles du *Mimosa* joncher la terre au fort de l'été, pour trouver ce tableau d'une vérité parfaite.

Le scoliaste de Théocrite a expliqué ce passage différemment; mais son explication paraît être un jeu d'esprit, et, à coup sûr, ici les mots ταὶ καπυραὶ χαῖται signifient les *feuilles sèches* qui tombent d'un arbre, et non les *aigrettes* d'un chardon.

Tout semble donc annoncer que la célèbre *Acanthe* des poëtes anciens est un *Mimosa* de Linné.

25. ALGA. — ALGUE MARINE, VARECH. — *Fucus*, Lin. (C.).

Le mot *Alga*, pris en général, signifie toute grande herbe qui vit dans la mer, qui flotte sur ses eaux, et qu'elle rejette sur les côtes : telles sont plusieurs espèces de *Fucus*.

Le mot *Ulva*, au contraire, signifie toute grande herbe à feuilles ensiformes croissant dans les lieux marécageux, dans les ruisseaux et sur le bord des rivières : telles sont plusieurs espèces de Laiches ou *Carex*, d'*Iris*, de *Typha*, de *Sparganium*, etc.

Le premier s'employait donc pour exprimer des plantes marines, c'est-à-dire des plantes d'*eau salée*, et le second pour désigner des plantes aquatiques terrestres, c'est-à-dire des plantes d'*eau douce*.

Je ne crains pas de dire que cette distinction a été observée par tous les poëtes dans tous les passages où il est question de l'une de ces deux sortes de plantes. C'est se tromper que de les interpréter autrement.

Alga doit toujours se prendre, par conséquent, dans le sens de *plante marine*. C'est dans ce sens particulier que les grands poëtes l'ont toujours employé. On peut s'en assurer en consultant Catulle, Virgile, Horace, Ovide, Lucain, Martial, Juvénal, Valérius Flaccus, Claudien, etc. On peut voir aussi ce qu'en dit Columelle, liv. VIII, § 17.

C'est donc une erreur de dire, comme quelques modernes l'ont avancé, que ce mot se prend aussi pour *herbe de marais*, c'est-à-dire comme synonyme de *Ulva*. Rapin est tombé dans cette méprise dans son poëme des *Jardins;* et Gardin-Dumesnil, dans ses *Synonymes latins,* n'a pas su s'en garantir, non plus que quelques autres, trompés par un vers de Virgile et par un passage de Phèdre. Mais le vers de Virgile (*Églog.* VII, v. 42), interprété dans ce sens, est très mal compris; et le passage de Phèdre (Fable des *Lièvres et des Grenouilles,* v. 8), en supposant que cette fable, qui est une fable ajoutée, soit bien de lui, ce qui paraît douteux, pourrait donner lieu à cette explication : ou le mot *Alga* s'est glissé dans ce vers à la place de celui d'*Ulva,* par inadvertance des copistes ou des éditeurs, ou les anciens assimilaient les eaux des grands étangs et des grands lacs non à celles des rivières et des ruisseaux, qui sont courantes, ou aux eaux dormantes et peu élevées des marais, mais aux eaux profondes et souvent agitées des grands bassins et des mers. D'après cela, on ne doit pas être étonné de trouver dans un petit nombre de poëtes latins des *Algues,* c'est-à-dire des herbes marines dans les eaux et sur les bords des lacs et des étangs, ainsi qu'on le voit dans la fable citée de Phèdre, et dans quelques rares passages de Stace, de Prudence, etc.

Quant à la forme générale de ces herbes marines, on voit par une expression de Columelle que ces herbes étaient longues, plates, et en forme *de rubans,* c'est-à-dire ce que les botanistes appellent des *Fucus.* En effet, cet agronome dit, en parlant du Chou, qu'il faut, pour le transplanter, envelopper sa racine de trois petites *bandes d'Algue : involutæ tribus Algæ tæniolis* (*De re rust.,* lib. XI, § 3). Et ce qui doit empêcher de regarder

l'*Algue* dont il est ici question comme une plante terrestre, c'est que Palladius, en citant ce passage de son
devancier, dit : *Algue marine : radices Algâ marinâ in-
volvendas* (*De re rust.*, lib. III, § 24). Voy. Ulva.

---

26. Carduus. — Chardon hémorrhoïdal. — *Serratula arvensis*, Lin. (C.).

Le *Chardon* de Virgile, celui dont il parle deux fois
(*Églog.* V, v. 39, et *Géorg.*, I, v. 152) et qui infeste les
champs cultivés de l'Italie, n'est pas, comme on l'a dit,
la *Centaurée du Solstice* (*Centaurea solstitialis*, Lin.),
plante trop peu commune et qui ne vient guère que sur
les bords des chemins. C'est, à coup sûr, le *Chardon* vulgairement appelé *hémorrhoïdal*, dont Linné avait fait une
Serratule, et que Lamark a replacé parmi les *Chardons*
sous le nom de *Carduus arvensis*. Cette plante est partout
extrêmement répandue dans les cultures et les moissons,
où il est très difficile de la détruire et où elle fait le désespoir du laboureur. Elle répond parfaitement sous ce
rapport, ainsi que l'a vu avant moi M. Paulet, à l'idée
que Virgile nous donne de son *Chardon stérile*.

---

27. Casia. — Lavande, Aspic. — *Lavandula Spica*, Lin. (?)

La plante aimée des abeilles appelée *Casia* par Virgile
et autres poëtes latins a donné lieu à bien des controverses. L'opinion presque générale paraissait enfin s'être

fixée depuis longtemps sur la *Lavande* (*Lavandula Spica*, Lin.), opinion qui est fondée sur d'assez bonnes raisons. Mais quelques botanistes modernes la regardant sans doute comme mal appuyée, ont cru bien plus sûr de voir le *Casia*, les uns dans le *Garou* (*Daphne Gnidium*, Lin.), les autres dans le *Genêt d'Espagne* (*Spartium junceum*, Lin.). Il suffit de connaître ces trois plantes pour voir que celle qui remplit le mieux les conditions nécessaires est la *Lavande*, car il n'y a pas un des caractères fournis par les poëtes qui ne puisse s'y appliquer.

Ces caractères, presque tous tirés de Virgile, sont d'être une plante : 1° herbacée, au moins pour ses rameaux fleuris, qui entraient dans les bouquets ; 2° odorante, et d'une odeur agréable ; 3° de petite taille, tels que sont, en général, les sous-arbrisseaux ; 4° de couleur verte dans toutes ses parties, la fleur exceptée ; 5° enfin, fort aimée des abeilles.

Tout cela convient à la *Lavande*, sous-arbrisseau assez commun sur les collines sèches et pierreuses des contrées méridionales de l'Europe, et qui de tout temps a été cultivé dans les jardins ruraux, à proximité des ruches abritées au pied des murs ou des rochers. « Cette » plante, dit Poiret (*Hist. des Plant. de l'Europe*, tome IV, » p. 410), répand des émanations fortes, très suaves. » L'excellence de son arome y attire les abeilles ; elles » y recueillent un miel très doux et qui en conserve » l'odeur. »

Le *Garou* ou *Sain-bois*, petit arbuste des mêmes lieux que le précédent, répond peu à la première condition, et, ne répond, je le crois du moins, en aucune manière, à la dernière. En effet, le *Garou* est vénéneux dans toutes ses parties. Si l'on nous dit dans les *Géoponiques* (liv. XV, ch. 2) « qu'il faut éloigner des abeilles ou détruire les plantes qui leur sont nuisibles ou qui font de mauvais miel ; si l'on y enseigne que le Tithymale, par exemple, leur donne le flux de ventre, » comment veut-on que Virgile ait vanté et recommandé pour les abeilles une plante vénéneuse et délétère, d'une qualité très âcre, corrosive et drastique à un degré très intense, ainsi que le dit M. Roques dans sa *Phytographie médicale*, et dont, par conséquent, les fleurs ne peuvent être que très dangereuses pour elles ? En outre, cet arbuste a peu d'odeur, et jamais, je le pense, on n'a vu planter nulle part du *Garou* autour des ruches, ni lu aucun auteur qui le conseille clairement pour les abeilles. Le conseil serait plus qu'imprudent.

Si l'on a jeté les yeux sur cette plante pour y trouver le *Casia* d'Italie dont parle Virgile et Ovide après lui, ce n'est que d'après un membre de phrase de Pline assez insignifiant en lui-même, et qui prouve seulement qu'Hygin appliquait le nom de *Casia* au *Cnéoron* des Grecs. Cela ne peut servir de rien pour la thèse que je combats, puisque Gouan affirme (*Matièr. médic.*, p. 370) que le *Cneoros* ou *Cneoron album* de Théophraste, qu'on traduit par *Casia alba*, est *notre Lavande*. Or l'autorité du célèbre Gouan en pareille matière a une bien autre importance que celle du commentateur anglais Martyn, qui a rajeuni cette opinion erronée.

Du reste, ce nom de *Casia* n'a été donné, ce semble, à la plante que nous examinons, qu'à cause de son odeur pénétrante et agréable, que l'on a comparée à celle de l'aromate exotique appelé *Casia* ou *Cassia* bien longtemps avant elle. Peut-être aussi est-ce un nom dérivé de *Casa*, *chaumière, maisonnette ;* et alors, considéré comme adjectif de *Herba*, il signifierait *Herbe des chaumières.* Ce sens simplifie beaucoup la question. Il y a, en effet, peu de paysans qui n'aient dans leur jardinet un pied de *Lavande*, qu'ils appellent *Aspic*.

Quant au *Genêt d'Espagne*, arbrisseau assez fort et plus connu que le *Garou*, il sort de la première et de la troisième condition, puisqu'on ne peut lui appliquer ni la qualification d'*herbe*, ni l'épithète de plante *basse, humilis*. C'est plus que suffisant pour le faire exclure.

On voit que la *Lavande* ne présente point toutes ces difficultés et que toutes les chances sont pour elle. On peut ajouter : Si le *Casia* des Latins n'est point notre *Lavande*, par quel mot exprimaient-ils donc cette plante, aussi commune en Italie que le Romarin, dont ils ont beaucoup parlé, et auquel Virgile unit le *Casia* dans ses *Géorgiques*, livre 2ᵉ, et aussi remarquable que lui par ses nombreux épis de fleurs et son odeur aromatique?

---

28. HIBISCUS. — MAUVE SAUVAGE. — *Malva sylvestris*, Lin. (C.).

Les anciens, surtout dans le peuple, ont dû confondre dans leur esprit les Mauves, les Guimauves, les *Lavatera*, les *Hibiscus*, etc., et ne faire de ces différents genres qu'un seul genre de plantes, à cause de la ressemblance des

feuilles et des fleurs. Ainsi, lorsque Virgile fait dire à un
berger s'adressant à son ami (*Églog.* II, v. 30) :

O tantùm libeat mecum..... humiles habitare casas.....
Hædorumque gregem viridi compellere Hibisco,

« Ah ! daigne seulement venir habiter avec moi une
humble cabane, et conduire avec moi nos petits chevreaux au pâturage, pour leur faire brouter les jeunes
feuilles de la *Mauve,* » il est permis sans doute de chercher cet *Hibiscus* parmi les diverses Malvacées. Mais ici
le poëte ne peut parler, selon toutes les vraisemblances,
que de l'espèce de *Mauve* qui se trouve le plus communément dans les lieux qu'affectionnent les chèvres, c'est-
à-dire dans les pâturages de montagne. Or, celle qui croît
dans ces lieux élevés n'est point la *Guimauve ordinaire
(Althœa officinalis,* Lin.), qui ne vient que dans les terrains humides et sur le bord des eaux, mais la *Mauve
sauvage* ou commune (*Malva sylvestris,* Lin.), qui est la
plus répandue partout, et qu'on trouve à chaque pas sur
les montagnes comme dans la plaine.

On explique le vers que j'ai cité en disant que la
Mauve, en sa qualité d'herbe éminemment émolliente et
laxative, fait le plus grand bien aux chevreaux nouvelle-
ment sevrés, et que c'est pour cela qu'au printemps on
les mène aux pâturages où croissent beaucoup de *Mauves,*
pour leur en faire brouter les jeunes feuilles et les nouvelles pousses. C'est là ce que signifie l'épithète de *viridis,* qu'il faut prendre en cet endroit dans le sens de
frais, tendre, récent, par allusion au jeune âge et à la
faiblesse des chevreaux.

Pour ce qui est de l'explication que je donne aux mots *compellere Hibisco*, si on l'examine avec attention, on reconnaîtra qu'elle est la seule bonne. *Hibisco* au datif au lieu de *ad Hibiscum* est, comme *It clamor cœlo* de l'*Énéide*, une licence poétique dont on trouverait plus d'un autre exemple dans Virgile lui-même et dans Horace. Du reste, c'est l'explication de Servius, et, en fait de difficultés grammaticales dans sa propre langue, il devait s'y connaître.

Il n'est donc plus besoin, pour trouver notre plante, de chercher dans les champs une *Mauve* assez grande et assez forte pour en faire un bâton ou une houlette ; et cela simplifie extrêmement la question dont il s'agit ici et lève toutes les difficultés.

* * *

29. ῚΟΝ. — Violette, etc. — *Viola*, etc., Lin. (C.).

Ce nom a une signification très étendue dans le langage des poëtes anciens, comme on a pu en voir quelques exemples dans cet ouvrage. En français même il s'applique à une foule de fleurs de genres différents et de familles éloignées. Ici je ne veux parler que de l'étymologie de ces trois noms synonymes.

La véritable étymologie du nom grec paraît être, non pas, comme on l'a dit, la princesse *Io*, ou la contrée de l'Asie Mineure appelée *Ionie*, mais le mot ἴον, participe du verbe εἶμι (ἴω), *venir, arriver, se montrer*. Ἴον, avec le mot ἄνθος, *fleur*, sous-entendu, signifiera donc *Fleur qui arrive, qui se montre* (tôt).

Viola est un diminutif de ἴον, qu'on a fait précéder du digamma éolique changé ensuite en *v*, ce qui formerait le mot latin imaginaire de *Vion*. De ce mot, on a fait *Viola*, comme de *filius et filia* on a fait les diminutifs *filiolus* et *filiola*. Ainsi, comme *Vion* signifierait *Viole*, *Viola* doit signifier *Violette*, c'est-à-dire *petite Viole*. Les Grecs et les Latins reconnaissaient de *grandes* et de *petites Violettes*, que pourtant ils exprimaient par le même nom de ἴον et de *Viola*. Le Lis lui-même était à leurs yeux une *Violette*.

Quant au français *Violette*, tout le monde voit dans sa terminaison un diminutif, qui rend exactement celui du mot latin. Ainsi l'on dit *table, tablette, chanson, chansonnette, goutte, gouttelette, fille, fillette*, etc.

Maintenant je laisse à juger au lecteur si dans *Viola* la terminaison *ola* vient du verbe *oleo, sentir*.

---

30. ΧΕΛΙΔΟΝΙΟΝ [KHÉLIDONION]. — GRANDE CHÉLIDOINE. — *Chelidonium majus*, Lin. (C.).

Théocrite parle de cette plante dans l'*Idylle* XIII, vers 41, et il la caractérise par l'épithète de κυάνεον, *bleuâtre*. Cette épithète est parfaitement juste, mais elle s'applique non à ses feuilles et à ses tiges, comme on l'a dit, ce qui serait trop général, trop vague et, de plus, inexact, mais bien aux *nœuds* de la tige et aux parties de celle-ci qui les avoisinent au-dessus et au-dessous, parties réellement *bleuâtres* dans une étendue plus ou moins grande. Cette couleur, qui se distingue au premier coup d'œil de la couleur jaunâtre du reste de la tige, est très sensible et fort remarquable. C'est donc ici, dans l'intention du poëte, un caractère particulier, spécifique, au lieu d'un terme général pouvant s'appliquer à une foule de plantes ; ce qui, pour le dire en passant, annonce un goût bien sûr dans Théocrite et un grand esprit d'observation.

---

31. LAPPA. — CAUCALIDE GRANDIFLORE, GRATERON. — *Caucalis grandiflora*, Lin. (C.).

Le *Grateron* dont parle Virgile (*Géorg.*, liv. I, v. 153, et liv. III, v. 385), qui remplit les champs cultivés avant la moisson, et qui, après, y forme, suivant les expressions du poëte, une *forêt hérissée* de petits fruits globuleux à aiguillons crochus s'attachant aux vêtements des hommes et aux poils des animaux, est la *Caucalide à grandes fleurs*. Elle est, par son abondance et la difficulté de l'extirper, un des fléaux de l'agriculture dont presque nulle part on n'est exempt. Elle se trouve ordinairement mêlée avec quelques autres espèces congénères, telles que le *Caucalis daucoides*, Lin., le *C. latifolia*, Lin., ou le *C. segetum*, Thuill. C'est bien là aussi le *Lappa des moissons* dont parle Ovide (*Pontiq.*, liv. II, lett. 1, v. 14).

Vouloir trouver le *Lappa* de Virgile dans le petit *Grateron* appelé par Linné *Galium Aparine*, c'est ne pas tenir compte des circonstances de lieu, qui ici fixent notre attention sur des champs livrés à la culture. Les haies et les broussailles sont l'*habitat* ordinaire du *Galium*

Aparine, plutôt que les champs; et, d'ailleurs, si on l'y rencontre quelquefois, il n'y est jamais en assez grande abondance pour y former une *forêt*, comme la *Caucalide*.

J'en dirai à peu près autant de la *Lampourde* ou *Glouteron* (*Xanthium strumarium*, Lin.), qu'on a regardée aussi comme la plante de Virgile. La *Lampourde* ne croît guère que dans les lieux incultes et sur les bords des chemins, et est loin d'être commune dans les champs cultivés. Il en est de même de la *Bardane* (*Arctium Lappa*, Linn.).

Au reste, le nom de *Lappa*, *Grateron* ou *Glouteron*, a pu être donné par Virgile aux petits fruits crochus de la *Caucalide* et à la plante qui les produit, par l'analogie qu'ils présentent avec les gros fruits de pareille forme de la *Bardane* et de la *Lampourde*. C'est ainsi que nous procédons nous-mêmes dans le langage ordinaire en parlant de ces fruits.

---

32. ΜΥΡΊΚΗ [Μυρικê]. — Bruyère. — *Erica vulgaris*, Lin. (C.).

Plusieurs bons dictionnaires grecs ou latins disent, au mot *Myrice*, « *Tamaris*, et par extension, *Bruyère* ; » d'autres traduisent par *Bruyère* seulement. Il me semble que le contraire de ce que disent les premiers serait plus dans la vérité, et que le bon sens et les vraisemblances demandent qu'on traduise : « *Myrice*, *Bruyère*, et par extension *Tamaris*. »

En effet, les anciens ont dû prendre le *Tamaris* plutôt

pour une grande *Bruyère*, que les *Bruyères* grandes et petites, pour des *Tamaris*. En d'autres termes, les *Bruyères* de toute espèce et de toute grandeur qui remplissent les landes et les bois de toute l'Europe, et qui, par conséquent, sont si connues de tout le monde et particulièrement des bergers, ont dû naturellement être généralisées sous le nom de *Myricæ*, plutôt que les *Tamaris*, qui sont peu nombreux en Europe et beaucoup moins généralement répandus partout, puisqu'ils affectent d'une manière particulière le bord des torrents et des mers. Que le plus rare et le moins connu l'emporte sur le connu de tout le monde pour faire rentrer celui-ci dans l'autre et pour servir de type à un groupe, c'est ce qui n'est point dans la raison ni dans la nature.

Ainsi, selon moi et selon les anciens, je n'en doute point, le mot *Myrice* doit signifier avant tout *Bruyère* en général ; et puis, si l'on veut, par extension, *Tamaris*, sorte de grande *Bruyère*.

Les anciens, je le répète, ont dû assimiler les *Tamaris*, qui s'élèvent ordinairement à la hauteur d'un homme et bien souvent au delà, aux grandes *Bruyères* qu'ils voyaient dans les bois ou ailleurs, et qui atteignent à peu près la même hauteur que les *Tamaris*. Telles sont, en particulier, la *Bruyère à balais* et la *Bruyère en arbre*. Ils ont dû, par conséquent, confondre les uns et les autres sous le même nom.

Si Théocrite, dans la 1ʳᵉ *Idylle*, vers 13, fait dire à Thyrsis, l'un des interlocuteurs, s'adressant à son compagnon : « Viens t'asseoir ici sur le penchant de cette éminence, où il y a des *Bruyères*, » c'est pour faire entendre à ce dernier qu'il trouvera dans ce lieu de quoi y composer un siége agréable. Les bergers, en effet, se faisaient des siéges de *Bruyère* et de beaucoup d'autres plantes, où ils se reposaient en gardant leurs troupeaux. Il paraît même, par plusieurs passages de Théocrite, qu'ils étaient difficiles sur la qualité de ces siéges et sur le choix des lieux. Aussi le chevrier répond-il à Thyrsis qu'ils feront mieux d'aller d'asseoir sur un siége champêtre qu'il lui montre ailleurs sous un orme (¹).

(¹) Me pardonnera-t-on de faire ici, à propos d'une plante, une longue note grammaticale? Quoique un hors-d'œuvre, si elle est utile, on me la passera, je l'espère.

J'ai essayé, à l'article du *Lierre* (Κισσός) mentionné dans cette 1ʳᵉ *Idylle*, de jeter quelque éclaircissement sur la description de la Coupe pastorale dont il y est parlé. Ce n'est pas le seul passage de cette pièce, empreinte d'un caractère si touchant et d'une si belle poésie, qui ait été mal compris, généralement parlant. Puisque l'occasion s'en présente, sans doute pour ne plus revenir, je vais consigner ici quelques remarques, qui paraîtront nouvelles, sur les premiers vers de cette Idylle si connue.

Le mot ἁδύ, qui commence le premier vers et qu'on regarde ordinairement comme adjectif de ψιθύρισμα, doit se prendre ici *adverbialement* : ce qui le prouve, c'est le même mot répété au second vers et employé là évidemment comme *adverbe*. Τὸ (pour τοῦτο) ψιθύρισμα signifie *ce léger sifflement*, sous-entendu *qui frappe notre oreille*. Voici la construction, la seule véritable, selon moi, de cette phrase : Αἰπόλε, καὶ ἁ Πίτυς τήνα ἁ ποτὶ ταῖς παγαῖσι, μελίσδεται ἁδύ τι τὸ ψιθύρισμα, καὶ τὺ δὲ συρίσδες ἁδύ : mot à mot : « Chevrier, et ce Pin qui est au bord de ces fontaines module (ou cadence) *de la manière la plus agréable* le petit sifflement qui charme notre oreille, et toi tu joues de la flûte *avec autant de douceur.* » On comprend que le premier καὶ sert à préparer à celui qui suit, et à marquer le premier membre de la comparaison.

Un adverbe qui a jeté dans une erreur bien plus grave les interprètes et le scoliaste lui-même de Théocrite, c'est le mot ἅδιον du septième vers. On l'a pris à tort pour l'adjectif de μέλος et pour le comparatif neutre de ἡδὺς, tandis qu'il est comparatif de l'adverbe ἡδέως, *agréablement*. Si on le regarde comme adjectif, ainsi qu'on n'a cessé de le faire, qu'arrive-t-il? Il arrive que la phrase devient incomplète, manchote (*manca*), et que l'on se

Ce siége de *Bruyère* fait donc nécessairement supposer de petites *Bruyères* sur lesquelles on s'asseoit, ou que l'on coupe et qu'on entasse à cet effet. Des *Tamaris*

trouve forcé, pour la compléter, de sous-entendre le relatif ὅ, *qui*, lequel ne se supprime et ne se sous-entend jamais.

Pour bien faire sentir le défaut du sens que je signale et de la construction qui en est la conséquence, je vais transcrire la phrase dans l'arrangement qu'on lui donne généralement, et puis je donnerai la construction telle que je l'entends, afin de mettre le lecteur à même de comparer et de se prononcer.

Ὦ ποιμὰν, τὸ τεόν μέλος (ἐστὶ) ἅδιον ἢ τὸ ὕδωρ τῆνο καταχὲς (ὅ sous-entendu, ou ὅπερ, comme dit le scoliaste) καταλείϐεται ὑψόθεν ἀπὸ τᾶς πέτρας : mot à mot : « O berger, ton chant est plus doux que cette eau retentissante (*qui* sous-entendu) tombe du haut de ce rocher. » Si les mots ne manquaient pas dans le texte pour exprimer ce que dit là cette traduction littérale, à la bonne heure ; mais ils n'y sont point et l'on ne peut point raisonnablement les y sous-entendre.

Prenons maintenant ἅδιον comme *adverbe*, et construisons comme il suit : Ω ποιμὰν, τὸ τεόν μέλος καταλείϐεται ἅδιον, ἢ τὸ ὕδωρ τῆνο καταχὲς (καταλείϐεται) ὑψόθεν ἀπὸ τᾶς πέτρας.: mot à mot : « O berger, ton chant coule ou tombe (de tes lèvres) *plus agréablement* que cette eau retentissante *ne tombe* du haut de ce rocher ; » ou même, sans répéter le verbe : «tombe *plus agréablement* de tes lèvres que cette eau du haut de ce rocher. » De cette manière, on le voit, la phrase est complète et très intelligible, et l'on n'est point obligé d'avoir recours à un sous-entendu impossible.

Quant au τὶ qui suit l'adverbe ἁδὺ commençant le premier vers de l'*Idylle*, personne ne l'a jamais traduit. Il n'est point pourtant là un mot oiseux, insignifiant, il s'en faut bien, selon moi.

Le pronom indéfini τὶς, τὶ, *précédé immédiatement d'un adjectif* ou *d'un adverbe* et lui servant lui-même, pour ainsi dire, d'adjectif, me paraît donner à cet adjectif ou à cet adverbe un sens *intensif* ou *augmentatif* porté jusqu'au plus haut degré, ou une nuance délicate d'*affirmation*, qui pourrait, je crois, se rendre par le mot *particulier* ou *tout particulier*. Cet assemblage ou cette locution est donc une sorte de superlatif, où τὶς me semble faire l'office de nos mots français *bien*, *très*, *fort*, *infiniment*, *vraiment*. C'est un superlatif d'un nouveau genre, ou si l'on veut, un équivalent, qui se distingue du superlatif ordinaire par une foule de modifications diverses d'énergie, de finesse, de délicatesse ou de grâce.

Les exemples qui, en prose et en vers, viennent à l'appui de cette doc-

auraient été fort inutiles là et pour l'ombre et pour le
siége.

On se rappelle que Virgile (*Églog.* IV, v. 2) donne

trine, ne manquent pas. Ils sont communs partout et d'une concordance
parfaite. Ainsi Lucien (*Dialog. Pluton et Mercure*) dit, en parlant des flatteurs : Ὅλως ποικίλη τις (ἐστὶ) ἡ κολακεία τῶν ανδρῶν, mot à mot : « La flatterie de ces hommes est, en général, une flatterie souple *toute particulière*,
c'est-à-dire d'une souplesse *toute particulière*. » — Τὸ δὲ ἐμὸν παράδοξόν
τι ἐγένετο (*Ibid.*, *Zenoph. et Callid.*), « Ce qui m'arriva est *tout à fait* incroyable. » — Ποικίλον τι (*Ibid.*, *Menip. et Chir.*), « *très varié, tout à fait*
varié. » — Ταχεῖάν τινα τὴν ἐπικουρίαν (*Id.*, *De Somnio*, § 1), « un *très
prompt* secours. » — Ἔργα σοφοῦ τινος δημιουργοῦ (Xénoph., *Mémor.* I, 4),
« les ouvrages d'un Créateur *infiniment* sage. » — Καὶ οὐδὲ τοῦτο ῥαθύμως,
ἀλλὰ σοφῇ τινι ἐπινοίᾳ (Saint Basile, *hom.* 9, *in Hexa.*), « La fourmi s'occupe
à se procurer une abondante nourriture, et elle y travaille non avec négligence, mais avec une attention *pleine de sagesse*. » — Τοσοῦτο τι πλῆθος
αὐτῶν εἶναι (Hérodote, liv. VII, ch. 226), « Si *prodigieusement* grande était
leur multitude. » Τὶ appartient bien certainement ici à τοσοῦτο, et il serait
bien difficile de l'expliquer en l'unissant au substantif πλῆθος. — Ποιμενικούς
τινας ποιῆσαι τοὺς γάμους (Long., *Pastor.*, éd. de Sinner, 151, § 37), « Faire
des noces *toutes* pastorales. » — Sophocle dit : Ταχεῖα τις χάρις βροτοῖς
διαρρεῖ, mot à mot : « La reconnaissance s'écoule rapide d'une *manière
particulière* ou *bien rapidement* parmi les hommes, » c'est-à-dire, la reconnaissance des hommes passe avec une rapidité *particulière*. — Ἄπονον
δ'ἔλαβον χάρμα παῦροί τινες (Pindar., *Olymp.*, Od. X, v. 26), « *Bien peu*
d'hommes arrivent à la gloire sans travail et sans peine. » Cet exemple est
bien remarquable. Sans doute que παῦροί τινες dit plus que παῦροι seul : si
celui-ci signifie *peu* d'hommes, le premier doit signifier *bien peu, un très
petit nombre*. Je prie le lecteur d'y faire une attention sérieuse. — Βραχύ τι
τερπνόν (*Ibid.* v. 112), « Un bonheur *bien court, un moment* de bonheur. »
— Ὁ δὲ καλόν τι νέον λαχών (*Id. Pyth. Od.* VIII, v. 126), « Celui qui vient
d'obtenir *un grand honneur*. » — Ὡς θὴρ κερδαλέος τις (S. Grég. Naz., Εἰς
ἑαυτ. v. 35), « Comme une bête sauvage *pleine de ruse*. » — Ἴσόν τι κακόν
ἐστὶν (*Ibid.* v. 118), « C'est un mal *tout à fait semblable*. » — Αἰχμὴν θέλεις
θινάσσειν, Πνέων ἀρήϊόν τι (*Id.* Εἰς τὴν ἑ. ψυχ. v. 47 et 48), « Veux-tu les
yeux *enflammés d'une ardeur* martiale, armer ton bras d'une lance? » Il
est évident qu'ici ἀρήϊόν τι exprime un superlatif ou un équivalent. On
comprend que traduire « respirant *quelque chose* de martial » serait par
trop ridicule. — Ἐλπίδες οὐρανίαι, ταῖς ὀλιγόν τι πνέω (*Id.* Περὶ τῆς τ. ἑ.

aux *Myricæ* l'épithète d'*humbles* ou *basses* : *Humilesque Myricæ*, « et les humbles *Bruyères*. » Servius enchérit sur cette qualification, en disant sur ce mot : « Ce sont

ἀνθρ. εὐτελ. v. 112), « Les espérances célestes, pour lesquelles je soupire *très peu* ou *bien faiblement* (pour *trop faiblement*. Cela est dit par humilité). » — Σκαιός τις εἶ (Babr., *Fabl.* CXIX, v. 7), « Tu es *bien bizarre.* » — Peut-être aussi le καλή τις οὖσα d'Anacréon (*Od.* II, v. dern.), « Une femme *vraiment belle.* » — Ὅς, *qui*, Ὅστις, « Qui que ce soit qui, *quiconque.* » — Τὶς ἄλλος, *quelque autre*, Ἀλλός τις, « *Tout* autre. » — Ἀλλὸ τι (Hérod., liv. I, § 195), « *Tout* autre chose. » — Οὐ, *non*, Οὔτι (Théocr., *Idyl.* IX, v. 36, XI, v. 10, et ailleurs), « *Nullement*, point *du tout*, d'aucune manière. » — Οὐδὲν, *rien*, Οὐδέν τι (Babr., *Fabl.* XCVIII, v. 3), « *Rien du tout, absolument* rien. »

Il en est de même avec un adverbe. Exempl. — Σχεδὸν, *près*, Σχεδόν τι (S. Grég. Naz., Εἰς τὴν ἑ. ψυχ. v. 144 ; Plat., *Phéd. in fine*), « *Tout près, bien près, presque.* » — Τὶ ἄλλο, *de quelque autre manière*, Ἀλλό τι (S. Grég. Naz., Νικοβ. πρὸς τ. υἱὸν, v. 6), « D'une *tout autre* manière. » — Κάρχαρόν τι (Babr., *Fab.* XCIV, v. 6), « *Fort* malignement. » — Οὐ πάνυ, *nullement, point du tout*, Οὐ πάνυ τι, « *Absolument* non. » — Κάλόν τι (Théocr., *Idyll.* V, v. 135), « D'une manière *très* aimable. » — Ἀδύ τι (*Id. Idyll.* I, v. 1) et Γλυκύ τι (Pind., *Ném. Od.* III, v. 55 ; *Isthm. Od.* VIII, v. 18), « De la manière *la plus* agréable, avec une douceur *infinie.* »

Le même sens subsiste quelquefois quoique τις se trouve entre un adjectif et son substantif, auquel on pourrait croire d'abord qu'il doit se rapporter ; mais alors il doit s'unir au premier et non à celui-ci. Par exemple, Pindare (*Olymp. Od.* VIII, v. 13), pour dire qu'une *très grande gloire* accompagne toujours le prix de la victoire remportée aux jeux olympiques, écrit Μέγα τι κλέος αἰεί... Il est clair que là τὶ appartient à μέγα et non à κλέος. C'est faute d'avoir senti cette nuance, qui me semble bien réelle, que plusieurs éditeurs ont remplacé par τοι ce τὶ si expressif, donné par Henri Estienne et par Heyne.

J'ai multiplié à dessein les citations, quoique trop peut-être, pour mettre sous la main des lecteurs qui auront intérêt à s'assurer de la vérité, un moyen facile de faire les vérifications nécessaires.

En résumé, τὶς, τὶ, *immédiatement précédé d'un adjectif ou d'un adverbe, sans être aussitôt suivi d'un substantif*, peut presque toujours se traduire par l'adjectif *particulier* ou *tout particulier*, ou par la locution *d'une manière toute particulière*, ou par les adverbes *particulièrement, singulièrement, principalement, surtout* ; *tout à fait, entièrement, absolument, infiniment, réelle-*

des arbrisseaux *très petits* : » *Virgulta sunt humillima*.
Comment cela conviendrait-il aux *Tamaris?*

Théocrite a mentionné deux fois et Virgile quatre fois
les *Myricæ* comme une plante commune dans les bois et
dans les pâturages : si l'on prétend que ce mot signifie

mént, *vraiment*, *très*, *fort*, *bien*, *beaucoup*, *si*, adv., etc. Τἰς, dans ces occasions, répond aussi à *quelque*, ou *tout*, ou *grand*, employés avec un adjectif
de la manière suivante : « *Quelque savant* qu'il soit, ou *Tout savant* qu'il
est, il se trompe souvent. — Je suis *tout disposé* à vous rendre service; Ce
beau fruit est *tout gâté*; Il porte un habit *tout blanc*; Cette poire est *toute
gâtée*; Il a bien neigé cette nuit, la terre est *toute blanche*. — Il a laissé la
porte *grande ouverte*; Il avait les yeux *grands ouverts*; *Grand sot*, *grande
joueuse*, *grands antiquaires*, etc. » Il est clair que, dans ces façons de
parler, les adjectifs *Quelque*, *Tout* et *Grand* équivalent à *très*, *entièrement*,
tout à fait, et que tous ces mots donnent à l'adjectif suivant la signification
du superlatif. Notre adjectif *tout* notamment, employé de cette manière,
répond assez exactement à τἰς précédé d'un adjectif, en élevant le sens du
mot qui le suit à ce degré d'intensité détournée qui fait toujours le caractère de la locution grecque dont il est ici question.

En effet, τἰς accolé comme enclitique à un adjectif ou à un adverbe,
semble avoir pour objet d'en déterminer la signification *d'une manière toute
particulière* à la circonstance dont il s'agit, d'appuyer sur cette signification et d'appeler sur elle l'attention, ce qui emporte le sens du *superlatif*.
Mais le superlatif grec, dans ces circonstances, serait trop vague et trop
général; le positif suivi de τἰς a quelque chose de plus déterminé, de plus
précis, de plus délicat et de beaucoup plus expressif. C'est un superlatif
adouci, un *superlatif par euphémisme*. Cette locution, trop peu remarquée,
est donc préférable au superlatif ordinaire dans bien des cas.

La signification que je propose ici et que je soumets à l'examen des
savants, me paraît nouvelle, et très propre, par la fréquence de cet idio-
tisme, à produire d'heureux résultats.

D'après cette doctrine, je traduirais de la manière suivante le 1er vers de
la Ire *Idylle* de Théocrite, quand aux deux mots Ἀδύ τι, qui ont donné
lieu à cette longue note : « Il est, certes *bien doux*, ô chevrier, le petit
sifflement cadencé du Pin qui borde ces fontaines; eh bien! les sons de ta
flûte ont la même douceur : » ou avec *autant* répété : « Autant j'écoute
avec bonheur le doux sifflement du Pin qui borde ces fontaines, autant les
sons de ta flûte, ô chevrier, *enchantent* mon oreille. »

des *Tamaris* plutôt que des *Bruyères*, il s'ensuivra qu'aucun de ces deux excellents poëtes n'aura parlé de la *Bruyère*, petit arbrisseau de diverses espèces, dont quelques-unes se trouvent à profusion dans tous les bois, que tout le monde connaît jusqu'aux enfants, et qui se font remarquer entre toutes les autres plantes par leur singulier et élégant feuillage et par leurs jolies petites fleurs. Cette supposition serait choquante.

On peut donc toujours traduire par *Bruyère*, sans craindre de se tromper, le mot de *Myrice* dans tous les endroits de Théocrite et de Virgile où il est employé. Aussi serait-il à désirer que l'auteur de la *Flore de Théocrite* eût traduit ainsi dans cette *Flore*, comme il l'a fait dans celle de Virgile, et conformément à l'excellent chapitre qn'il a consigné sur le *Myrice* dans ce dernier ouvrage.

Théocrite a employé une seule fois le mot Ἐρείκη (*Erica*), et Virgile jamais. Dioscoride décrit en très peu de mots sous ce nom un arbrisseau; mais on ne sait pas au sûr de quelle plante il s'agit là, et tout semble annoncer que ce n'est point une *Bruyère*, mais une plante qui lui ressemble.

Du reste, il ne serait pas étonnant que les anciens eussent employé le mot Ἐρείκη comme synonyme sous certains rapports de celui de Μυρίκη.

De même, en latin, *Erica* et *Tamariscus* paraissent avoir été employés indifféremment pour exprimer la *Bruyère* : voyez Palladius, *Novembre*, § 8. Ce mauvais miel tiré des fleurs du *Tamaris* (qui, par parenthèse, n'est plus en fleur au mois de novembre) dont il est parlé en cet endroit, Dioscoride le tire des fleurs de l'*Érice*, et Pline aussi, qui l'appelle *miel de Bruyère* (liv. XI, ch. 15). Ces deux noms expriment donc ici la même plante. D'un autre côté, presque tous les commentateurs traduisent *Myrice* par *Tamariscus*, Tamaris. Pline explique cette confusion de la manière suivante : « La plante qui porte le nom de *Myrice* est appelée *Érice* par Lénéus... Quelques-uns pensent que c'est la même que le *Tamaris* : » *Myricen, quam Ericen vocat Lenæus... Arbitrantur quidam hanc esse Tamaricen* (lib. XXIV, c. 41). Voilà donc trois noms *Myrica*, *Tamariscus et Erice*, employés l'un pour l'autre et comme à peu près synonymes.

Que conclure de là? C'est que de ces trois noms, il faut toujours, en lisant les poëtes, regarder celui de *Myrice* comme ayant la signification la plus générale, comme le genre qui comprend les deux autres, et ceux-ci comme des noms spécifiques ou qui paraissaient tels aux anciens.

---

33. NARCISSUS *sera comans.* — AMARYLLIS JAUNE. —
Amaryllis lutea, Liu. (C.).

Virgile parle (*Géorg.*, liv. IV, v. 123) d'un *Narcisse tardif, sera comantem*, qu'il n'aurait pas oublié s'il avait chanté les jardins. C'est donc dans les jardins qu'il faut chercher cette plante, c'est-à-dire qu'il s'agit ici d'une fleur cultivée ou d'agrément. Une *Flore de Virgile* donne pour synonyme le *Narcissus serotinus* de Linné : le rapport est incontestable quant aux mots, mais il ne l'est pas certainement quant à la chose. Le *Narcisse tardif* de Linné est une petite plante rare, sans doute peu ou point connue en Italie, dans tous les cas trop peu remarquable pour avoir été communément cultivée dans les jardins du temps de Virgile, et pour que ce poëte l'ait citée. Une autre fleur plus belle, plus digne d'attention et plus commune se présente, fleur généralement cultivée autrefois, ressemblant un peu aux *Narcisses*, et qui, parce qu'elle ne s'épanouit qu'en automne, avait reçu des anciens le nom vulgaire de *Grand Narcisse d'automne, Narcissus autumnalis major*. Cette fleur est l'*Amaryllis jaune*. Elle appartient à un genre dont toutes les espèces, celle-ci comprise, font l'ornement des plus beaux parterres. Ses feuilles sont planes, allongées, comme celles de la plupart des Narcisses, et d'un très beau vert qui luit. Sa fleur est en forme de cloche et d'un jaune éclatant. Elle ne paraît qu'à la fin de septembre ou au mois d'octobre et même plus tard, et vient encore charmer nos yeux quand toutes les autres fleurs disparaissent. Cette plante a toujours été assez commune partout dans les pays chauds, en Italie, en France, en Espagne, où on la trouve dans les prés, et d'où, de temps immémorial, on l'a transportée dans les jardins.

Pour rendre le *Narcisse tardif* de Virgile, l'*Amaryllis jaune* mérite donc bien la préférence sur le *Narcissus serotinus*, comme l'a très judicieusement compris et remarqué M. Paulet ([1]).

_____

(1) *Flore et faune de Virgile*, Paris, 1824, p. 85.

34. OLEASTER. — OLIVIER SAUVAGE. — *Olea Europœa*, Lin. var. β. (C.).

L'*Oleaster* de Virgile et de tous les auteurs latins n'est point le *Chalef*, vulgairement appelé *Olivier de Bohême* (*Elœagnus angustifolia*, Lin.), comme on le dit dans une *Flore de Virgile*, mais bien la *variété sauvage* ou non cultivée de l'*Olivier* ordinaire. Il ne peut pas y avoir de doute à cet égard.

---

35. RUSCUS. — HOUX. — *Ilex Aquifolium*, Lin. (C.).

En parlant des soins qu'on doit donner à la Vigne, Virgile dit (*Géorg.*, liv. II, v. 413) qu'il faut aller couper du *Houx* dans les bois pour en faire des liens, *vimina*. En français, le nom de *Houx* se donne à deux arbrisseaux bien différents, l'un d'une taille assez élevée, ordinairement de six à dix pieds, mais qui peut aller jusqu'à vingt-cinq pieds, et qui porte proprement le nom de *Houx* ou de *Grand Houx;* l'autre, beaucoup plus petit, à feuilles de Myrte ou de Buis piquantes au sommet, et ne s'élevant pas au-dessus de deux pieds : c'est le *Fragon* ou *Petit Houx*. Tous les deux se trouvent dans les bois et n'y sont point rares. Quel est celui que Virgile désigne ici par le nom de *Ruscus*, et dont les jeunes rameaux ou les rejetons sont le plus propres à faire des *liens* pour la Vigne? On devine, sans aller plus loin, que ce doit être le *Grand Houx*. Les scions et les petits rameaux du *Fragon*, seraient-ils assez flexibles pour cela, sont trop

courts et trop embarrassés de feuilles difficiles à ôter. Le
Grand Houx, au contraire, est garni, dans toute sa longueur, de rameaux souples et pliants ; et, lorsqu'ils sont
jeunes, ils se prêtent facilement, ainsi que ses rejetons,
à toutes les formes et à une foule d'usages communs, et
c'est de son nom qu'est venu celui de *houssines* aux baguettes droites et dépouillées. Il n'est donc pas douteux
que ce ne soit de celui-ci que Virgile veut parler.

Cependant, si, sur la foi de la plupart des Dictionnaires latins, qui, touchant ce mot, ont été mal renseignés
et jetés dans l'erreur, le lecteur croyait ne pouvoir se
rendre à cette explication, qu'il veuille bien remarquer
seulement que Pline, en parlant à plusieurs reprises du
Fragon, ne lui donne jamais que les noms de *Myrte sauvage*, *Myrte épineux*, *Petit Myrte*, *Acoron* (*Myrtus sylvestris*, *Oxymyrsine*, *Chamæmyrsine*, *Acoron*), et que,
même en le décrivant, il ne lui applique pas davantage le
nom de *Ruscus*. Au contraire, il fait l'observation, en terminant (liv. XXIII, ch. 83), que le médecin Castor
appelait *Ruscus* le Fragon ou *Myrte épineux*, chose qui
paraît l'étonner. Et c'est si bien là le sens intime de cette
phrase, que Fabius Columna dit, en parlant de cette
opinion de Castor, que ce nom de *Ruscus* s'appliquait à
plusieurs plantes, et il ajoute ces mots, à l'adresse de
Pline : « quoique l'auteur de l'Histoire des Plantes *rêve
le contraire*, » *etsi aliter somniet*. En effet, le naturaliste
romain ne donne nulle part ce nom qu'à un arbrisseau
bien différent de celui-là, et dont il parle ailleurs sous
un autre nom, suivant sa malheureuse habitude (*Aquifolium* ou *Agrifolium*). Quoi qu'il en soit de cette con-

fusion, si l'on veut examiner attentivement les passages où le mot *Ruscus* est employé, on s'assurera qu'en l'écrivant, Pline avait en vue une autre plante que le *Fragon*. Sa remarque, d'ailleurs, relative au médecin Castor, le fait seule assez comprendre.

On lit dans le *Dictionnaire philologique* de Martinius, au mot *Ruscus*, l'explication suivante, que je traduis : « Papias : *Ruscus*, espèce d'arbrisseau dont on fait des » liens pour la Vigne. Adr. Junius, dans sa *Nomencla-* » *ture* : l'*Agrifolium*, ainsi appelé d'un nom barbare, est » l'*Oxymyrsine* (le Myrte épineux) des Italiens, c'est-à- » dire le *Houx sauvage (Ruscus sylvestris)*, l'*Aquilenta* » de Varron, ainsi nommé de sa grande souplesse. On » croit que c'est l'*Aquifolia* de Pline. On pourrait assez » bien le rapporter à l'*Oxyacanthos* de Théophraste, ou, » à cause des rudes aiguillons de ses feuilles, à son *Agria* » et à son *Myrte épineux sauvage*. En français, son nom » est *Houx* et *Housson*. »

Il y a sans doute ici confusion de noms ; mais on y voit que dans l'esprit de Junius le *Ruscus* était l'*Agrifo-lium* commun, l'*Aquilenta* de Varron, l'*Aquifolia* ou *Aquifolium* de Pline et l'*Agria* de Théophraste. Cela prouve que de son temps, c'est-à-dire vers le milieu du xvie siècle, le nom de *Ruscus* était appliqué au *Grand Houx*, c'est-à-dire au véritable *Houx*, et que le transport de ce mot à un autre arbrisseau n'avait pas passé encore et n'était pas, comme aujourd'hui, généralement reçu.

A propos de ce qui précède, on pourrait donner comme une règle générale que toutes les fois qu'on a à opter entre deux plantes qui peuvent être exprimées à la fois par un même nom employé par un poëte, il faut toujours se décider pour la plus grande, la plus belle et la plus remarquable, toutes choses égales d'ailleurs. On entre mieux ainsi dans l'esprit de la poésie. Rien ne s'y oppose ici pour l'explication du vers de Virgile, puisque Pline nous dit que de son temps les usages du *Grand* et du *Petit Houx* étaient les mêmes, *ad eosdem usus.*

Cette rectification importante d'une erreur qui paraît remonter aux premiers traducteurs de Dioscoride, c'est-à-dire au xve siècle, et qui s'est perpétuée jusqu'à Linné, est due, pour la première pensée, à M. Paulet.

---

36. SALIUNCA. — VALÉRIANE CELTIQUE. — *Valeriana Celtica*, Lin. (?).

Il est convenu entre les botanistes et les commentateurs que le *Saliunca* de Virgile et de Pline est le *Nard celtique* de Dioscoride, et Tournefort et Linné après lui ont rapporté cette petite plante à une espèce de Valériane, à laquelle ils ont appliqué pour nom spécifique cette épithète de *celtica*, pour en rappeler l'identité. Il serait téméraire sans doute d'hésiter à reconnaître l'exactitude de ce rapprochement ; mais il n'en reste pas moins vrai qu'on éprouvera toujours beaucoup de difficulté à concilier cette opinion avec les circonstances de lieu et de personnes où Virgile parle du *Saliunca.*

En effet, dans sa Ve *Églogue*, v. 16 et suivants, ce sont deux jeunes bergers qui, assis sur une colline à l'ombre d'une grotte, vont chanter tour à tour des vers. Comme

Amyntas passait dans le pays pour un habile chanteur, l'un des deux bergers dit à l'autre : « Autant l'Osier flexible le cède au pâle Olivier, et l'humble *Saliunca* au Rosier chargé de ses fleurs purpurines, autant à mes yeux Amyntas est au-dessous de toi. » C'est donc un berger, un ignorant qui cite le *Saliunca*, sans doute comme une plante commune et aussi connue de lui et de son compagnon que l'Osier, que l'Olivier et que le Rosier sauvage, qu'ils pouvaient avoir alors sous les yeux. Or si nous disons que cette plante est la *Valériane celtique*, nous sommes obligés de supposer que la connaissance s'en était bien répandue dès avant Pline, et qu'elle était commune sur les montagnes de l'Italie, ou généralement cultivée dans les jardins. Il faut cela pour qu'elle ait pu être remarquée des bergers. Malheureusement c'est une toute petite plante des hautes montagnes qui n'attire les regards du vulgaire ni par ses fleurs, ni par son feuillage, ni par aucune autre qualité apparente. Malheureusement encore Pline ne dit pas expressément qu'elle fût commune en Italie et généralement connue par son nom propre. Tout ce qu'on peut supposer à cet égard, c'est qu'elle était pourtant abondante sur les Alpes et les Apennins, et que l'exploitation et le commerce, qui sans doute s'en faisait en grand, à cause de l'odeur agréable de sa racine, en avait rendu la connaissance familière au peuple. Il n'en sera pas moins difficile de comprendre qu'un berger cite, en gardant son troupeau, cette petite plante, si rare sur nos montagnes, pour l'opposer au Rosier sauvage, si commun partout, à moins qu'il ne l'eût sous les yeux avec les autres plantes dont il parle.

La Vulgate fait mention du *Saliunca*, mis en opposition avec le Sapin (*Isaïe*, ch. 55, v. 13). Mais ici s'agit-il
de la même plante? Il n'y aurait que sa grande réputation, si elle était bien avérée, qui pût le faire penser. Les
uns traduisent là ce mot par *Lavande*, et les autres par
Ronces. Le grec des Septante porte στοιβὴ, et à ce mot,
dans le sens de *plante*, on donne pour synonyme celui de
φλέως, ou mieux φέως. Les botanistes entendent par ces
deux mots une espèce de *Pimprenelle* épineuse, le *Pote-
rium spinosum* de Linné. C'est une petite plante pleine
d'épines qui ne croît que sur les montagnes. S. Jérôme,
en traduisant le mot hébreu par *Saliunca*, lui unit στοιβὴ
pour synonyme, et la regarde comme une plante mauvaise et inutile. Parmi les commentateurs, les uns don
nent cette explication : « Le *Saliunca* est une espèce
d'arbuste ou un Saule ; » les autres : « Le *Saliunca* est
une herbe épineuse : son nom vient de *salio, sauter*, parce
qu'elle fait sauter ceux qui la foulent aux pieds ; » d'autres : « Le *Saliunca* est plein d'aiguillons et de piquants; »
d'autres enfin : « C'est une sorte d'*épine* qui croît dans
les déserts. »

Si cette nouvelle explication du *Saliunca* était vraie,
elle changerait bien la question. Dans Isaïe, elle ferait
contraster un très petit arbuste épineux avec le haut Sapin, et dans Virgile avec le Rosier sauvage, qui est aussi
un arbuste épineux. Mais pour celui-ci, il n'en resterait
pas moins toujours l'invraisemblance qu'un de ses bergers
ait pu connaître le nom de cette petite plante, qui n'a
rien de remarquable, et qui, suivant S. Jérôme, n'est
bonne à rien.

On voit par ce qui précède, que la détermination exacte et incontestable du *Saliunca* de Virgile n'est pas sans difficultés. Il est fâcheux qu'il soit le seul poëte ancien qui ait parlé de cette plante.

---

37. SARDOA (HERBA). — HERBE DE SARDAIGNE. — *Ranunculus sceleratus*, Lin. (C.).

L'*Herbe de Sardaigne* dont parle Virgile, et qui, par sa causticité, produit sur ceux qui en mangent les contractions nerveuses des lèvres et de la face auxquelles on a donné le nom de *rire sardonique*, est, de l'aveu de tous les botanistes, une espèce de Renoncule. On a cru généralement jusqu'ici que c'était la *Renoncule scélérate*, ainsi nommée par Apulée et par Linné après lui, pour fixer l'opinion. Ce sentiment est appuyé sur les plus grandes autorités, et personne ne se laissait aller à aucun doute. Cependant aujourd'hui des botanistes difficiles écartent cette Renoncule pour y substituer le *Ranunculus Philonotis* de Retz. Que cette dernière plante présente plus de qualités malfaisantes et plus de chances de vérité que l'autre, c'est ce qui n'est pas prouvé. Il est donc déraisonnable, ce me semble, de déplacer sans motifs suffisants une opinion depuis longtemps arrêtée, pour la transporter sur une plante dont le nom spécifique est bien loin d'être significatif comme celui de Linné.

---

38. ΣΈΛΙΝΟΝ [Sélinon]. — Ache, Céleri sauvage. —
Apium graveolens, Lin. (C.).

Le *Sélinon* des poëtes grecs (Homère, Anacréon, Pindare, Aristophane, Théocrite, Moschus, etc.) et l'*Apium* des poëtes latins (Virgile, Horace), est l'*Ache des marais*, *Apium graveolens*, Lin., et non pas le *Persil*, ni le *Maceron* (*Smyrnium olusatrum*, Lin.), comme des botanistes modernes l'ont avancé. L'*Ache* était une plante consacrée, dont on tressait des couronnes et dont on faisait usage, en signe de deuil, dans les cérémonies funèbres. On en couronnait les vainqueurs dans les jeux Néméens, en mémoire de la mort du jeune Archémore, qui donna lieu à leur institution, ce prince ayant été mordu par un serpent venimeux sur un pied d'*Ache* où sa nourrice l'avait déposé.

Il fallait une plante forte comme l'*Ache* pour supporter le poids d'un enfant. Théocrite lui reconnaît bien cette qualité, puisque, dans la description d'une fontaine (*Idyl.* XIII, v. 42), il donne au *Sélinon* qui croissait tout auprès, la très juste épithète de θάλλον, *robuste, vigoureux* : θάλλοντα Σέλινα, *de vigoureux pieds d'Ache*. L'*Ache* végète, en effet, avec une grande vigueur, et sa tige devient très grosse et extrêmement rameuse. L'épithète grecque lui convient donc parfaitement et ne saurait convenir au Persil.

L'*Ache* naît dans les marais et sur le bord des rivières et des ruisseaux, ce qui lui fit donner aussi par les Grecs le nom d'Ἐλειοσέλινον, *Ache des marais*.

Le Persil et le Maceron ne sont pas des plantes aquatiques. Ils viennent de préférence dans les lieux pierreux
et sur les rochers un peu humides.

Du reste, l'*Ache* n'est autre chose que notre *Céleri*
cultivé quand il est livré à la nature.

---

39. ΘΆΨΟΣ [Thapsos]. — Bouillon-blanc. — *Verbascum Thapsus*, Lin. (C.).

Tout ce que Théocrite (*Idyl*. II, v. 88) et Nicandre
(*Thér.* v. 529, et *Alex.*, v. 583) disent du *Thapsos*, convient beaucoup mieux assurément au *Verbascum Thapsus*, qui est commun partout sur les bords des chemins et
connu de tout le monde, qu'à la *Thapsie des monts Gar-
gan*, où il n'est pas vraisemblable que les femmes
grecques allassent l'étudier, comme pourrait le faire supposer une explication moderne du *Thapsos* de Théocrite.

Ceux qui connaissent le *Bouillon-blanc* savent qu'il est
propre, plus que toute autre plante, par sa tige, ses
feuilles et ses fleurs, à représenter aux yeux les couleurs
de la chlorose.

Le Scoliaste de Théocrite, en prenant faussement le
Thapsos pour une plante ligneuse, fait, pour l'expliquer,
une note absurde.

On ne doit pas confondre *Thapsos* avec *Thapsia* : ce
sont deux plantes différentes.

---

40. TRIBULUS. — CHAUSSE-TRAPE, CHARDON ÉTOILÉ. —
Centaurea Calcitrapa, Lin. (?).

Virgile parle deux fois du *Tribulus* dans ses *Géorgiques* (liv. I, v. 153, et liv. III, v. 385). Dans le premier passage, il dit que le cultivateur négligent voit une *forêt hérissée* de Graterons et de *Tribulus*, étouffer ses moissons ; et dans le second, que pour avoir une belle laine, il faut éloigner les brebis des lieux remplis de buissons épineux, de Graterons et de *Tribulus*. Que sont ces *Tribulus* qui, avec les Graterons (*Lappa*), envahissent les champs mal soignés, et dont les épines s'accrochent à la laine des brebis ?

J'ai dit que le *Lappa* de Virgile était le *Caucalis grandiflora* de Linné, qui, après sa floraison, ne fait réellement d'un champ moissonné qu'une *forêt* ou un tapis hérissé d'herbes à petits fruits garnis d'aiguillons crochus, ce que ne peuvent faire ni la Bardane ni le Glouteron, trop rares partout dans les moissons quelconques. Comme cette plante ne fleurit pas avant la maturité des grains, elle échappe, par sa petitesse, à la sarcle qui purge les blés des mauvaises herbes, ainsi qu'à la faucille du moissonneur, pour se montrer plus tard dans toute son abondance. Elle est, en outre, assez haute pour atteindre avec ses petites têtes crochues ou ses graterons à la laine des brebis.

Le *Tribulus terrestris* de Linné, auquel on rapporte ordinairement le *Tribulus* de Virgile, remplit-il bien les deux conditions nécessaires, abondance et grandeur suffi-

sante? Quant à la première, je ne puis la contester, ignorant si elle est assez commune en Italie pour y former
une forêt dans les champs cultivés, ce qui pourtant me
paraît fort douteux. En supposant même comme vraie
l'abondance nécessaire, le mot de *forêt* n'aurait ici guère
de sens, car le *Tribule terrestre* est très petit. Ses tiges
ont à peine un pied de long, et ses rameaux sont couchés
sur le sol. « Ses tiges, dit Poiret, sont rampantes sur la
» terre et toujours couvertes de boue ; ses petites feuilles
» sont chargées d'un duvet cendré peu différent de la
» poussière, et ses fruits sont armés d'épines aiguës qui
» offensent le pied des animaux. »

Si donc le *Tribulus* de Linné ne saurait, par son
habitus naturel, répondre à l'idée que Virgile nous donne
du sien sous le rapport du tableau, il y répond encore
moins sous celui du dommage que ce dernier fait à la
toison des brebis. Car, comment comprendre qu'une
petite plante, armée d'aiguillons, il est vrai, mais éparse
sur la terre, puisse atteindre la laine des brebis dans
leur parcours dans les champs, à moins que celles-ci ne
se couchent dessus? On le voit, le *Tribulus* moderne ne
paraît pas être celui de Virgile, car il en fait mal l'office
et en remplit mal les conditions.

Une autre plante, qui porte aussi une tête entourée
d'aiguillons et qui est très commune partout, me semble
répondre d'une manière plus satisfaisante à toutes les
exigences : c'est la *Centaurée Chausse-trape*, appelée
vulgairement *Chardon étoilé* (*Centaurea Calcitrapa*, Lin.)
On rencontre cette plante à profusion dans les champs
négligés un peu pierreux, armée de ses nombreuses têtes

étoilées, bien capables assurément d'accrocher la laine des animaux et d'y porter dommage.

La *Chausse-trape* est une des mauvaises herbes qui, comme les Chardons, infestent les cultures mal soignées et s'emparent des champs abandonnés. Sa hauteur est d'environ dix-huit pouces à deux pieds; et elle répond, par la forme de sa tête étoilée, aussi bien que le *Tribulus* de Linné et mieux peut-être, à l'étymologie du mot grec *Tribolos*, *Plante à trois pointes* ou *trois dards*.

Au reste, on voit assez clairement que dans les deux passages cités, par les mots de *Lappæ* et de *Tribuli*, il n'est pas question de telle ou telle plante en particulier pour chacun de ces noms. Par le premier, Virgile a voulu désigner seulement toute herbe en général à petits fruits arrondis, hérissés d'un grand nombre de pointes crochues, et propres à s'attacher ou à nuire autrement à la toison des brebis, telles que sont les Bardanes, les Glouterons, les Graterons, quelques Renoncules, et plusieurs autres plantes ; et par l'autre nom, il a voulu parler des herbes à fruits armés d'aiguillons plus robustes et plus longs, disposés en étoiles, selon l'étymologie du mot, et propres à blesser les brebis et à déchirer leur laine; herbes beaucoup moins nombreuses dans la nature que celles qui précèdent. C'est donc dans cette signification générale qu'il faut prendre ici ces deux noms, et le pluriel employé par Virgile le fait assez entendre. Cependant, si l'on veut se faire une idée précise des deux plantes qui dans le nombre jouent ici le rôle principal, on peut s'en tenir, sans crainte d'erreur, je le pense, à celles que j'ai signalées, comme les plus communes dans les champs

cultivés, et celles qui se prêtent le plus à toutes les autres
circonstances énoncées par le poëte.

***

41. ΘΡΊΟΝ [THRION]. — FEUILLE DE FIGUIER. — *Ficus Carica*, Lin. (C.).

Dans deux articles précédents j'ai parlé d'une fontaine
dont Théocrite décrit les alentours (*Idyl.* XIII, v. 40
et s.) et qu'il place dans la Colchide. Ce fut au fond de
cette fontaine que le jeune Hylas, ami et compagnon
d'Hercule, fut entraîné par les nymphes, au moment où
il se baissait pour y puiser de l'eau.

Théocrite fait figurer auprès de cette fontaine, avec
une convenance parfaite, cinq plantes qu'on est accou-
tumé à voir, pour la plupart, dans les lieux frais et
humides : mais dans ce nombre il met des rejetons de
Figuier chargés de leurs grandes feuilles, ce qui peut
paraître embarrassant.

Pour bien comprendre ce passage et cette association
de plantes, qui n'est pas faite au hasard, rien n'empêche
de penser que la fontaine dont il s'agit était bâtie et
adossée à un rocher, comme l'étaient en général les fontaines consacrées aux nymphes. Dans cette supposition
toute naturelle, les cinq plantes qu'on voyait à l'entour
sont bien faciles à placer. Les scions ou les petites tiges
de *Figuier* qui formaient de larges touffes de feuilles (θρία
πολλά), sortaient des fentes du rocher, et dominaient sans
doute la source. Les botanistes savent, en effet, que le
Figuier croît spontanément dans les rochers des pays mé-
ridionaux ; et les personnes qui ont vu la fontaine de Vau-

cluse n'ont pas oublié le *Figuier* touffu qui, sortant de
la montagne, incline près de sa base sur le gouffre bouil-
lonnant la sombre masse de son feuillage. Cet arbre n'est
pas sans doute plus rare dans la Colchide. La *Chélidoine*
et le *Capillaire* y croissaient l'une contre les murs de la
fontaine ou à leur pied, et l'autre contre le rocher mouillé,
localités qui conviennent parfaitement à ces deux plantes.
Quant à l'*Ache*, qui est une plante aquatique, elle s'éle-
vait dans le ruisseau formé par l'eau qui s'écoulait, et le
gazon épais que produisait l'*Agrostis* ou Chiendent,
tapissait l'avenue de la fontaine et s'étendait un peu des
deux côtés.

----

42. ULVA. — LAICHE, IRIS, RUBANIER, etc. — *Carex, Iris,*
Typha, Sparganium, etc., Lin. (C.).

Ulva vient du grec οὔλη, comme *Sylva* vient de ὕλη.
Οὔλη est adjectif de πόα, *herbe*, et signifie *Herbe épaisse*
ou *en gerbe*, caractère des grands *Carex*, qui croissent en
touffes ou en gerbes, comme le Jonc ; ou plutôt je crois,
Herbe nuisible, pernicieuse, parce que les feuilles de la
plupart des *Carex* aquatiques sont finement dentées en
scie et coupent facilement, étymologie conforme à celle
du mot *Carex* lui-même, qui dérive du verbe κείρω
(κάρω), *couper, scier*.

Les *Carex* ou *Laiches* aquatiques sont donc particulièrement désignés par le nom général d'*Ulva*. Caton
(*Économ. rural.,* § 9) dit : « Il convient de planter les
Saules dans les terres aquatiques, humides, ombragées,
et aux bords des rivières. » Et, § 37, il dit : « Détruisez

dans les saussaies les herbes élevées et les *Ulves*. » Par ce dernier mot il désigne évidemment les *Carex*, comme beaucoup plus communs dans les lieux indiqués que les autres plantes que j'ai nommées plus haut.

Voyez aussi Columelle, liv. IV, § 13, et Palladius, liv. XII, § 7, où ce dernier parle de mannequins faits avec de l'*Ulve* de marais, *sportis figuratis Ulvâ palustri*. Vitruve en dit autant. Vitruve dit aussi qu'on en couvrait autrefois les chaumières (*De Archit.*, lib. II, c. 1, § 5). On reconnaît bien là les diverses plantes aquatiques à feuilles ensiformes dont les chaisiers font la paille ordinaire qu'ils emploient, et qu'on désigne en patois dans le midi de la France par le terme général de *Sesco*, mot dérivé du verbe latin *secare*, *scier*, *couper*, comme *Carex* dérive d'un verbe grec qui a le même sens.

Le nom d'*Ulva* s'appliquait toujours, au contraire du mot *Alga*, à des plantes terrestres qui croissaient sur le bord des eaux douces, dans les marais, les bassins des fontaines, ou dans un sol humide. Nulle part dans les poëtes on ne le trouve employé pour une plante de la mer, pas plus que le nom d'*Alga* pour une plante terrestre ou d'eau douce. Ainsi, on peut regarder comme de la plus exacte vérité le vers suivant :

> Alga venit pelago, sed nascitur Ulva palude.

« L'*Algue* vient dans la mer, mais l'*Ulve* naît dans les marais. »

Ulva, dit Servius, *herba palustris, cùm marina dicatur Alga* : « L'*Ulve* est une herbe de marais, tandis que l'Algue se désigne par le nom d'*Herbe marine*. » Ces deux mots ne sont donc pas employés *indifféremment* l'un pour l'autre, comme on le dit dans une *Flore de Virgile.*

On a essayé, dans une assez longue dissertation, de prouver que l'*Ulva* de Virgile était le *Festuca fluitans* de Linné, petite graminée aquatique. Mais pour soutenir une opinion aussi étrange, aussi contraire à tous les textes des divers auteurs latins, et qui me semble un simple tour de force, on a dépensé beaucoup de science en pure perte. En effet, de tous les témoignages invoqués à l'appui, il n'y en a pas un seul qui ne se tourne et ne dépose contre elle.

Virgile, dans l'*Énéide*, liv. II, vers 135, cache Sinon à la vue des Grecs entre les *Ulves* d'un marais. Il faut donc que ces *Ulves* soient des herbes assez fortes et assez grandes pour pouvoir dérober le corps d'un homme à tous les yeux. Or, la *Fétuque flottante* est une fine et faible graminée de deux à trois pieds de hauteur, qui naît seulement dans le limon des eaux dormantes, et qui s'élève ordinairement à leur surface ; ce qui lui a fait donner son nom spécifique. Ce seul trait doit suffire.

D'un autre côté, que le lecteur veuille bien remarquer que Virgile, dans sa VIIIᵉ *Églogue*, vers 67, place l'*Ulva* sur le *bord d'un ruisseau (propter aquæ rivum),* et que quelques éditeurs de ce poëte, ne connaissant pas cette plante, en ont changé le nom à tort en celui d'*herbe* pris en général. On lit *Ulva* dans toutes les bonnes éditions. Voy. ALGA.

Telle est la petite collection de plantes choisies que j'offre aujourd'hui au public, herborisation trop peu digne de lui sans doute, quoique pénible bien souvent, faite solitairement dans les champs fleuris de la poésie antique. Ces plantes m'ont paru être du nombre des plus obscures, et cependant des plus intéressantes par les beaux vers qui les ont célébrées. Si je suis parvenu à jeter sur elles assez de jour pour dissiper tous les doutes, elles seront désormais bien connues ; et, comme je l'ai dit ailleurs, la belle poésie qui a chanté tour à tour ces fleurs étant par là mieux comprise et mieux appréciée, en sera plus belle encore et plus touchante.

FIN.

TABLE

DES NOMS GRECS DES PLANTES EXPLIQUÉES,

AVEC LA CONCORDANCE LINNÉENNE.

TABLE

DES NOMS LATINS DES PLANTES EXPLIQUÉES,

AVEC LA CONCORDANCE LINNÉENNE.

TABLE

DES POËTES EXPLIQUÉS DANS QUELQUES PASSAGES

DIFFICILES.